pelo
espaço

pelo espaço

uma nova política da espacialidade

Doreen Massey

Tradução
Hilda Pareto Maciel
Rogério Haesbaert

BERTRAND BRASIL

Título original: *For Space*

Capa: Leonardo Carvalho

Editoração: DFL

2008
Impresso no Brasil
Printed in Brazil

CIP-Brasil. Catalogação na fonte
Sindicato Nacional dos Editores de Livros, RJ

M37p Massey, Doreen B.
Pelo espaço: uma nova política da espacialidade/Doreen Massey; tradução Hilda Pareto Maciel, Rogério Haesbaert. – Rio de Janeiro: Bertrand Brasil, 2008.
312p.

Tradução de: For space
Inclui bibliografia
ISBN 978-85-286-1307-0

1. Percepção geográfica. 2. Geografia política. 3. Globalização. 4. Regionalismo – Filosofia. I. Título.

CDD – 304.201
08-0042 CDU – 911.3

EDITORA BERTRAND BRASIL LTDA.
Rua Argentina, 171 — 1º andar — São Cristóvão
20921-380 — Rio de Janeiro — RJ
Tel.: (0xx21) 2585-2070 — Fax: (0xx21) 2585-2087

sumário

agradecimentos

Este livro foi escrito, e reescrito, durante muitos anos, nos interstícios, cada vez mais apertados, da vida como "acadêmica". Seria impossível agradecer a cada um que influenciou minhas idéias, durante esse período, em conversações de várias direções e intensidades, mas eu gostaria de agradecer a algumas delas. O Departamento de Geografia da Open University está constantemente nos incitando a novas reflexões. Dentro do departamento, John Allen, Dave Featherstone (agora em Liverpool), Steve Pile e Arun Saldanha (agora em Minnesota) fizeram-me, realmente, comentários muito úteis sobre todo o manuscrito ou em algumas de suas partes. De maneira mais geral, lucrei muito com a discussão destas idéias em seminários em várias universidades e, principalmente, no Departamento de Geografia de Queen Mary, Universidade de Londres, e na Universidade de Heidelberg. Uma reunião anual do Fim de Semana de Estudos dos geógrafos de língua alemã foi uma fonte de inspiração e amizades. Muitas das discussões deste livro tiveram sua origem e foram testadas no mundo além da academia — nas coisas comuns da vida e em toda uma gama de envolvimentos políticos. No processo de produção fui beneficiada com a ajuda especializada da equipe da SAGE, Robert Rojek, David Mainwaring, Janey Walker e Vanessa Harwood, e com a colaboração de secretariado de Michele Marsh na Open University. Gostaria de agradecer, especialmente, a Neeru Thakrar, também da Open University, cuja habilidade em produzir o manuscrito digitado e apoio administrativo profissional foram inestimáveis. Finalmente, a mais longa conversa foi com minha irmã, Hilary Corton, também geógrafa por educação, imaginação e paixão, e com quem, durante muitas andanças, conversas e viagens comuns, foram desenvolvidos muitos dos pensamentos aqui expostos.

A autora e os editores agradecem a permissão
do uso de material com copyright:

Ilustrações

Ilustração 1.1a: Cortesia da Bodleian Library, Universidade de Oxford, MS. Arch. Selden. A. 1, fol. 2r
Ilustração 1.1b: Cortesia da Newberry Library, Chicago
Ilustração 1.2: Cortesia da Bibliothèque nationale de France, Paris
Ilustrações 11.1, 12.1a e 12.2: Obrigada ao cartógrafo John Hunt, da Open University
Illustração 11.2: © Tim Parfitt (www.hertfordshire.com)
Ilustrações 12.1a e 12.4: © Blackwell Publishing Ltd, Oxford
Ilustração 12.3: © The Palaeontological Association
Ilustração 13.1: Design © Steffan Böhle; usado com a gentil permissão de Ulla Neumann
Na p. 202 a imagem é do © de Peter Pedley Postcards, Glossop, Derbyshire

Imagens no início das seções

Parte *Um*	Cortesia da Bancroft Library, Universidade da Califórnia, Berkeley
Parte *Dois*	© The MC Escher Company
Parte *Três*	© Steve Bell
Parte *Quatro*	© Ann Bowker
Parte *Cinco*	Design © Steffan Böhle; usado com a gentil permissão de Ulla Neumann

Textos

O texto no box da p. 232 é cortesia do Greenpeace (http://www.greenpeace.org)

A Parte *Três* desenvolve argumentos primeiro esboçados em "Imagining Globalisation: Power-Geometries of Time-Space", Capítulo 2 de *Global Futures: Migration, Environment and Globalization*, publicado por Atvar Brah, Mary J. Hickman e Máirtin Mac an Ghaill. Agradeço à British Sociological Association e à BSA Publications Limited.

apresentação à edição brasileira

Rogério Haesbaert

No final de 2002 encontrei Doreen Massey em Londres, na estação ferroviária de Euston, a caminho do campus da Open University, em Milton Keynes, onde ela trabalha desde 1982. Eu vinha para um estágio pós-doutoral de 10 meses, depois de contatos não muito fáceis (e com certa insistência minha), intermediados por amigos (especialmente Felix Driver e Luciana Martins) ou pela internet. Doreen, em seu estilo muito próprio, foi logo revelando sua surpresa: "Então você é real..." Num mundo de realidades virtuais, os contatos pessoais diretos ainda nos permitem surpresas: "ser *real*..." Ou melhor, revelam até mais do que no passado, quando, durante muito tempo, constituíam praticamente o único contato possível através do qual se fazia a comunicação entre as pessoas. Doreen é justamente uma entusiasta desses "contatos face a face", sensíveis-afetivos, que fazem do espaço — e das contingências simultâneas, enquanto veículos da multiplicidade — o *locus* do aparecimento do efetivamente novo. Muitos novos contatos teríamos a partir daí, não apenas no agradável campus da Open University, mas também no âmbito da British Library, em Londres, que ela considerava "nossa catedral", freqüentada quase toda semana, com alguns papos acalorados durante os intervalos para um café.

Nosso encontro foi fruto de um desses incontáveis entrecruzamentos de trajetórias que, sem que se planeje muito (ou nem um pouco), acabam ocorrendo e produzindo outros, completamente inesperados, percursos (literalmente: Doreen veio ao nosso encontro de pós-graduação em geografia em 2005; retorno a Londres para reencontrá-la; planejamos outras viagens...). O espaço, Doreen enfatiza, é justamente isto: uma imbricação de trajetórias, sempre aberto ao inesperado, ao acaso, e que, enquanto *locus* da coexistência contemporânea — ou da "coetaneidade", como ela propõe —, é marcado pela multiplicidade, apesar de todas as tentativas e os discursos vãos da homogeneização e da padronização generalizadas.

Doreen dispensa apresentações, tamanha a seriedade e o reconhecimento de seu trabalho no mundo acadêmico geográfico e das ciências sociais como um todo. Infelizmente, contudo, seu trabalho no Brasil ainda é pouco divulgado. Apenas três artigos, pelo que sabemos, encontram-se traduzidos em português.* Ainda que de forma breve, é interessante relembrar alguns momentos de sua trajetória intelectual. Professora de geografia na Faculdade de Ciências Sociais da Open University, em Milton Keynes, Inglaterra, onde orienta vários estudantes de doutorado, Doreen é formada em geografia pela Universidade de Oxford e pós-graduada em *Regional Science* pela Universidade da Pensilvânia. Em 1998, na França, recebeu o prêmio Vautrin Lud, correspondente ao Nobel de geografia. É fundadora da revista *Soundings: a journal of politics and culture.*

Foi professora visitante da London School of Economics, da Universidade de Berkeley, na Califórnia, e do Instituto de Investigaciones Económicas y Sociales, na Nicarágua. Participou de várias consultorias de planejamento e atua em vários comitês editoriais de revistas de renome internacional.

Dentro de sua volumosa obra destacamos, entre mais de 20 livros publicados, individuais e como organizadora:

— *Spatial Divisions of Labour* (1984)
— *Geographies Matters!* (com John Allen, 1984)
— *Space, Place and Gender* (1994)
— *Re-thinking the Region* (com John Allen e Allan Cochrane, 1998)
— *Human Geography Today* (organizadora, 1999)
— *Power-geometries and the politics of space-time* (Hettner-Lectures, 1999)
— *For Space* (2005), aqui traduzido para o português

Além da grande figura intelectual, no entanto, cabe ressaltar também a grande pessoa humana que é Doreen, filha da classe operária de Manchester, na tradicional região industrial do noroeste da Inglaterra, engajada, politicamente compromissada — tanto no sentido da política das desigualdades, como filha de operários, quanto da política das diferenças, como mulher — e que, ao lado de todo o seu espírito

* Trata-se de: Regionalismo: alguns problemas atuais. Rev. *Espaço & Debates* nº 4, 1981; O sentido global do lugar (in Arantes, A. [org.] *O espaço da diferença*. Campinas: Papirus, 2000) e Filosofia e Políticas da Espacialidade (revista *GEOgraphia*, nº 12, 2004), além de recente entrevista publicada na revista *Geo-Sur* (nº 42).

crítico, também não perdeu a esperança num mundo em que os lugares sejam efetivamente de encontro, lugares do convívio das multiplicidades.

Graças a seu espanhol excelente, praticado na Nicarágua sandinista e em temporadas no México, Doreen nos ajudou muito nas diversas dúvidas que permearam esta tradução. Seu inglês criativo, "inventando" novas palavras capazes de dar conta da complexidade das relações socioespaciais contemporâneas, obrigou-nos muitas vezes, eu e a tradutora Hilda Maciel, a criar palavras, embora o português não tenha tanta facilidade quanto o inglês para, simplesmente acrescentando um sufixo, por exemplo, dar outra conotação ou mesmo identificar uma nova propriedade. Assim ocorreu com expressões como *elusiveness* ou *throwntogetherness*...

A tradução de Hilda Maciel e meu trabalho subseqüente, inicialmente de revisão técnica e depois, também, como tradutor, dadas as dificuldades do texto, foi uma empreitada e tanto. Em alguns casos, recorremos a amigos geógrafos, que nos deram preciosas sugestões, especialmente Lia Machado e Maurício Abreu, a quem agradecemos. Agradeço também a Hilda pela sua paciência, em meio a alguns momentos de tensão, reformatando constantemente o texto e o índice, e pela formulação de muitas das notas de esclarecimento.

Uma das características que marcam constantemente a abordagem de Doreen é a superação das dicotomias, como aquelas entre "ciência" e política e entre teoria e prática. Assim, ao longo do texto, além da freqüente preocupação, explícita, com as implicações políticas de suas propostas conceituais, encontramos uma série de alusões empíricas que ilustram o denso debate teórico. E não apenas de espaços distantes (como a própria Amazônia), mas sobretudo de seus "espaços vividos", a Londres (com várias referências à City londrina), ao seu próprio bairro, Kilburn, seu percurso de trem até Milton Keynes, aos "science parks" (traduzidos aqui como "tecnopolos"), às suas próprias férias no Lake District, no noroeste da Inglaterra, e viagens com sua irmã. Doreen é capaz de extrair toda uma reflexão teórica a partir de fatos simples, corriqueiros, como o momento em que sua mãe abandonou uma antiga receita de bolo, tão apreciada por ela e sua irmã, e ofereceu um novo bolo, que estava longe de atender às expectativas das filhas. Daí vem uma discussão sobre o tempo-espaço que não é possível reconstituir, e que não podemos impor aos outros — ou exigir deles. Aliam-se em alguns momentos o rigor teórico e o prazer de uma certa escritura poética.

A autora, neste trabalho, amplia, de certo modo, seu "sentido global do lugar", incorporando agora de maneira explícita a dimensão natural, dialogando, como já faz há algum tempo, com a própria (assim chamada) geografia física. O lugar, aí, não é apenas produto de relações sociais cuja singularidade é marcada pela combinação específica de múltiplas redes, o "lugar-encontro", sempre dinâmico e em aberto, conectado ao mundo; ele está também mergulhado na densa espaço-temporalidade da própria natureza, nunca estática, que se reconstrói permanentemente em sua indissociável vinculação ao igualmente complexo mundo dos homens.

Mas Doreen também não é daqueles intelectuais que se envolvem totalmente e abraçam quase que mecanicamente, sem restrições, uma nova proposta teórica. Ela dialoga tanto com clássicos mais tradicionais (como Bergson e muitos estruturalistas) como com contemporâneos altamente inovadores (Deleuze e Guattari, Derrida, De Certeau, Laclau, Latour e os "pós-colonialistas"). Muito crítica à forma com que os estruturalistas focalizam o espaço — e sua contraposição em relação ao tempo —, nem por isso ela ignora a importância de muitas de suas colocações. O mesmo ocorre com a chamada teoria da complexidade contemporânea (ver, a este respeito, especialmente "*Confiar na ciência?*", Parte *Três*). Daí resultam colocações muito pertinentes, como:

> Os que adotam o que Robbins vê como "O desprezo irrefletido pela modernidade entre os intelectuais ocidentais" (1999, p. 112) deveriam estar conscientes de que a mesma rejeição pode aguardar sua própria posição, uma ou duas gerações depois (p. 73).
>
> De cada *Zeitgeist*, de cada estrutura de percepção que acolhemos e empregamos, certamente é necessário indagar: está de acordo, não apenas com "a época" (e daí?), mas com o modo como desejamos (socialmente, *politicamente*) nos dirigir a essa época? Pode ser que desejemos, precisamente, subverter as tendências culturais dominantes do momento (p. 127, destaque da autora).

Colocações como essas revelam sobretudo um(a) intelectual preocupado(a) com a formulação de um pensamento próprio, com sua forma particular de ver o mundo, realizando suas próprias "sínteses", suas propostas teóricas inovadoras — sempre, é verdade, fruto do entrecruzamento de múltiplas influências que, sem caírem no "ecletismo" simplista, inauguram uma nova forma de pensar de forma crítica e com coerência a aparente confusão das coisas e dos homens.

Este livro, sem dúvida, pode representar mais um estímulo para o repensar de nossa própria forma de ver o mundo, geográfica e historicamente contextualizada na "periferia" latino-americana e/ou na, para alguns, "semiperiferia" brasileira (com toda a controvérsia que estes conceitos implicam). É a própria autora que nos incita a reler seu trabalho com nossos próprios olhos. E não poderia ser diferente. Parte desse processo foi um pouco o que já tentamos em alguns trabalhos, como na própria concepção de "multiterritorialidade" que propusemos, e que em determinado momento se viu reforçada pela concepção de "lugar" de Doreen Massey. "Lugar" na geografia anglo-saxônica, "território" na geografia latino-americana, as palavras podem mudar, mas muitos de seus conteúdos conceituais são compartilhados.

Talvez a hegemonia do "lugar" revelada nos trabalhos de Doreen (e mesmo na geografia inglesa) se deva, em parte, à força da dimensão cultural-identitária no contexto geográfico inglês, assim como a do "território" no nosso meio talvez se deva à força das disputas territoriais num ambiente em que a "terra-território" ainda é um recurso (e um abrigo, diria Milton Santos) a ser apropriado e usufruído por uma parcela cada vez mais ampla da sociedade. Aliás, o usufruto comum ou partilhado, uma efetiva "multiterritorialidade", tem muito a ver com o "lugar múltiplo" e "de encontro" a que Doreen se refere. Mas isto, para encerrar, é apenas um dos múltiplos diálogos possíveis a aprofundar e que *Pelo espaço* nos convida a praticar. Num mundo em que, para além da clausura dos muros, das fronteiras e das fixações rígidas — mas também para além da mobilidade irrestrita e compulsória —, esteja sempre em aberto a possibilidade da partilha, do usufruto comum do território e do encontro com o "lugar" do efetivamente outro — e que, por ser "outro", coloca-nos permanentemente o desafio para o novo.

prefácio à edição brasileira

Sinto-me honrada e muito satisfeita que este livro esteja sendo publicado no Brasil. O país tem uma longa história de significativas contribuições à geografia e uma longa história, também, de diálogo com a Europa. Espero que este trabalho possa ser mais um elemento neste intercâmbio. Certamente, em visitas recentes ao Brasil (como, por exemplo, ao congresso da ANPEGE — Associação Nacional de Pós-Graduação em Geografia —, em 2005, em Fortaleza) ficaram evidentes as oportunidades para um intercâmbio produtivo e estimulante. Uma das formas através das quais isto ocorre é que um livro escrito em um lugar possa ser utilizado e lido de forma diferente, ou similar, em outro (a geografia também importa neste caso!). Assim, espero descobrir que tendências e direções do debate podem emergir da interseção desta obra com os caminhos que vêm sendo percorridos pelas geografias lusófonas.

O argumento fundamental deste livro é que importa o modo como pensamos o espaço; o espaço é uma dimensão implícita que molda nossas cosmologias estruturantes. Ele modula nossos entendimentos do mundo, nossas atitudes frente aos outros, nossa política. Afeta o modo como entendemos a globalização, como abordamos as cidades e desenvolvemos e praticamos um sentido de lugar. Se o tempo é a dimensão da mudança, então o espaço é a dimensão do social: da coexistência contemporânea de outros. E isso é ao mesmo tempo um prazer e um desafio.

O fato de que esta tradução tenha sido realizada se deve consideravelmente à energia e generosidade de Rogério Haesbaert. Ele propôs o projeto, ajudou a negociá-lo e colocou-o em execução. Não tenho palavras suficientes para agradecer-lhe por isso. Nossa amizade desenvolveu-se quando Rogério estava na Open University, escrevendo seu próprio livro, *O Mito da Desterritorialização*. Posso ler suficientemente português, e de alguma forma falei com Rogério sobre isso, reconhecendo que seu livro representa uma grande contribuição para o nosso campo. O fato de que, pelo menos até este momento, ele não tenha ainda sido traduzido para o inglês é um lamentável reflexo das desigualdades geográficas (as desiguais geometrias de poder) da indústria editorial e, sem dúvida, dos próprios mundos universitários.

Estou, também, profundamente consciente de que foi um verdadeiro desafio traduzir este livro. Isto se deve em parte ao fato de que eu quis mesclar discussões teóricas bastante abstratas com estórias do cotidiano e, algumas vezes, pessoais, bem como com política. Isto não é uma presunção. Deve-se, por um lado, a uma profunda convicção de que as conceitualizações implícitas que temos do espaço modulam todas essas esferas e, por outro, ao fato de que esta forma é como eu (e creio que muitos de nós) realmente trabalho. Para mim, é freqüentemente através da reflexão sobre algum "acontecimento comum", um artigo de jornal ou um debate político aparentemente insignificante que chego a novos entendimentos "teóricos". A "teoria" surge da vida. Mas a outra razão pela qual este livro foi um verdadeiro desafio para traduzir foi que, para evocar o que eu estava tentando alcançar, de fato recorri ao que Rogério generosamente chamou de "inglês criativo" (em momentos críticos, ele deve ter chamado meu inglês de "exasperante"). Acho que ninguém jamais pensa, quando escreve em sua própria língua — e eu certamente não o fiz —, que podemos estar criando problemas terríveis para qualquer tradutor. Neste caso, Hilda Pareto Maciel fez a tradução inicial, com Rogério retrabalhando-a numa versão final. Somente quando o processo já estava em andamento é que eu percebi a magnitude dessa empreitada. Começaram a chegar e-mails que indagavam o que exatamente eu queria dizer com determinada palavra ou expressão. Usamos a intermediação do espanhol e, pelo menos para mim, isto produziu algumas reflexões interessantes sobre o que eu quis exatamente dizer! O cuidado, atenção e tempo envolvidos nesta tarefa foram enormes, bem mais do que se pode razoavelmente esperar de uma tradução. Quero aproveitar esta ocasião para agradecer a Rogério por ter levado a cabo este vasto trabalho e pela generosidade de sua amizade ao assim fazê-lo.

Recordando o momento em que a primeira carta chegou, propondo que Rogério passasse um tempo em nosso Departamento de Geografia na Open University, eu hoje me dou conta, com um sorriso, de que não tinha idéia do que poderia resultar desse encontro. Rogério tornou-se, durante sua visita, um membro valioso e estimado do departamento, e eu, pessoalmente, ganhei um verdadeiro amigo e companheiro intelectual. Como sempre acontece quando o encontro de trajetórias é bem-sucedido, aquele momento levou a novos e inesperados acontecimentos. Eu serei sempre grata por isso.

Doreen Massey
Inglaterra, março de 2007

Tenochtitlán. Tierra del nopal. Entrada de Hernán Cortez, la cual se verificó el 8 de Noviembre de 1519.

Parte *Um*
Estabelecendo o cenário

Há muito tempo venho pensando sobre o "espaço". Mas, geralmente, chego a ele indiretamente, através de algum outro tipo de envolvimento: as batalhas em torno da globalização, a política do lugar, a questão da desigualdade regional, o envolvimento com a "natureza" enquanto caminho pelas colinas, a complexidade das cidades. Apontando coisas que não parecem muito corretas. Perdendo debates políticos porque os termos não se adaptam ao que estou lutando para dizer. Encontrando-me perdida em sentimentos aparentemente contraditórios. Foi através dessas constantes reflexões — que, às vezes, parecem não conduzir a lugar algum, mas em outras sim — que me convenci de que não só os pressupostos implícitos que fazemos em relação ao espaço são importantes, mas também que, talvez, fosse produtivo pensar sobre o espaço de maneira diferente.

Três considerações

1 Os exércitos se aproximavam da cidade pela região chamada de o junco ou o crocodilo — a direção em que o sol nasce. Já se sabia muito sobre eles. Os relatos vinham de províncias distantes. Coletores de impostos da cidade, recolhendo tributos dos territórios conquistados, tinham-se encontrado com eles. Emissários tinham sido enviados para iniciar conversações e descobrir mais. E agora, grupos das vizinhanças, desgastados por sua longa submissão à cidade asteca, tinham-se aliado aos invasores estrangeiros. Porém, apesar de todos esses contatos anteriores, do constante fluxo de mensagens, rumores, interpretações que alcançavam a cidade, os exércitos que se aproximavam eram ainda um mistério. ("Os estrangeiros sentavam-se em 'corças da altura de

Figura 1.1a *Tenochtitlán — Representação asteca*
Fonte: The Bodleian Library

telhados'. Seus corpos estavam completamente cobertos, 'apenas seus rostos podiam ser vistos. Eram brancos como que feitos de cal. Tinham cabelos amarelos, embora os de alguns fossem pretos. Longas eram suas barbas."' [1]) E eles chegavam da direção geográfica que, nesses tempo-espaços, era considerada como sendo aquela do poder.

Era também o Ano 1 Junco, um ano de significado tanto histórico quanto cosmológico: um ponto específico na escala do ciclo dos anos. Durante ciclos passados a cidade tornara-se, vigorosamente, próspera. Fora apenas há alguns ciclos que os astecas/mexicas tinham-se estabelecido, pela primeira vez, nesse imenso vale nas alturas. Eles tinham vindo da direção da pedra de fogo depois de muito vagar; um povo sem cultura, na opinião das cidades já estabelecidas ao redor do lago. Mas desde sua chegada e da fundação dessa cidade de Tenochtitlán, os astecas tinham acumulado sucesso sobre sucesso. A cidade, agora, era a maior do mundo. Seu império, agora, se estendia para o oceano, em duas direções, através de conquistas e violenta e contínua subordinação.

Até então os astecas tinham conquistado tudo à sua frente. Mas esses exércitos que se aproximavam eram um presságio. Os impérios não duram para sempre. Há apenas pouco tempo, Azcapotzalco, à margem do lago, fora destruída após um breve lampejo de glória. E Tula, sede dos venerados toltecas, agora jazia deserta, como as ruínas de Teotihuacán. Todas essas são lembranças de antigos esplendores e de sua fragilidade. E agora, esses invasores estranhos vinham da direção de *acatl* e era o Ano 1 Junco.

Essas coisas são importantes. Coincidências de eventos formam as estruturas do tempo-espaço. Para Montezuma elas se somavam a todo esse deplorável enigma de como reagir. Poderia ser um momento de crise para o império.[2]

Os homens do exército que se aproximava dificilmente podiam acreditar em seus olhos quando primeiro divisaram a cidade, do alto, com

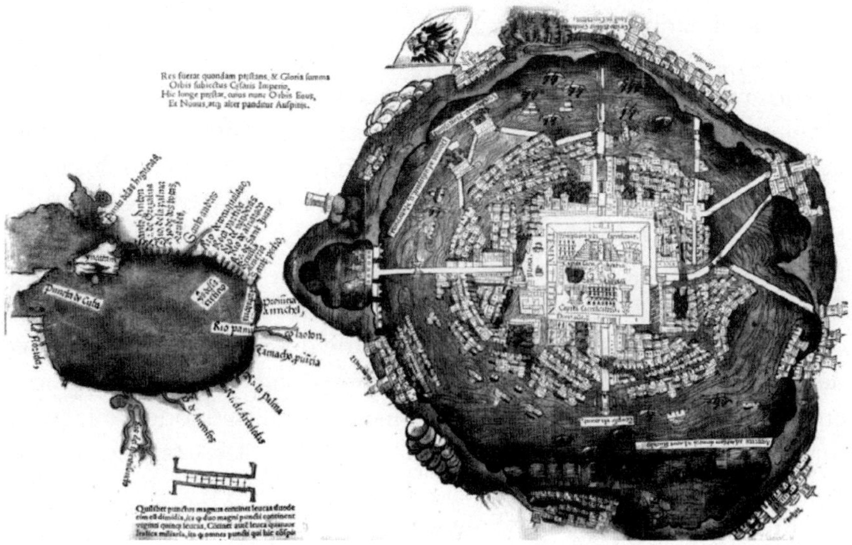

Figura 1.1b *Tenochtitlán — Representação espanhola*
Fonte: The Newberry Library

superioridade. Tinham ouvido dizer que era esplêndida, mas ela era cinco vezes o tamanho de Madri, na Europa em mutação, que eles tinham deixado para trás havia apenas alguns anos. E essas viagens dirigiam-se, originariamente, em direção ao oeste, na esperança de eles encontrarem o Oriente. Quando, alguns anos antes, Cristóvão Colombo "dirigira-se através do enorme vazio a oeste da cristandade, aceitara o desafio da lenda, tempestades terríveis jogaram com seus navios como se fossem cascas de nozes e os lançaram dentro das mandíbulas de monstros; a serpente do mar, ávida por carne humana, estava à espreita, nas profundezas escuras e tenebrosas ... os navegadores mencionavam estranhos cadáveres e peças de madeira com estranhas esculturas que flutuavam, ao vento oeste..."[3] Era então o Ano de Nosso Senhor de 1519.[4] Esse pequeno exército, sob o comando de Fernão Cortés, e seus poucos cavalos e suas armaduras tinha velejado desde o local que seus líderes tinham decidido chamar de Cuba, no princípio do ano, e agora era novembro. A viagem desde a costa tinha sido difícil e violenta, com batalhas e a construção de alianças. Finalmente, agora, eles tinham chegado, com grande esforço, ao topo desse passo entre dois vulcões coroados de neve. Para Cortés, à esquerda e ao alto acima dele, o Popocatepetl fumegava sem cessar. E abaixo dele, a distância, estendia-se essa incrível cidade, diferente de tudo que ele tinha visto antes.

Decorreram dois anos de negociação enganosa, erros de cálculo, derramamento de sangue, derrotas, retiradas e novos ataques, antes que Fernão Cortés, conquistador espanhol, conquistasse a cidade dos astecas, Tenochtitlán, que hoje é chamada de *la ciudad de México*, Cidade do México, Distrito Federal.

O modo em que, hoje em dia, freqüentemente, contamos essa história, ou qualquer um dos relatos de "viagens de descoberta", é em termos de cruzamento e conquista do espaço. Cortés viajou através do espaço, encontrou Tenochtitlán e tomou-a. "Espaço", nesse modo de falar, é uma grande extensão através da qual viajamos. Isso, talvez, pareça muito óbvio.

Mas o modo como imaginamos o espaço tem seus efeitos — como teve, para Montezuma e para Cortés, de formas diferentes para cada um. Conceber o espaço como nas viagens de descobertas, como algo a ser atravessado e, talvez, conquistado, tem implicações específicas.

Está implícito que se considera o espaço como solo e mar, como a terra que se estende ao nosso redor. Implicitamente, também, faz o espaço parecer uma superfície, contínuo e tido como algo dado. Ele faz diferença: Fernão, ativo, um construtor de história, viaja sobre sua superfície e encontra, sobre ela, Tenochtitlán. É uma cosmologia impensável, para usar o termo mais brando, mas leva consigo efeitos sociais e políticos. Portanto, esse modo de conceber o espaço pode assim, facilmente, nos levar a conceber outros lugares, povos, culturas, simplesmente como um fenômeno "sobre" essa superfície. Não é uma manobra inocente; desta forma, eles ficam desprovidos de história. Imobilizados, esperam a chegada de Cortés (ou a nossa, ou a do capital global). Lá estão eles, no espaço, no lugar, sem suas próprias trajetórias. Tal espaço torna mais difícil ver, em nossa imaginação, as histórias que os astecas também estavam vivendo e produzindo. O que poderia significar reorientar essa imaginação, questionar esse hábito de pensar o espaço como uma superfície? Se, em vez disso, concebêssemos um encontro de histórias, o que aconteceria às nossas imaginações implícitas de tempo e espaço?

2 Os atuais governos do Reino Unido e dos Estados Unidos (além de muitos outros governos hoje) contam-nos uma história da inevitabilidade da globalização. (Ou, talvez, apesar de, naturalmente, não fazerem essa distinção, contam-nos uma história da inevitabilidade daquela forma específica de globalização capitalista neoliberal que experimentamos num determinado momento — aquela dupla combinação da glorificação do (desigualmente) livre movimento do capital, por um lado, com o firme controle sobre o movimento do trabalho, por outro. De qualquer forma, dizem-nos que é inevitável.) E se apontarmos para as diferenças ao redor do mundo, para Moçambique, ou Mali, ou a Nicarágua, eles dirão que tais países estão apenas "atrasados"; que, eventualmente, seguirão o caminho que o Ocidente capitalista abriu. Em 1998 o próprio Bill Clinton declarou que "nós" já não podemos mais resistir às atuais forças da globalização, como não podemos resistir à lei da gravidade. Deixemos de lado as possibilidades de resistir à força da gravidade e notemos apenas que esse homem passa grande parte de sua vida voando de um lado para outro em aeronaves... Mais seriamente, esta proposta nos foi feita por um homem que passou boa parte de sua carreira recente tentando proteger e promover (através do

Gatt, da OMC, da aceleração do Nafta/TLC)* essa, supostamente, implacável força da natureza. Conhecemos o contra-argumento: a "globalização" em sua forma atual não é o resultado de uma lei da natureza (ela própria um fenômeno em questão) — é um projeto. O que declarações como as de Clinton estão fazendo é tentar nos persuadir de que não há alternativa. Essa não é uma descrição do mundo como ele é, mas uma imagem através da qual o mundo está sendo feito.

Isto em grande parte, agora, está bem estabelecido nas críticas sobre a globalização contemporânea. Mas se torna, talvez, menos freqüentemente explícito que uma das manobras cruciais em ação dentro dela, para nos convencer da inevitabilidade dessa globalização, é um truque enganoso, em termos da conceituação de espaço e tempo. Essa proposição transforma a geografia em história, o espaço em tempo. E isto, novamente, tem efeitos sociais e políticos. Afirma-se que Moçambique e a Nicarágua não são, realmente, diferentes de "nós". Não devemos imaginá-los como tendo suas próprias trajetórias, suas próprias histórias específicas e o potencial para seus próprios, talvez diferentes, futuros. Não são reconhecidos como outros coetâneos. Estão, meramente, em um estágio anterior, na única narrativa que é possível fazer. Esta cosmologia de "única narrativa" oblitera as multiplicidades, as heterogeneidades contemporâneas do espaço. Reduz coexistências simultâneas a um lugar na fila da história.

Então, em resposta: e se...? E se nos recusássemos a expressar espaço em tempo? E se ampliássemos a imaginação da única narrativa para oferecer espaço (literalmente) a uma multiplicidade de trajetórias? Que tipos de conceituação de tempo e espaço e de suas relações isso poderia revelar?

3 E, assim, existe "lugar". No contexto de um mundo que é, certamente, cada vez mais interconectado, a noção de lugar (geralmente citado como "lugar local") adquiriu uma ressonância totêmica. Seu valor simbólico é, incessantemente, mobilizado em argumentos políticos. Para alguns, é a esfera do cotidiano, de práticas reais e valorizadas, a fonte geográfica de significado, vital como ponto de apoio, enquanto

* Gatt = Acordo Geral de Tarifas e Comércio; OMC = Organização Mundial do Comércio; Nafta/TLC = North American Free Trade Agreement/Acordo de Livre Comércio. (N.T.)

"o global" tece suas teias, cada vez mais poderosas e alienantes. Para outros, "um refúgio no lugar" representa a proteção de pontes levadiças e a construção de muralhas contra as novas invasões. Lugar, através dessa leitura, é o local da negação, da tentativa de remoção da invasão/diferença. É um refúgio, politicamente conservador, uma essencializadora (e, no final, inviável) base para uma resposta, que falha ao dirigir-se às reais forças em ação. Tem sido essa, sem dúvida, a imaginação por detrás de alguns dos piores conflitos recentes. As revoltas, em 1989, em várias partes da velha Europa comunista, trouxeram o retorno, numa nova e diferente escala e com uma nova intensidade, de nacionalismos e paroquialismos territoriais, caracterizados por pretensões de exclusividade, por afirmações da autenticidade nativa enraizada de especificidade local e por hostilidade pelo menos contra alguns daqueles que são designados como outros. Mas, então, como fica a defesa do lugar pelas comunidades das classes trabalhadoras nas garras da globalização, ou por grupos aborígines agarrando-se a um último pedacinho de terra?

O lugar tem um papel ambíguo em tudo isso. O horror às exclusividades locais equilibra-se, precariamente, em relação ao apoio à luta vulnerável pela defesa de seu pequeno torrão. Enquanto o lugar é reivindicado ou rejeitado, nesses debates, de formas incrivelmente distintas, há, muitas vezes, pressuposições subjacentes compartilhadas: de lugar como algo fechado, coerente, integrado, como autêntico, como "lar", um refúgio seguro; de espaço como, de algum modo, originalmente, regionalizado, como sempre-já dividido em partes iguais.[5] E, mais do que isso, ainda, eles instituem, implicitamente, mas inserida dentro dos próprios discursos que eles mobilizam, uma contraposição, às vezes até mesmo uma hostilidade, certamente uma imaginação implícita de diferentes "níveis" teóricos (do abstrato *versus* o cotidiano e assim por diante) entre espaço, por um lado, e lugar, por outro.

E se, então, recusarmos essa imaginação? E se, então, recusarmos não apenas os nacionalismos e os paroquialismos que gostaríamos de ver assim, minados, mas também a noção de lutas locais ou da defesa do lugar em sentido mais geral? E se recusarmos essa distinção, por mais sedutora que pareça, entre lugar (como sentido, vivido e cotidiano) e espaço (como o quê? o exterior? o abstrato? o *sem* significação?)?

É nesse contexto de inquietação com perguntas como essas que estes argumentos se desenvolveram. Sobre alguns dos momentos que geraram o pensamento aqui exposto já escrevi antes — 1989, os conflitos de classe e a etnicidade no leste de Londres, a ilusória francesidade de sentar em um café parisiense —, mas eles persistiram e brotaram novamente aqui, levados um pouco adiante. Encontros com o aparentemente familiar, mas em que algo continua a perturbar e inesperadas linhas de pensamento lentamente se desenrolam. Acima de tudo, os argumentos que se seguem tomaram forma, teórica e politicamente, no contexto pernicioso dos localismos exclusivistas e das desigualdades sombrias da atual forma hegemônica de globalização; e, também, frente às dificuldades de reação. Foi a luta com a formulação dessas questões políticas que me levou a forçar a abertura de seus modos, muitas vezes ocultos, de conceber o espaço.

A imaginação do espaço como uma superfície sobre a qual nos localizamos, a transformação do espaço em tempo, a clara separação do lugar local em relação ao espaço externo são todos meios de controlar o desafio que a espacialidade, inerente ao mundo, apresenta. Na maioria das vezes, ela não é pensada. Aqueles que argumentam que Moçambique está apenas "atrás" não o fazem (presumivelmente) como conseqüência de uma ponderação profunda sobre a natureza e a relação entre espaço e tempo. Sua conceituação do espaço, sua redução a uma dimensão para a exposição/representação de diferentes momentos no tempo, está, conclui-se, implícita. Nesse sentido, eles não estão sozinhos. Um dos temas recorrentes no que se segue é, simplesmente, como de fato se pensa tão *pouco* explicitamente sobre o espaço. No entanto, as constantes associações deixam efeitos residuais. Desenvolvemos meios de incorporar uma espacialidade às nossas maneiras de ser no mundo, aos modos de lidar com o desafio que a enorme realidade do espaço projeta. Produzidos por e envolvidos em práticas, das negociações cotidianas às estratégias globais, esses engajamentos implícitos de espaço retroalimentam e sustentam entendimentos mais amplos do mundo. As trajetórias de outros podem ser imobilizadas enquanto prosseguimos com as nossas; o desafio real da contemporaneidade dos outros pode ser desviado ao os relegarmos a um passado (retrógrado, antiquado, arcaico); os fechamentos defensivos de um lugar essencializado parecem permitir um descomprometimento mais amplo e fornecer um alicerce seguro. Nesse sentido, cada uma das considerações anteriores fornece um exemplo de algum tipo de fracasso (deliberado ou não) da imaginação espacial. Fracasso no sentido de ser

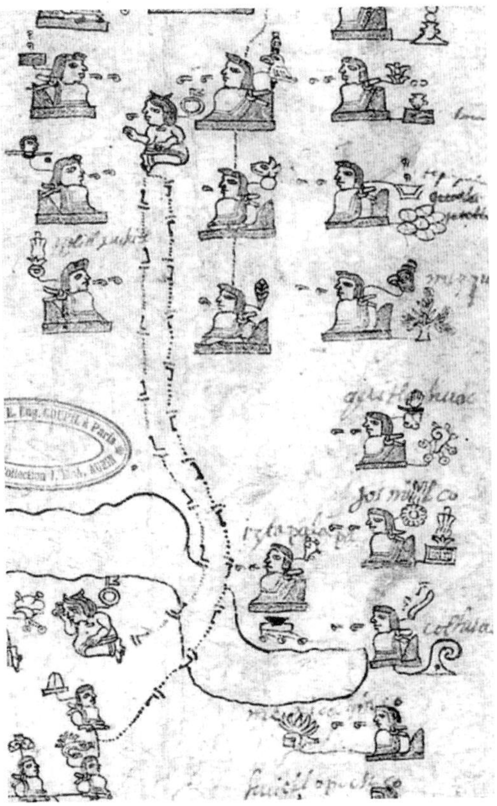

Figura 1.2a *Pegadas astecas no* Códice Xolotl
Fonte: Bibliothèque nationale de France

No Ano 1 Junco/Ano de Nosso Senhor de 1519, entre os muitos aspectos de alteridade radical que se enfrentaram no vale do México, estava o modo de imaginar o "espaço". Cortés carregava consigo aspectos de uma visão incipiente das imaginações ocidentais vigentes no início de seu progresso triunfante, mas imaginações ainda crivadas de mito e emoção. Para os astecas também, embora de modo muito diferente, deuses, tempo e espaço estavam inextricavelmente ligados. Um "aspecto básico da visão de mundo dos astecas" era "uma tendência a enfocar as coisas no processo de se tornarem outras" (Townsend, 1992, p. 122) e "o pensamento mexica não reconhecia um tempo e espaço abstrato, dimensões separadas e homogêneas, mas, antes, complexos concretos de espaço e tempo, eventos e sítios heterogêneos e singulares.... "lugares-momentos" (Soustelle, 1956, p. 120).

O Códice Xolotl*, uma construção híbrida, conta estórias. Os eventos são ligados por desenhos de rastros e linhas pontilhadas entre lugares. "Lê-se o manuscrito localizando-se a origem das pegadas e decifrando os signos dos lugares à medida que aparecem nesses itinerários" (Harley, 1990, p. 101). Enquanto o pressuposto geral acerca dos mapas ocidentais, hoje em dia, é que eles são representações do espaço, esses mapas, como os mapa-múndi europeus, eram representações de tempo e espaço conjugados.*

inadequada para enfrentar os desafios do espaço, fracasso por não incluir suas multiplicidades coetâneas, por não aceitar sua contemporaneidade radical, por não lidar com a complexidade de sua constituição. O que aconteceria se tentássemos nos desvencilhar de tais compreensões, entretanto quase intuitivas?

1
proposições iniciais

Este livro defende uma abordagem alternativa do espaço. Tem tanto a virtude quanto todas as desvantagens de parecer óbvio. Ainda assim, as considerações anteriores e muito do que está por vir sugerem que ela ainda precisa ser elaborada.

É mais fácil começar reduzindo-a a algumas proposições. Elas são as seguintes. *Primeiro*, reconhecemos o espaço como o produto de inter-relações, como sendo constituído através de interações, desde a imensidão do global até o intimamente pequeno. (Esta é uma proposição que não surpreenderá a todos os que têm lido a recente literatura geográfica anglófona.) *Segundo*, compreendemos o espaço como a esfera da possibilidade da existência da multiplicidade, no sentido da pluralidade contemporânea, como a esfera na qual distintas trajetórias coexistem; como a esfera, portanto, da coexistência da heterogeneidade. Sem espaço, não há multiplicidade; sem multiplicidade, não há espaço. Se espaço é, sem dúvida, o produto de inter-relações, então deve estar baseado na existência da pluralidade. Multiplicidade e espaço são co-constitutivos. *Terceiro*, reconhecemos o espaço como estando sempre em construção. Precisamente porque o espaço, nesta interpretação, é um produto de relações-entre, relações que estão, necessariamente, embutidas em práticas materiais que devem ser efetivadas, ele está sempre no processo de fazer-se. Jamais está acabado, nunca está fechado. Talvez pudéssemos imaginar o espaço como uma simultaneidade de estórias-até-agora.* Assim, essas proposições repercutem em recentes mudanças, em certos lugares, nos modos com que a política progressista pode, também, ser imaginada. Certamente é parte de meu argumento que não apenas o espacial é político (o que, depois

* "*Stories-so-far*" no original. (N.T.)

de muitos anos e do muito que foi escrito a respeito, pode ser tido como dado), mas que, sobretudo, pensar no espacial de um modo específico pode perturbar a maneira em que certas questões políticas são formuladas, pode contribuir para argumentações políticas já em curso e — mais profundamente — pode ser um elemento essencial na estrutura imaginativa que permite, em primeiro lugar, uma abertura para a genuína esfera do político. Algumas dessas possibilidades podem ser concluídas já a partir da breve declaração de proposições. Assim, apesar de que seria incorreto e por demais rigidamente restritivo propor qualquer mapeamento simples uma a uma, é possível esclarecer, a partir de cada uma, um aspecto ligeiramente distinto do rol potencial de conexões entre a imaginação do espacial e a imaginação do político.

Assim, *primeiro*, entender o espaço como um produto de inter-relações combina bem com a emergência, nos anos recentes, de uma política que tenta comprometer-se com o antiessencialismo. Em lugar de um liberalismo individualista, ou de um tipo de política de identidade, que considere essas identidades já, ou para sempre, constituídas e defenda os direitos ou reivindique a igualdade para essas identidades já constituídas, essa política considera a constituição dessas próprias identidades e as relações através das quais elas são construídas como sendo um dos fundamentos do jogo político. As "relações" aqui são compreendidas como práticas encaixadas. Em vez de aceitar e trabalhar com entidades/identidades já constituídas, essa política enfatiza a construtividade relacional (incluindo as chamadas subjetividade política e clientelas políticas). É cautelosa, portanto, a respeito de reivindicações de autenticidade baseadas em noções de identidade imutável. Em vez disso, propõe um entendimento relacional do mundo e uma política que responda a tudo isso.

A política de inter-relações reflete, portanto, a primeira proposição, de que o espaço, também, é um produto de inter-relações. O espaço não existe antes de identidades/entidades e de suas relações. De um modo mais geral, eu argumentaria que identidades/entidades, as relações "entre" elas e a espacialidade que delas faz parte são todas co-constitutivas. Chantal Mouffe (1993, 1995), particularmente, escreveu sobre como poderíamos conceituar a construção relacional de subjetividades políticas. Para ela, as identidades e as inter-relações são constituídas juntas. Mas a espacialidade pode ser, também, desde o princípio, integrante da constituição dessas próprias identidades, incluindo as subjetividades políticas. Além disso, identidades especificamente espaciais (lugares, nações) podem, igualmente, ser reconceitualizadas em termos relacionais. Questões das geografias de relações e das geografias da necessidade de sua negociação (no mais amplo sentido deste termo) estão sempre presentes neste livro. Se nenhum lugar/espaço é uma autenticidade coerente e contínua, então uma questão que é levantada é a de sua negociação interna. Se as identidades, tanto as especificamente espaciais quanto as outras, são, de fato, construídas relacionalmente, então isto coloca a questão da geografia dessas relações de construção. Levanta questões da política dessas geografias e de nosso relacionamento e responsabilidade com elas, e faz surgirem, de modo contrário e, talvez, de maneira menos esperada, as geografias potenciais de nossa responsabilidade social.

Segundo, imaginar o espaço como a esfera de possibilidade da existência da multiplicidade combina com o que, com maior ênfase, em anos recentes, em discursos políticos da esquerda, tem sido colocado como "diferença" e heterogeneidade. A forma mais evidente que isso tomou foi a insistência de que a estória do mundo não pode ser contada (nem sua geografia elaborada) como a estória apenas do "Ocidente", ou a estória, por exemplo, daquela figura clássica (irônica e freqüentemente, ela própria essencializada) do macho branco, heterossexual e que essas eram estórias particulares, entre muitas outras (e sua compreensão através dos olhos do Ocidente ou do macho heterossexual é ela própria específica). Tais trajetórias foram parte de uma complexidade, e não os universais que elas, por tanto tempo, propuseram ser.

A relação entre esse aspecto de uma política mutável (e de um modo de fazer teoria social) e a segunda proposição sobre espaço é de natureza bem diferente da primeira proposição. Neste caso, o argumento é de que a simples possibilidade de qualquer reconhecimento sério da multiplicidade e heterogeneidade em si mesmas depende de um reconhecimento da espacialidade. O corolário político é de que uma genuína e completa espacialização da teoria social e do pensamento político pode forçar, na imaginação, um reconhecimento mais completo da coexistência simultânea de outros, com suas próprias trajetórias e com sua própria estória para contar. A imaginação da globalização como uma seqüência histórica não reconhece a coexistência simultânea de outras histórias com características que sejam distintas (o que não implica estarem desconectadas) e futuros que, potencialmente, também possam sê-lo.

Terceiro, imaginar o espaço como sempre em processo, nunca como um sistema fechado, implica insistência constante, cada vez maior, dentro dos discursos políticos, sobre a genuína abertura do futuro. É uma insistência baseada em tentativa de escapar da inexorabilidade que, tão freqüentemente, caracteriza as grandes narrativas ligadas à modernidade. As estruturas do Progresso, do Desenvolvimento e da Modernização, e a sucessão de modos de produção elaboradas dentro do marxismo, todas elas propõem cenários nos quais as direções gerais da história, inclusive o futuro, já são conhecidas. Conquanto muito tenha sido necessário lutar para que acontecesse, entrar em batalhas para que fosse realizada, havia sempre, no entanto, uma convicção implícita da direção em que a história se movia. Muitos, hoje, rejeitam tal formulação e defendem, em vez disso, uma abertura radical do futuro, quer o façam por meio de uma democracia radical (por exemplo, Laclau, 1990; Laclau e Mouffe, 2001), quer através de noções de experimentação ativa (como em Deleuze e Guattari, 1988; Deleuze e Parnet, 1987) ou através de certas abordagens dentro da teoria *queer** (ver, como exemplo, Haver, 1997). Certamente, como Laclau, em particular, fortemente defenderia, apenas se concebermos o futuro como aberto poderemos, seriamente, aceitar ou nos engajar em qualquer noção genuína de política. Apenas se o futuro for aberto haverá campo para uma política que possa fazer diferença.

Agora, aqui novamente — como no caso da primeira proposição — há um paralelo com a conceituação de espaço. Não apenas a história, mas também o espaço é aberto.[6] Nesse espaço aberto interacional há sempre conexões ainda por serem feitas, justaposições ainda a desabrochar em interação (ou não, pois nem todas as conexões potenciais têm de ser estabelecidas), relações que podem ou não ser realizadas. Aqui, então, o espaço é, sem dúvida, um produto de relações (primeira proposição), e para que assim o seja tem de haver multiplicidade (segunda proposição). No entanto, não são relações de um sistema coerente, fechado, dentro do qual, como se diz, tudo (já) está relacionado com tudo. O espaço jamais poderá ser essa simultaneidade completa, na qual todas as interconexões já tenham sido estabelecidas e no qual todos os lugares já estão ligados a todos os outros. Um espaço, então, que não é nem um recipiente para identidades sempre-já constituídas nem um holismo completamente fechado. É um espaço de resultados imprevisíveis e de ligações ausentes. *Para* que o futuro seja aberto, o espaço também deve sê-lo.

* *Queer* — inicialmente uma gíria significando "estranho", hoje se refere a comunidades homossexuais, bissexuais e de transgêneros.

Todas estas palavras arrastam consigo inúmeras conotações. Escrever sobre o desafio da oposição entre espaço e lugar poderia provocar, legitimamente, pensamentos heideggerianos (mas não é isto que estou querendo dizer). Falar de "diferença" pode produzir pressuposições sobre alteridade (mas não é ao que quero chegar). Mencionar multiplicidades evoca, entre outros, Bergson, Deleuze, Guattari (e haverá, mais tarde, uma ligação com essa linha de pensamento). Alguns esclarecimentos preliminares podem ajudar.

"Trajetória" e "estória" significam, simplesmente, enfatizar o processo de mudança em um fenômeno. Os termos são, assim, temporais em sua ênfase, apesar de que, eu defenderia, sua necessária espacialidade (seu posicionamento em relação a outras trajetórias ou histórias, por exemplo) é inseparável e intrínseca ao seu caráter. O fenômeno em questão pode ser uma coisa viva, uma atitude científica, uma coletividade, uma convenção social, uma formação geológica. Tanto "trajetória" quanto "estória" têm outras conotações que não adotamos aqui. "Trajetória" é um termo presente em debates sobre representação, que tiveram influências importantes e duradouras nos conceitos de espaço e tempo (ver a discussão na Parte *Dois*). "Estória" traz consigo conotações de alguma coisa relatada, ou de uma história interpretada; mas eu me refiro, simplesmente, à história, mudança, movimento, das próprias coisas.

Este monte de palavras — diferença/heterogeneidade/multiplicidade/pluralidade — também provocou muita controvérsia. Tudo o que eu quis dizer a esse respeito é a existência coetânea de uma pluralidade de trajetórias, uma simultaneidade de estórias-até-agora. Assim, a mínima diferença ocasionada pelo fato de tomar uma posição já suscita o fato de sua unicidade.* Isto não é, então, "diferença" contrastando com classe, como em algumas velhas batalhas políticas. É, simplesmente, o princípio de heterogeneidade coexistente. Não é a natureza específica das heterogeneidades, mas a realidade delas, que é intrínseca ao espaço. Certamente isto coloca em questão quais poderiam *ser* as linhas pertinentes de diferenciação em qualquer situação particular. Essa "diferença" não é, também, como aquela no movimento desconstrutivo de espaç*amento*: como na desconstrução de discursos de autenticidade, por exemplo. Isso não quer dizer que tais discursos não sejam significativos na modelagem cultural do espaço, nem que não deveriam ser censurados. Romantismos de nacionalidade coeren-

* "*Uniqueness*" (qualidade ou estado de único, e não de unitário) no original. (N.T.)

te, como na terceira consideração, podem agir, precisamente, sobre tais princípios de identidade/diferença constitutiva. David Sibley (1995, 1999), entre outros, explorou tais tentativas de purificação do espaço. Sem dúvida, elas são, precisamente, um meio de lidar com suas heterogeneidades — sua real complexidade e abertura. Mas o ponto em discussão aqui é outro: não a diferença negativa, mas a heterogeneidade positiva. Isto se liga ao já mencionado argumento político contra o essencialismo. À medida que tal argumento adotou uma forma de construcionismo social que estava confinada ao âmbito discursivo não oferecia, em si, uma alternativa positiva. Dessa forma, para o caso específico do espaço, ele poderia nos ajudar a expor algumas das suas presumidas coerências, mas isso não recobraria, propriamente, a sua consciência. É aquele caráter vívido,* a complexidade e a abertura da própria configuração, a multiplicidade positiva, que é importante para a apreciação do espacial.

Este livro é um ensaio sobre o desafio do espaço, os múltiplos artifícios através dos quais esse desafio tem sido tão persistentemente evitado, as implicações políticas de praticá-lo de maneira diferente. Nessa busca há um inevitável engajamento com muitos outros teóricos e abordagens teóricas, inclusive muitas cujo foco explícito nem sempre é a espacialidade. Elas estão referenciadas no texto. Mas, provavelmente, é importante dizer agora, meu argumento não segue, simplesmente, os moldes de qualquer uma delas. Não trabalhei a partir de textos sobre o espaço, mas através de situações e engajamentos com os quais a questão do espaço está, de alguma forma, entrelaçada. Pelo contrário, minha preocupação com a refutação do espaço/política moldou posições *sobre* filosofia e sobre uma série de conceitos. Os debates sobre heterogeneidade/diferença e construcionismo social/discurso são alguns exemplos. Equivalências entre representação e espacialização me incomodaram, associações de espaço com sincronia me irritaram, constantes pressuposições do espaço como o oposto do tempo me fizeram refletir, análises que permaneceram dentro do discursivo não foram suficientemente positivas. Tratou-se de um envolvimento recíproco. Estou interessada em como poderíamos imaginar espaços para estes tempos, como poderíamos buscar uma imaginação alternativa. Penso que o que é necessário é arrancar o "espaço" daquela constelação de conceitos em que ele tem sido, tão indiscutivelmente, tão freqüentemente, envolvido (estase, fechamento, representação) e estabe-

* "*Liveliness*" (algo como "vivacidade") no original. (N.T.)

lecê-lo dentro de outro conjunto de idéias (heterogeneidade, relacionalidade, coetaneidade... caráter vívido, sem dúvida) onde seja liberada uma paisagem política mais desafiadora.

Houve, como é relatado agora com freqüência, uma longa história de entendimento do espaço como "o morto, o estático, o fixo" na famosa rememoração de Foucault. Mais recentemente, e em completo contraste, tem havido uma verdadeira extravagância não-euclideana, de buracos negros riemanniana... e uma variedade de outras antes improváveis evocações topológicas. Em algum lugar entre essas duas estão os argumentos que desejo colocar. O que vocês encontrarão aqui é uma tentativa de despertar o espaço do longo sono engendrado pela falta de atenção no passado, mas que permanece, talvez de forma mais prosaica, embora não menos desafiadora, em algumas formulações recentes. Isto foi o que considerei mais produtivo. Este é um livro sobre o espaço ordinário, o espaço e os lugares através dos quais, na negociação de relações dentro da multiplicidade, o social é construído. É, neste sentido, uma proposição modesta, porém a própria persistência, a aparente obviedade de outras mobilizações de "espaço" apontam para sua necessidade permanente.

Foram muitos os que consideraram os desafios e encantos da *temporalidade*. Algumas vezes isso foi feito através das lentes daquela corrente do miserabilismo filosófico antropocêntrico, que se preocupa com a inevitabilidade da morte. Sob outros disfarces, a temporalidade foi louvada como a dimensão vital da vida, da própria existência. O argumento aqui é que o espaço é igualmente vivo e igualmente desafiador, e que, longe de ser morto e fixo, a própria enormidade de seus desafios significa que as estratégias para dominá-lo têm sido muitas, variadas e persistentes.

Quando eu era criança, costumava brincar girando um globo terrestre ou folheando rapidamente um mapa e, abaixando um dedo, tocava um lugar, sem olhar para onde. Se ele tocasse terra, eu tentava imaginar o que estava acontecendo "lá" "então". Como as pessoas viviam a paisagem, qual era a hora do dia e qual a estação do ano. Meu conhecimento era extremamente rudimentar, mas eu era completamente fascinada pelo fato de que todas essas coisas estavam *acontecendo naquele momento,* enquanto eu estava ali, em Manchester, na cama. Mesmo agora, cada manhã, quando chega o jornal, dou uma olhada na previsão do tempo no mundo (38°C e nublado em Nova Delhi, 8ºC e chuvoso em Santiago; 28ºC e ensolarado na Argélia). É, em parte, um modo de imaginar como estão as coisas para amigos em outros lugares, mas é também a continuação de um deslumbramento frente à heterogeneidade contemporânea do planeta. (Escrevi este livro com o título provisório de "Encanto Espacial" [*Spatial delight*].) Tudo era, e possivelmente ainda é, espantosamente ingênuo, e, pelo menos, aprendi alguns de seus perigos. O caráter grotesco dos mapas de poder através dos quais aspectos dessa "variedade" podem ser estabelecidos, os verdadeiros problemas de pensar e, ainda mais, de apreciar o lugar, o quanto é muito mais fácil para alguns do que para outros esquecer a simultaneidade dessas diferentes estórias, a dificuldade, simplesmente, mesmo, de viajar. (A forma de contar as viagens de descoberta de uma forma que mantém o "descoberto" imóvel, a versão da globalização que relega outras ao passado...) Contudo, parece importante nos atermos a uma apreciação dessa simultaneidade das estórias. Parece que, algumas vezes, na corrida enlouquecida para abandonar a singularidade da formidável narrativa modernista (a estória universal singular), o que foi adotado em seu lugar foi uma visão de uma instantaneidade de interconexões. Mas isso é para substituir uma única história por uma não-história — daí, como pretexto, a acusação de falta de profundidade. Sob esse pretexto, seria melhor recusar a "virada espacial". Em vez disso, deveríamos, poderíamos, substituir a história única por muitas. E é aqui que entra o espaço. Sob este aspecto, parece-me, é bem razoável nos regozijarmos com as possibilidades que isto abre.

A Parte *Dois* volta-se para algumas das imaginações de espaço que herdamos de um leque de discursos filosóficos. Este não é um livro sobre filosofia, mas nesta altura ele se envolve *com* algumas correntes da filosofia para poder argumentar que delas são derivadas algumas leituras e associações comuns, que podem ajudar a explicar por que, na vida social e política, nós, com tanta freqüência, emprestamos ao espaço algumas características. A Parte *Três* retoma várias maneiras em que o espaço é expresso na teoria social e em engajamentos políticos e prático-populares, especialmente no contexto de debates sobre modernidade e globalização capitalista. Em nenhuma dessas partes o objetivo primordial é o de crítica: antes, é o de extrair os pontos positivos que permitam uma apreciação mais vigorosa do desafio do espaço. A Parte *Quatro*, então, elabora uma série de reorientações ligadas tanto a espaço quanto a lugar. Através de todo o livro são desenvolvidas linhas da relevância desses argumentos para o debate político, e a Parte *Cinco* volta-se diretamente para eles. Este livro, então, não é "pelo espaço" de preferência a alguma outra coisa; é, antes, um debate para o reconhecimento de características particulares de espaço e por uma política que possa ser sensível a elas.

Um número de subtemas tece seu caminho *sotto voce** através das diversas partes. Alguns deles têm seus próprios títulos. A série "*Confiar na ciência?*" questiona alguns elementos da atual relação entre as ciências naturais e sociais em sentido amplo. "Geografias da produção do conhecimento" tece uma história da conexão entre certas formas de praticar ciência e as estruturas sociais e geográficas em que estão estabelecidas (certamente, de modo mais enfático, através das quais elas são constituídas). Em ambas as esferas, propõe-se, não apenas há espacialidades implícitas, mas também ligações tanto políticas quanto conceituais, com o argumento geral do livro.

Outros temas vêm à tona, constantemente, como parte da tese mais geral. Há uma tentativa de ir além do especificamente humano. Existe um compromisso com o velho tema de que o espaço importa, mas também um questionamento sobre algumas das formas com que, comumente, pensamos dar-lhe importância. Há uma tentativa de trabalhar em direção a um embasamento que — em uma época em que a globalização é tão facilmente imaginada como um tipo de força emanando sempre "de outro lugar" — é vital para a colocação de questões políticas. De forma relacionada, há uma insistência na especificidade e em um mundo que não seja nem composto de atomismo individual nem fechado em holismo sempre-já completo. Trata-se de um mundo sendo feito, através de relações, e aí se encontra a política. Finalmente, há um impulso em direção a "uma mentalidade aberta",** para uma positividade e plenitude de vida, para o mundo além do torrão de cada um, quer seja a própria pessoa, sua cidade ou as partes específicas do planeta em que vivemos e trabalhamos: um compromisso com essa contemporaneidade radical que é a condição de e para a espacialidade.

---

* *Sotto voce*, em itálico no original: em voz suave e baixa, como para não ser ouvido. (N.T.)

** "*Outwardlookingness*", que também pode ser traduzido por "mentalidade ou olhar voltado para fora". (N.T.)

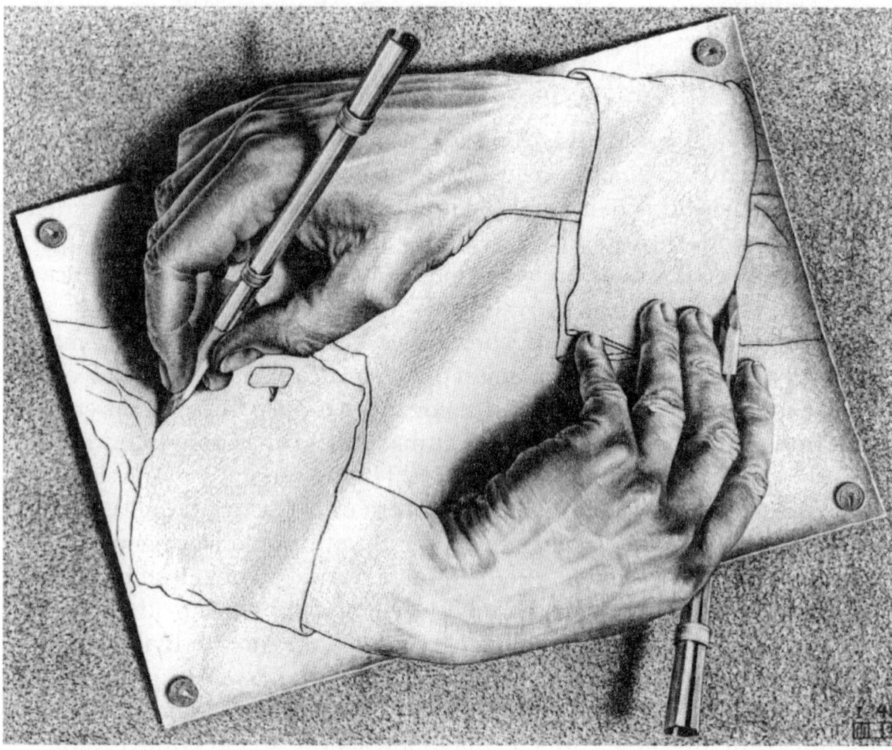

Parte *Dois*
Associações pouco promissoras

Henri Lefebvre mostra, nos argumentos iniciais de *The production of space* [A produção do espaço] (1991), que, freqüentemente, usamos essa palavra "espaço", em linguagem popular ou acadêmica, sem estar totalmente conscientes do que queremos dizer com ela. Herdamos uma imaginação tão profundamente enraizada que, freqüentemente, ela não é pensada de forma ativa. Baseada em pressupostos não mais reconhecidos como tais, é uma imaginação com a força implacável do evidentemente óbvio. Eis aí o problema.

Essa imaginação implícita é alimentada por todo tipo de influências. Em muitos casos, quero afirmar, são associações pouco promissoras cuja conotação priva o espaço de suas características mais desafiadoras. As influências a serem tratadas nesta parte são derivadas de algumas obras filosóficas, no sentido mais amplo desse termo. A Parte *Três* vai abordar mais formas de compreensão prático-populares e teórico-sociais do espaço, particularmente no contexto da política da modernidade e da globalização capitalista. O objetivo de ambas as partes é revelar algumas das influências das imaginações hegemônicas de "espaço". O que se segue imediatamente, então, é uma tentativa de esquematizar algumas linhas específicas de argumentos que exemplificam modos em que o espaço pode-se apresentar, através de discursos filosóficos significativos, por terem, associadas a eles, características que, em minha opinião, pelo menos, invalidam sua completa inclusão na esfera do político. Este não é um livro sobre filosofia, os argumentos aqui são particulares e focalizam, unicamente, o modo como certas posições comumente aceitas, ainda que não diretamente relacionadas com o espaço, têm repercussões, todavia, no modo pelo qual o imaginamos. As correntes filosóficas específicas aqui referidas servem como exemplos. Elas giram em torno de

Henri Bergson, estruturalismo e desconstrução: uma seleção feita tanto por sua importância enquanto linhas de pensamento quanto porque, em seus mais amplos argumentos, elas, de distintas formas, têm muito a oferecer ao tipo de projeto que este livro defende. Em outras palavras, elas estão envolvidas mais por suas promessas do que por seus problemas.

Nenhum desses filósofos tem a reconceituação de espaço como seu objetivo. Com mais freqüência, e no contexto de debates mais amplos, a temporalidade é uma preocupação mais urgente. Muitas e muitas vezes o espaço é conceituado (ou supõe-se que seja) simplesmente como o oposto negativo do tempo. Desejo argumentar que isso corresponde, certamente, em parte, àquela lacuna em relação a pensar ativamente sobre o espaço e as contradições que daí derivam, o que pode fornecer uma pista de como quebrar aparentes limites de alguns dos debates na forma como agora são colocados. Um tópico é o de que tempo e espaço têm de ser pensados conjuntamente: que isso não é um mero floreio retórico, mas que influencia o que pensamos sobre ambos os termos, que pensar tempo e espaço conjuntamente não significa que eles sejam idênticos (por exemplo, em alguma quarta dimensionalidade indiferenciada); pelo contrário, significa que a imaginação de um terá repercussões (nem sempre inteiramente seguidas) para a imaginação do outro e que espaço e tempo estão implicados um no outro, que isto revela alguns problemas que, até então, pareciam (logicamente, intratavelmente) insolúveis, e que isso tem conseqüências para o pensamento sobre a política e o espacial. Pensar sobre história e temporalidade tem, necessariamente, implicações (quer as reconheçamos ou não) em relação ao modo como imaginamos o espacial. A rotulação contraposta dos fenômenos como temporais ou espaciais, envolvendo toda a carga da redução do espaço na esfera apolítica do fechamento causal ou dos redutos reacionários do poder estabelecido, continua até hoje.

Os principais propósitos das filosofias abordadas aqui estão amplamente de acordo com os argumentos apresentados neste livro. Louvo Bergson por seus argumentos sobre o tempo, aprovo a determinação do estruturalismo de não deixar a geografia ser transformada em história, aplaudo a insistência de Laclau na ligação íntima entre a desarticulação* e a possibilidade da política... É,

---

* *Dislocation*, no original, será sempre traduzido como "desarticulação", mas reconhecemos que também caberiam sentidos como "desconexão" e "disjunção", no sentido de ausência de racionalidade reguladora que dê sentido ao arranjo espacial.

apenas, quando eles começam a falar sobre espaço, que surge a minha repulsa. E fico desconcertada pela falta de atenção explícita que dão ao espaço, irritada por suas suposições, confundida por uma espécie de duplo uso (em que o espaço é tanto o grande "exterior" quanto o termo de escolha para caracterização da representação, ou do fechamento ideológico) e, finalmente, satisfeita, algumas vezes, por encontrar as extremidades abertas* (e suas próprias desarticulações internas), que tornam possível o desembaraçar dessas suposições e duplos usos, o que, por sua vez, provoca uma reimaginação do espaço que poderia não ser simplesmente mais do meu gosto, porém mais de acordo com o espírito de suas próprias indagações.

Há uma distinção que precisa ser feita desde o início. Foi argumentado que, pelo menos nos últimos séculos, o espaço tem sido menos valorizado e tem recebido menos atenção do que o tempo (na geografia, Ed Soja [1989] defendeu fortemente este argumento). Freqüentemente advoga-se a "priorização do tempo sobre o espaço", e isto foi comentado e severamente criticado por muitos. Não é esta, no entanto, minha preocupação aqui. O que me preocupa é o *modo* como imaginamos o espaço. Algumas vezes o caráter problemático dessa imaginação resulta, provavelmente, da despriorização — a conceituação de espaço como uma reflexão *a posteriori*, como um resíduo do tempo. No entanto, não se pode dizer que os primeiros pensadores estruturalistas deram prioridade ao tempo e, ainda, ou assim eu devo argumentar, o efeito de sua abordagem foi uma imaginação do espaço altamente problemática.

Além disso, a exumação dessas conceituações problemáticas de espaço (como estático, fechado, imóvel, por oposição a tempo) traz à tona outros conjuntos de conexões, para a ciência, a escritura e as representações, para questões de subjetividade e sua concepção, em todos aqueles em que as imaginações implícitas de espaço tiveram um papel importante. Todas essas tramas estão, por sua vez, relacionadas ao fato de que o espaço foi, muito freqüentemente, excluído, ou inadequadamente conceituado em relação à política e ao político, e, por esse motivo, também enfraqueceu nossas concepções de política e do político.

O que se segue é um embate com algumas dessas associações debilitadoras. Cada uma dessas correntes da filosofia desenvolveu-se

* *"Loose ends"* no original. Tradução sugerida pela autora. Refere-se também a "finalizações em aberto". (N.T.)

em conjunturas histórico-geográficas particulares. Elas próprias constituíram intervenções em algo já em movimento. Algumas vezes o que está em jogo é desenredá-las, até certo ponto, das orientações motivadas por seus momentos, pelos debates de que fizeram parte. Reorientá-las para minhas próprias preocupações pode produzir novas linhas de pensamento a seu respeito. Algumas vezes o que está em questão é impulsioná-las mais além. O resultado, no final, espero, é liberar o "espaço" de algumas correntes de significado (que o ligam a *fechamento* e *estase*, ou à *ciência, escritura* e *representação*) e que quase o sufocaram até a morte, para colocá-lo em outras cadeias (neste capítulo, ao lado de *abertura, heterogeneidade* e *caráter vívido*) onde ele possa ter uma vida nova e mais produtiva.

2
espaço/representação

Existe uma idéia com uma história tão longa e renomada, que chegou a adquirir o status de panacéia indiscutível para todos os males: a idéia de que há uma associação entre o espacial e a fixação do significado. A representação — certamente a conceituação — foi concebida como espacialização. Os diversos autores que figuram neste capítulo chegaram a essa posição por diferentes caminhos, mas quase todos a endossam. Além disso, apesar de a referência ser a "espacialização", há, em todos os casos, uma derivação; não se trata apenas de que a representação seja equiparada à espacialização, mas que as características daí derivadas são atribuídas ao próprio espaço. Além disso, embora os desenvolvimentos posteriores dessas posições filosóficas impliquem, quase sempre, um entendimento bem distinto do que o espaço poderia ser, nenhuma delas se detém muito tempo ou explicitamente no desenvolvimento dessa alternativa, ou na exploração do curioso fato de que esta outra (e mais móvel, flexível, aberta e vigorosa) visão do espaço apóia-se nessa simplória oposição em relação à sua igualmente incontestável associação entre representação e espaço. Trata-se de uma velha associação; muitas e muitas vezes subjugamos o espaço ao textual e ao conceitual, à representação.

Naturalmente, o argumento é, em geral, bem o contrário: que, através da representação, espacializamos o tempo. É o espaço que, deste modo, diz-se, subjuga o temporal.

A posição filosófica de Henri Bergson é uma das mais complexas e definitivas a este respeito. Para ele, a mais urgente preocupação era com a temporalidade, com a "duração", com um compromisso com a experiência de tempo e com o resistir à evisceração de sua continuidade interna, seu fluxo e movimento. Trata-se de uma atitude que faz sentido hoje em dia. Em *Bergsonism* [Bergsonismo], Deleuze (1988) denuncia o que considera nossa preocupação somente com magnitudes extensivas à custa das intensidades. Enquanto Boundas (1996, p. 85) desenvolve esse aspecto, a impaciência está com nosso foco, demasiado insistente, no discreto em detrimento do contínuo, nas coisas, em detrimento dos processos, no reconhecimento em detrimento do encontro, nos resultados em detrimento das tendências... (e muitas outras coisas mais). Cada argumento proposto neste livro apoiaria tal esforço. É necessária uma reimaginação das coisas como processos (e, sem dúvida, agora, amplamente aceita) para reconceituação dos lugares, de um modo que possa desafiar localismos exclusivistas, baseados em reivindicações de uma autenticidade eterna. Em vez de coisas como entidades discretas preestabelecidas, há, agora, um movimento em direção ao reconhecimento do contínuo devir, que está na natureza de seu ser. O novo, então, bem como a criatividade, é uma característica essencial da temporalidade. Em *Time and free will* (1910)* Bergson mergulha, diretamente, em um compromisso com a psicofísica e a ciência de sua época, brandindo o argumento de que essa intelectualização estava retirando a vida para fora da experiência. Pela conceituação, pela separação, pela descrição estava sendo obliterado aquele elemento vital da própria vida.

Para abordar o problema, ele trabalhou por meio de uma distinção entre diferentes tipos de multiplicidades. Ambos, Bergson e Deleuze, que Boundas (1996) denomina, de forma conjugada, neste debate, Deleuze e Bergson, estão envolvidos com os significados de "diferença" e "multiplicidade". Para eles há uma distinção importante entre diferença/multiplicidade *discreta* (que se refere a magnitudes extensivas e entidades distintas, o reino da diversidade) e diferença/multiplicidade *contínua* (que se refere a intensidades e mais à evolução do que à sucessão). A primeira é divisível, uma dimensão de separação; a última é um contínuo, uma multiplicidade de fusão. Tanto Bergson quanto Deleuze lutam para conceder a significância e mesmo a primazia filosófica à segunda forma (contínua) de diferença sobre a primeira (discreta). O que está em questão é uma insistência na abertura genuína da história, do futuro. Para Bergson, a mudança (que ele equiparava à temporalidade) implica novidade real na produção do realmente novo, de coisas não ainda totalmente determinadas pelo arranjo de forças existentes. Mais uma vez, então, há uma verdadeira coincidência de aspirações com o argumento deste livro. Porque o principal argu-

* Título original em francês: "Essai sur les données immédiates de la conscience". Paris: PUF, 1927. (N.T.)

mento da terceira proposição deste livro é precisamente defender não apenas a noção de "devir", mas uma abertura deste processo de devir.

No entanto, a irresistível preocupação de Bergson com o tempo e seu desejo de defender sua abertura acabaram tendo conseqüências devastadoras para sua maneira de conceituar o espaço. Isto foi, freqüentemente, atribuído à clássica (modernista?) priorização do tempo. Na verdade, Soja (1989) afirma que Bergson foi um dos mais poderosos instigadores de uma desvalorização e subordinação, mais geral, do espaço em relação ao tempo, que aconteceu durante a segunda metade do século XIX (ver também Gross, 1981-2). E a clássica retratação de Foucault sobre a longa história da difamação do espaço destaca: "Teria começado com Bergson ou antes?" (Foucault, 1980, p. 70). O problema, no entanto, é mais profundo do que uma simples priorização. Mais exatamente é uma questão de modo de conceituação. Não é tanto porque Bergson "despriorizou" o espaço, mas porque, *na associação do espaço com a representação,* ele foi privado de dinamismo e, radicalmente, contraposto ao tempo. Assim:

> A verdadeira duração tem alguma coisa a ver com o espaço? Certamente, nossa análise da idéia de número [que ele tinha acabado de discutir] não poderia deixar de nos fazer duvidar dessa analogia, para não dizer mais. Porque se o tempo, como a consciência reflexiva o representa, é um meio no qual nossos estados conscientes formam uma série discreta, de modo a permitir ser contado, e se, por outro lado, nosso conceito de número acaba por espalhar no espaço tudo o que pode ser diretamente contado, deve-se presumir que o tempo, compreendido no sentido de um meio em que fazemos distinções e contamos, nada mais é do que espaço. O que confirma essa opinião é que somos forçados a tomar emprestado, do espaço, as imagens com as quais descrevemos o que a consciência reflexiva sente sobre o tempo e mesmo sobre sucessão; segue-se que a duração pura deve ser algo diferente. Tais são as indagações que fomos levados a fazer pela própria análise da noção de multiplicidade discreta. Mas não podemos projetar nenhuma luz sobre elas, exceto através de um estudo direto das idéias de espaço e tempo em suas relações mútuas (1910, p. 91).

Uma das provocações cruciais para Bergson e um constante ponto de referência é o paradoxo de Zenão. A mensagem em que o paradoxo costuma insistir é que o movimento (um *continuum*) não pode ser fragmentado em instantes discretos. "É ... porque o *continuum* não pode ser reduzido a um agregado de pontos que o movimento não pode ser reduzido ao que é estático. *Continua* e movimentos implicam-se mutuamente" (Boundas, 1996, p. 84). Esta é uma discussão importante, mas é uma discussão sobre a natureza do *tempo*, sobre a impossibilidade de reduzir o movimento/devir real à estase multiplicada ao infinito, a impossibilidade de derivar a história de uma sucessão de recortes através do tempo (ver também Massey, 1997a).

No entanto, a linha de pensamento confunde-se com a idéia (inadvertida? Certamente não muito explícita) de espaço. Assim, em *Matter and Memory* (Bergson, 1911) encontramos:

> Os argumentos de Zenão de Elea não têm outra origem além desta ilusão. Todos consistem em fazer o tempo e o movimento coincidirem com a linha que é subjacente a eles, atribuindo-lhes as mesmas subdivisões da linha, enfim, tratando-os como essa linha. Nessa confusão Zenão foi encorajado pelo senso comum, que, geralmente, leva para os movimentos as propriedades de sua trajetória. E também pela linguagem, que sempre traduz movimento e duração em termos de espaço (p. 250).

O tempo rejeitado de recortes-de-tempo instantâneos atrai o rótulo "espacial" como em: o que está em jogo para Bergson e Deleuze é "a primazia do tempo heterogêneo da diferença [temporal], sobre o tempo espacializado da metrificação, com seus segmentos e instantes quantitativos" (Boundas, 1996, p. 92). Imediatamente, essa associação interpreta o espaço sob uma luz negativa (como falta de "movimento e duração"). E assim, à lista de dualismos dentro da qual essas filosofias estão travando seus combates (*continuum* em vez de descontinuidades, processos em vez de coisas...) é adicionado tempo em vez de espaço (p. 85).

Assim, esses argumentos esgotaram-se em situações específicas. Um dragão que tinha de ser vencido (mas que ronda ainda hoje) era o tempo vazio. Tempo vazio, dividido e reversível, em que nada muda, em que não há evolução, mas apenas sucessão, um tempo com uma multiplicidade de coisas discretas. A preocupação de Bergson era que o tempo, com demasiada freqüência, é conceituado da mesma maneira que o espaço (como uma multiplicidade discreta). Nós interpretamos mal a natureza da duração, ele argumentava, quando a "espacializamos" — quando pensamos nela como uma quarta dimensão da extensão. (Há uma crítica presciente de uma tendência corriqueira de falar de espaço-tempo, ou de quarta-dimensionalidade, sem investigar a natureza da integração de dimensões que está em jogo.) A natureza do dragão levou à forma da resposta. O corte instantâneo, através do tempo, era tomado como estático, tal como ele aparece na forma pela qual é invocado no paradoxo de Zenão. Recebeu então o rótulo de "espacial". Finalmente, argumentou-se: de qualquer forma, se é para haver um verdadeiro devir (a genuína produção contínua do novo), então tais recortes através do tempo, supostamente estáticos, seriam impossíveis. Os recortes-de-tempo estáticos, mesmo multiplicados ao infinito, não podem produzir o devir.

No entanto, a discussão pode ser revertida. O argumento, na forma já referida, implica que o "espaço" que acaba de ser definido, *via* uma conexão conotacional com a representação, tem de ser, da mesma maneira, impossível? Em vez disso, não significaria que o próprio espaço (a dimensão de uma multiplicidade discreta) pode, precisamente, *não* ser um recorte estático através do tempo? Com esse tipo de espaço seria, sem dúvida, impossível ter a história como devir. Em outras palavras, o tempo não apenas *não* pode ser fragmentado (transformando-se de um contínuo em uma multiplicidade discreta), como mesmo o argumento de que isso *não* é possível não deveria se referir ao resultado como espaço. A passagem aqui, de espacialização como uma atividade, para espaço como dimensão, é crucial. A representação é vista tomando aspectos de espacial*ização*, na ação desta última de colocar as coisas lado a lado, de dispô-las como uma simultaneidade discreta. Mas a representação é também compreendida, neste argumento, como que fixando as coisas, tirando o tempo de dentro delas. Assim, a equiparação entre espacialização e produção de "espaço" empresta ao espaço não apenas o aspecto de uma multiplicidade discreta, mas também a característica de estase.

O espaço, então, é definido como a dimensão da divisibilidade quantitativa (ver, por exemplo, *Matter and Memory*, 1911, pp. 246-53). Isto é fundamental para a noção de que representação é espacialização: "O movimento consiste, visivelmente, em passar de um ponto para outro e, conseqüentemente, em percorrer o espaço. Agora, o espaço que é percorrido é infinitamente divisível, e como o movimento é, por assim dizer, aplicado à linha ao longo da qual passa, parece fundir-se com essa linha e, igual a ela, ser divisível" (p. 248). Esta característica de espaço como a dimensão da pluralidade, multiplicidade discreta, é importante tanto conceitual quanto politicamente. Mas na formulação de Bergson, aqui, ela é uma multiplicidade discreta *sem duração*. Não é apenas instantânea, é estática. Assim, "não podemos distinguir movimentos de imobilidades nem tempo de espaço" (*Time and free will*,

1910, p. 115). De vários ângulos, esta proposição será questionada no debate que se segue. Em *Matter and Memory* Bergson escreve: "A principal ilusão consiste em transferir para a própria duração, em seu fluxo contínuo, a forma das fragmentações instantâneas que fizemos nela" (1911, p. 193). Aplaudo este argumento em seu propósito, mas contestaria seus termos. Por que não poderíamos impregnar essas secções instantâneas com sua própria qualidade vital de duração? Uma simultaneidade dinâmica seria uma concepção bem diferente de um instante congelado (Massey, 1992a). (E então, se persistíssemos na nomenclatura de "espacial" poderíamos, certamente, "distinguir tempo de espaço" — exceto que não teríamos partido, em primeiro lugar, de tal definição por oposição.) Por um lado, isso lança dúvida sobre o uso da palavra "espaço" nas citações precedentes de Bergson; por outro, no entanto, mostra que o próprio ímpeto de seu argumento possibilita um passo à frente, um questionamento do uso do próprio termo espaço. Trata-se de um questionamento já implícito na discussão de Bergson, mesmo em seus primeiros trabalhos.

O problema é que a caracterização conotacional de espaço através da representação, não apenas discreta, mas também sem vida, provou ser forte. Assim, Gross (1981-2) escreve sobre Bergson argumentando que "a mente racional, simplesmente, espacializa" e que ele conceituou a atividade científica em termos de "categorias imobilizantes (espaciais) do intelecto":

> Para Bergson, a mente é, por definição, orientada espacialmente. Mas tudo o que é criativo, expansivo e fértil *não* o é. Daí que o intelecto jamais pode nos auxiliar a alcançar o que é essencial, porque ele mata e fragmenta tudo o que ele toca ... Temos, conclui Bergson, de fugir da espacialização imposta pela mente para poder recuperar o contato com o cerne de viver verdadeiramente, que subsiste apenas na dimensão do tempo ... (pp. 62, 66; itálico no original).

Como Deleuze (1988) constantemente salienta, isto significa colocar algo em uma posição de vantagem ou desvantagem. Espaço e tempo aqui não são duas tendências iguais, mas opostas, tudo está empilhado no lado da duração. Essa "divisão bergsoniana fundamental entre duração e espaço" (p. 31) fornece sua própria direção através de seu desequilíbrio. "No bergsonismo, a dificuldade parece desaparecer. Pois, dividindo a combinação de acordo com duas tendências, com apenas uma mostrando o modo em que uma coisa varia, qualitativamente, no tempo, Bergson se oferece, efetivamente, os meios para escolher o 'lado certo' em cada caso" (p. 32).

Em *Creative evolution* (Bergson, 1911/1975),* a distinção entre espacialização e espaço é levada a cabo. Embora mantendo a equiparação entre intelectualização e espacialização ("Quanto mais a consciência é intelectualizada, mais a matéria é espacializada", p. 207), Bergson veio a reconhecer, também, a princípio sob a forma de pergunta, a duração em coisas externas, e isso, por sua vez, apontava para uma mudança radical na potencial conceituação de espaço. Este reconhecimento da duração em coisas externas e assim a interpenetração, embora não a equivalência, entre espaço e tempo é um aspecto importante do debate deste livro. É o que estou chamando de espaço como a dimensão de trajetórias múltiplas, uma simultaneidade de estórias-até-agora. O espaço como a dimensão de uma multiplicidade de durações. O problema tem sido que a velha cadeia de significado-espaço-representação-estase continua a exercer seu poder. O legado permanece.

Assim, para Ernesto Laclau (1990), o desenvolvimento da argumentação é bem diferente do de Bergson. Mas a conclusão é semelhante: "espaço" é equivalente à representação que, por sua vez, é equivalente ao fechamento ideológico.[1] Para Laclau a espacialização equivale à hegemonização: à produção de um fechamento ideológico, uma configuração do mundo essencialmente desarticulado como algo coerente. Assim:

> qualquer representação de uma desarticulação envolve sua espacialização. O modo de sobrepujar a natureza temporal, traumática e irrepresentável da desarticulação é construí-la, como um momento, em relação estrutural permanente com outros momentos e, neste caso, a pura temporalidade do "evento" é eliminada ... essa domesticação espacial do tempo ... (p. 72).[2]

Laclau equipara "a crise de toda espacialidade" (como resultado da afirmação da natureza constitutiva da desarticulação) com "a impossibilidade final de toda representação" (p. 78) ... "a desarticula-

* Edição em português: *A evolução criadora.* São Paulo: Martins Fontes, 2005. (N.T.)

ção destrói todo o espaço e, como conseqüência, a própria possibilidade de representação" (p. 79) e assim por diante. Os indicadores em direção a uma reformulação potencial são evidentes e estimulantes (se todo o espaço é destruído...?), mas eles não são mantidos, e a admissão de uma equivalência entre espaço e representação é inequívoca e aconselhada com insistência.

Em contraste novamente com Laclau, que, de preferência, tende apenas a *admitir* que representação é espacialização, De Certeau, que tem a mesma posição, descreve com algum detalhe as suas razões. São muito semelhantes às de Bergson. Para De Certeau, o surgimento da escritura (enquanto distinta da oralidade) e do moderno método científico implicou, precisamente, a obliteração da dinâmica temporal, a criação de um *espaço em branco* (*un espace propre**) tanto do objeto do conhecimento quanto como um lugar para inscrição, e quanto o ato de escrever (nesse espaço). Esses três processos estão intimamente associados. Narrativas, estórias, trajetórias são todas elas suprimidas na emergência da ciência como a escritura do mundo. E esse processo de escritura, mais geralmente, de fazer uma marca no espaço em branco de uma página, é que remove o dinamismo da "vida real". Assim, em sua tentativa, que é, realmente, toda a intenção de seu livro, de inventar meios de retomar essas narrativas e estórias (precisamente para colocá-las de volta em alguma forma de "conhecimento" produzido), ele pondera se deve ou não usar a palavra "trajetória". O termo, ele pensa,

> sugere um movimento, mas também envolve uma projeção plana, um achatamento. É uma transcrição. Um gráfico (que o olho pode dominar) é substituído por uma operação; uma linha que pode ser revertida (i.e., lida em ambas as direções) serve a uma série temporal irreversível, um traçado para a ação. Para evitar essa redução, recorro a uma distinção entre *táticas* e *estratégias* (De Certeau, 1984, pp. xviii-xix; itálicos no original).

Assim, essa associação de escritura científica com pressuposições de reversibilidade, e um desejo de inclinar-se pela irreversibilidade, retorna ao tema dos comprometimentos que Bergson tinha com a ciência de sua época. A ciência-escritura retira a vida dos processos e os torna reversíveis, ao passo que a vida real é irreversível. Uma primeira refle-

* Em francês no original. (N.T.)

xão sobre isto será desenvolvida mais adiante: que não devemos mais lutar essa batalha contra a "ciência" — não só porque a Ciência não é uma fonte de verdade inexpugnável (embora este seja, certamente, um discurso poderoso), mas também porque existem agora muitos cientistas que, de alguma forma, não manteriam mais essa posição.

De Certeau continua:

> Por mais útil que esse "achatamento" possa ser, ele transforma a articulação *temporal* de lugares em uma seqüência *espacial* de pontos (p. 35; itálicos no original).

Além do mais, a distinção que De Certeau faz é, uma vez mais, relacionada direta e explicitamente com representação:

> ... a oportunidade — aquele instante indiscreto, que envenena — foi controlada pela espacialização do [i.e., pelo] discurso científico. Como constituição de um lugar adequado, a escritura científica reduz, sem cessar, o tempo, aquele elemento fugidio, à normalidade de um sistema observável e legível. Dessa forma, surpresas são evitadas. A sustentação própria do lugar elimina esses subterfúgios criminosos (p. 89).

E, finalmente, ele escreve sobre:

> ... a propriedade (voraz) que o sistema geográfico tem, de ser capaz de transformar ação em legibilidade, mas que, ao fazê-lo, faz com que um modo de ser no mundo seja esquecido (p. 97).

Ironicamente, é baseado neste argumento que De Certeau decide contra o uso do termo "trajetória" e, em vez disso, recorre a uma distinção entre táticas e estratégias, o que fixa no lugar, precisamente, o dualismo (inclusive entre espaço e tempo) contra o qual o resto do livro está se opondo.[3]

De uma maneira ou de outra, então, todos esses autores equiparam espaço à representação. É uma conclusão notavelmente disseminada e não questionada. E tem, certamente, obviedade intuitiva. Mas como já foi indicado, talvez essa equivalência entre representação e espacialização *não* seja algo que deva ser aceito como um dado. No mínimo, sua implacabilidade e suas repercussões poderiam ser perturbadas. É uma mudança extraordinariamente importante. Pois o que faz é associar o espacial com estabilização. Culpada por associação. O traçado do espacial como uma maneira de conter o temporal — tanto seus horrores quanto seus encantos criativos. A espacialização, sob este ponto de vista, achata a vida fora do tempo. Quero, durante o decorrer deste livro, construir um argumento que levará a uma conclusão muito diferente.

Para começar, notem que há duas coisas acontecendo aqui: primeiro, a questão de que a representação, necessariamente, fixa e, portanto, amortece e deprecia o fluxo da vida; e, segundo, que o produto desse processo de amortecimento é o espaço. À primeira proposição eu não me oporia inteiramente, apesar de a forma na qual ela é usualmente expressa estar, atualmente, sendo modificada. No entanto, parece-me que não há de forma alguma defesa para a segunda proposição: a de que existe uma equivalência entre espaço e representação. Esta é uma daquelas coisas aceitas que estão hoje tão profundamente incrustadas, que raramente, ou nunca, são questionadas. Iremos, então, questioná-las.

Para poder fundamentar a discussão, é preciso estabelecer alguns pontos preliminares.

Primeiro, é importante, por si só, reconhecer que este modo de pensar tem uma história. É derivado, como todas as posições, da inserção social e do envolvimento intelectual/científico. Desde os primórdios da filosofia ocidental, a apreensão do tempo em uma seqüência numérica foi pensada como sua espacialização. O apelo desta argumentação já foi reconhecido. O problema está no movimento que vai da espacialização às caracterizações do espaço. Referências traçando a persistência dessa imaginação seriam numerosas e cansativas. Talvez apenas uma, para indicar a essência do caso: Whitehead (1927/1985) escreve sobre a "imediação presentacional" do espaço que "permite ao espaço falar pela dimensão menos acessível do tempo, com diferenças no espaço sendo usadas como um substituto para as diferenças no tempo" (pp. 21-3). Devo sugerir que um caminho de desenvolvimento para essa agora-hegemônica equivalência entre espaço e representação pode ter feito seu caminho através do século XIX e princípio do século XX, nas batalhas sobre o significado do tempo. Isto não significa, naturalmente, de forma alguma, uma "crítica": tal inserção é inevitável. Significa, simplesmente, enfatizar que esse posicionamento intelectual é o produto de um processo: não é, por qualquer razão, auto-evidente.

Segundo, mesmo se concordarmos que a representação, de fato, fixa e estabiliza (ver mais adiante, porém), o que dessa forma se estabiliza não é simplesmente o tempo, mas o espaço-tempo. Laclau escreve sobre a "irrepresentabilidade fundamental da *história*" (1990, p. 84;

destaque meu), mas o que é, realmente, irrepresentável, não é a história concebida como temporalidade, mas o tempo-espaço (história/geografia, se preferir). Sem dúvida, duas páginas antes, ele tanto reconhece parcialmente isto (referindo-se a "sociedade") quanto o destrói pelo uso que faz da terminologia espacial: "A sociedade, então, é, em última instância, irrepresentável: qualquer representação — e, da mesma forma, qualquer espaço — é uma tentativa de constituir a sociedade, não de declarar o que ela é" (p. 82). Seria melhor reconhecer que "sociedade" é tanto temporal quanto espacial e deixar completamente de lado essa definição de representação como espaço. O que está em questão, na produção de representações, não é a espacialização do tempo (compreendida como a tradução do tempo como espaço), mas a representação do tempo-espaço. O que conceituamos (divida em órgãos, mas coloque-os como quiser) não é apenas tempo, mas espaço-tempo. Nos argumentos de Bergson e de De Certeau, também, a questão é formulada como se o mundo vivido que está aí para ser representado (conceituado/descrito) fosse apenas temporal. Ele *é*, certamente, temporal, mas é também espacial. E "representação" é uma tentativa de apreender os dois aspectos desse mundo.

Terceiro, é fácil ver como a representação pode ser compreendida como uma forma de espacialização — aquela tarefa de dispor coisas lado a lado; certamente a produção de uma simultaneidade, uma multiplicidade discreta. (Nesta base o espaço também seria fácil de representar, se o espaço fosse simplesmente isto.) Assim, Bergson escreve sobre como substituir o caminho pela jornada, De Certeau sobre como substituir um traçado por atos. Mas vejam. Na formulação de De Certeau, um traçado é, em si, uma representação, não é "espaço". O mapa não é o território. Alternativamente, o que Bergson escreve é: "Substitui-se o caminho pela jornada, e porque a jornada é subentendida pelo caminho, pensa-se que ambos coincidam" (1911, p. 248). Podemos, aqui, apesar de isso ser colocado em uma discussão mais ampla de representação, tomar o caminho como sendo um caminho verdadeiro (não uma representação/conceituação). Não é o mapa, é o próprio território. Mas, então, um território é, inteiramente, espaço-temporal. O caminho não é uma instantaneidade estática. Certamente podemos agora evocar conclusões do próprio Laclau. Todo espaço, ele escreve, como vimos, é desarticulado. A primeira conseqüência é a própria questão de Laclau: que existe uma crise de representação (no sentido de que o espaço tem de ser reconhecido como constitutivo, em vez de mimético). Mas uma segunda conseqüência é que o próprio espaço, o espaço do mundo, longe de ser equivalente à representação, tem de ser *i*-representável, naquele último sentido, mimético.

Essa maneira, historicamente significante, de imaginar espaço/espacialização, não somente deriva de uma suposição de que o espaço é para ser definido como falta de temporalidade (parando o tempo), mas também tem contribuído, substancialmente, para que ele continue a ser pensado dessa forma. Reforçou a imaginação do espacial como petrificação e como um abrigo seguro em relação ao temporal, e — nas imagens que, quase inevitavelmente, evoca, da horizontalidade plana da página — ele, mais adiante, torna "auto-evidente" a noção de espaço como uma superfície. Todos esses imaginários não apenas reduzem nossa compreensão da espacialidade como também, através deles, tornam ainda mais difícil o projeto central de todos esses autores: o de abertura da própria temporalidade.

Assim, tem havido em anos recentes objeções tanto à representação como um tipo de "espelho da natureza" (Rorty, 1979, e vários outros) quanto a uma tentativa de des-temporalização. Com relação a esta última, por exemplo, Deleuze e Guattari alegam que um conceito deve expressar um acontecimento, em vez de uma essência des-temporalizada, e (certamente apoiando-se em Bergson) refutam qualquer noção de divisão tripartite entre realidade, representação e subjetividade. Aqui o que poderíamos chamar de representação não é mais um processo de fixação, mas um elemento em uma produção contínua, parte de toda ela, e ela própria, constantemente, em devir. Esta é uma posição que rejeita uma estrita separação entre mundo e texto e que compreende a atividade científica como sendo apenas isto — uma atividade, uma prática, um engajamento inserido *no* mundo do qual é uma parte. Não uma representação, mas experimentação. Trata-se de um argumento que foi defendido por muitos (por exemplo, Ingold, 1993, Thrift, 1996) numa série de disciplinas. Junto com a noção de texto/representação como, em si, uma rede aberta disseminadora. Os geógrafos Natter e Jones (1993) traçam paralelos entre as histórias de representação e espaço, sugerindo que a crítica pós-estruturalista de representação-como-espelho poderia ser reinterpretada como uma crítica paralela do espaço. Da mesma forma como o texto foi desestabilizado na teoria literária, também o espaço poderia ser desestabilizado na geografia (e, certamente, na teoria social em sentido mais amplo).

No entanto, a questão é complexa. Se a atividade científico-intelectual for, sem dúvida, compreendida como um envolvimento ativo e produtivo no/do mundo, ela é, todavia, um *tipo particular* de prática. Uma forma específica de envolvimento/produção na qual é difícil negar (para nos absolvermos da responsabilidade?) *qualquer* elemento de representação (ver também Latour, 1999b, Stengers, 1997), mesmo que seja, com toda certeza, produtivo e experimental, em vez de, simplesmente, mimético, e um conhecimento corporificado,* em vez de uma mediação. A atividade intelectual não deve, no entanto, ser concebida como que produzindo um espaço, nem suas características estendidas para modular nossas imaginações implícitas de espaço. Pois assim fazê-lo significa privar o espaço daquelas características de liberdade (Bergson), desarticulação (Laclau) e surpresa (De Certeau) que são essenciais para abri-lo em direção ao político.

É estranho que o espaço seja tão comumente imaginado como "conquistando o tempo". Parece, em geral, que se percebe o espaço como sendo uma dimensão menos importante do que o tempo: com menos seriedade e magnificência, sendo material/fenomenal, em vez de abstrato, ser em vez de devir e assim por diante, feminino em lugar de masculino (ver, por exemplo, Bondi, 1990, Massey, 1992a, Rose, 1993). É a categoria subordinada, a categoria quase residual, o não-A para o A do tempo, definido contraposicionalmente, simplesmente por uma falta de temporalidade e visto amplamente, dentro da modernidade, como tendo sofrido a perda de prioridade em relação ao tempo.

E ainda assim essa dimensão difamada é, tão freqüentemente, vista como conquistando o tempo. Para Laclau, "Através da desarticulação [*dislocation*] o tempo é sobrepujado pelo espaço. Mas enquanto podemos falar de hegemonização do tempo pelo espaço (através da repetição), tem de ser enfatizado que o oposto não é possível: o tempo não pode hegemonizar nada, pois é um puro efeito da desarticulação" (1990, p. 42). Para De Certeau, "o 'adequado' é a vitória do espaço sobre o tempo" (1984, p. xix). A vitória é, naturalmente, a da "representação" sobre a "realidade", da estabilização sobre a vida, em que o

* *Embodied* no original. (N.T.)

espaço é equiparado com representação e estabilização (e, portanto, o tempo, somos forçados a concluir, com realidade e vida). A linguagem da vitória reforça uma imaginação de inimizade entre os dois. Mas a vida é tanto espacial quanto temporal. Walker (1993), escrevendo sobre a teoria das relações internacionais, argumenta que "as modernas considerações de história e temporalidade foram guiadas por tentativas de capturar o momento que passa dentro de uma ordem espacial" (pp. 4 e 5). Ele chama atenção para a "fixação da temporalidade dentro de categorias espaciais, que foi tão crucial na construção das tradições mais influentes da filosofia ocidental e do pensamento sociopolítico" (p. 4). Da mesma forma, na antropologia, Fabian (1983) desenvolveu minuciosamente o argumento de que uma suposição central e debilitante dessa disciplina tem sido sua espacialização do tempo: "o discurso temporal da antropologia, como foi formado, decisivamente, sob o paradigma do evolucionismo, baseou-se em uma concepção de Tempo que foi não somente secularizada e naturalizada, mas também completamente espacializada" (p. 16).

Assim, o termo supostamente mais fraco de um dualismo oblitera as características positivas do mais forte, o significante privilegiado. E o faz através da fusão do espacial com a representação. O espaço conquista o tempo ao ser estabelecido como a *representação da* história/vida/o mundo real. Nesse espaço de leitura há uma ordem imposta sobre a vida inerente do real. A ordem (espacial) oblitera a desarticulação (temporal). A imobilidade espacial silencia o devir temporal. É, porém, a mais terrível vitória de Pirro. Pois no exato momento de seu triunfo conquistador o "espaço" é reduzido à estase. A própria vida e, certamente, a política, são dele arrancadas.

(Confiar na ciência? 1)

Sotto voce através de grande parte da história da conexão conotacional da representação com o espaço, corre outra linha: a da relação entre essa conexão e as conceituações de "ciência".

A relação mais evidente encontra-se onde "ciência" significa todo o processo de representação (o caminho, em vez da jornada) e, assim, na verdade, para o conhecimento intelectual em geral — toda a questão da conceituação, o intelectual em vez do vivido ou do intuitivo.

Mas o envolvimento com a ciência também foi, de forma mais imediata e específica, com as ciências naturais. A prática de Bergson, em particular, tinha raízes profundas no desenvolvimento histórico das ciências naturais e em sua complexa ligação com a filosofia. *Time and free will* mergulha aí diretamente, na medida em que Bergson efetivamente combate com a ascendente psicofísica de seu tempo. Foi isso, claramente, o que o provocou, o motivou para seu debate. E havia outras contendas também, com Riemann, sobre a natureza das multiplicidades, e a mais famosa, sobre as implicações da nova teoria da relatividade. Em outras palavras, a definição de espaço foi alcançada no diálogo mais amplo entre as ciências "naturais" e "humanas". Esse foi um dos encontros através dos quais o "espaço" tornou-se sedimentado em uma cadeia particular de significados. Isto é verdade, mais uma vez, hoje: as pessoas recorrem às ciências naturais em seus esforços para conceituar os novos espaços do nosso tempo. A história de Bergson, no entanto, indica algumas das dificuldades dessa estratégia.

A preocupação de Bergson era com a natureza do tempo; através da "duração" ele enfatizava sua continuidade, sua irreversibilidade, sua abertura. No entanto, como provam Prigogine e Stengers (1984), o desenvolvimento da ciência (e, especificamente, da física) desde Newton até, e incluindo, Einstein e (algumas versões da) mecânica quântica opera com uma noção de reversibilidade do tempo. Os processos são reversíveis e não há distinção significativa entre passado e futuro. Tem havido discussões tanto dentro da ciência quanto entre a "ciência" (em sua forma específica) e seus contestadores, mas a noção de *não*-reversibilidade do tempo foi muito difícil de estabelecer. Processos sem tempo não geram uma noção de tempo histórico aberto. Por detrás desse poderoso modelo de "ciência" como "física sob o aspecto de mecânica clássica" há uma suposição sobre o tempo que o priva de sua abertura, *reduz sua possibilidade de ser verdadeiramente histórico. Este é o caso não apenas no conceito de processos que excluem completamente o tempo, mas também em sistemas de equilíbrio fechados em que o futuro é dado, contido dentro das condições iniciais — ou seja, é fechado.*

Enquanto isso era aceito por muitos dentro da filosofia (e, certamente, essa forma de física, como mecânica clássica, foi amplamente adotada como um modelo para a ciência — e mesmo para o conhecimento — em geral), havia outras correntes de filosofia que lutavam contra ela.[4] A visão de "ciência" derivou do que esses filósofos críticos compreendiam do mundo. Uma longa história do desenvolvimento de idéias sobre o tempo (e assim como um subproduto, implícito ou explícito, sobre o espaço) foi estabelecida.

A questão emergiu, inevitavelmente, a partir de como reconciliar a visão de mundo da "Ciência" (como estático, recorrente, atemporal) com o, aparentemente evidente, fato da experiência humana da diferença entre passado e futuro, de uma muito distinta e irreversível temporalidade. As ciências exatas estavam obstinadas. Como escrevem Prigogine e Stengers, a dificuldade de conseguir que a "ciência" reconhecesse uma temporalidade irreversível "levou ao desânimo e ao sentimento de que, no final, todo o conceito de irreversibilidade tinha uma origem subjetiva" (1984, p. 16). "Esse tipo" de temporalidade, em outras palavras, se não existe na Natureza, tem de ser um produto da consciência humana (ignore por um momento os dualismos aqui presentes — eram parte do que constituía o bloqueio que tinha de ser vencido). Como Prigogine e Stengers colocam, naquele momento histórico a escolha parecia ser ou aceitar os pronunciamentos da ciência clássica, ou recorrer a uma filosofia metafísica baseada na produção experiencial humana de tempo. De acordo com Prigogine e Stengers, tanto Bergson quanto Whitehead tomaram esse caminho. E assim desenvolveu-se todo um discurso acerca da "filosofia do tempo" que se baseava na experiência individual. (Alguns dos problemas devem ter sido evidentes: De que mentes humanas estamos falando aqui? Que tipo de mente humana? E como reconciliá-la, de qualquer forma, com o que a "ciência" dizia sobre o mundo? Mas neste ponto do diálogo entre a ciência e outros pensadores talvez parecesse não haver outra saída.) Bergson, é importante dizer novamente, iria, subseqüentemente, ampliar sua posição e argumentar que a irreversibilidade temporal é fundamental para a ordem das próprias coisas.

Havia, no entanto, outra questão, pois esses filósofos "nômades" não estavam interessados apenas em uma distinção entre passado e futuro. Em vez disso, como já vimos, o que era crucial era que o futuro devia ser aberto, devia estar aí para ser feito. Assim, conceitos de equilíbrio, desenvolvidos no contexto de sistemas isolados fechados, podiam conter uma noção de "tempo" no sentido de que coisas acontecem, mas trata-se de um tempo, uma mudança (um futuro) que já está contido nas condições iniciais.[5] Não é um futuro genuinamente aberto, de possibilidades de criação. Foi precisamente buscando lutar para se libertar de tais limitações que Bergson escreveu: "Ou o tempo é uma invenção ou não é nada" (1959, p. 784), e que Whitehead afirmou que havia uma criatividade na natureza "por meio da qual o mundo real tem suas características da passagem temporal para a inovação" (1978, sem número de página, apud Prigogine, 1997, p. 59). O que estava em questão nesses envolvimentos não era apenas a necessidade de considerar a "experiência humana", mas também a determinação de não se submeter ao determinismo. O argumento era sobre manter a história aberta.

Talvez, por isso, pudéssemos compreender algumas das preocupações filosóficas com o tempo, e a natureza dessas preocupações, como estando, pelo menos em parte, ligadas à luta sobre o significado da ciência clássica. Talvez a má interpretação do espaço, seu abandono à longínqua escuridão da fixidez e do fechamento, acontecesse, em parte, por causa da reação dos cientistas sociais e filósofos à intransigência da ciência natural na questão do tempo. Foi como resultado da intransigência da ciência que alguns filósofos buscaram um caminho em torno dessas proposições. Se o tempo deveria ser concebido como aberto e criativo, então esse trabalho que a ciência tinha tramado, tornando as coisas precisas (colocando-as por escrito) e retirando-lhes a vida, tinha de ser seu oposto — que eles denominaram "espaço".

A evolução desse enredo é, sem dúvida, o compromisso de grande parte do livro de Prigogine e Stengers Order out of chaos. Mas o que Prigogine e Stengers não fazem é estabelecer as ramificações dessa história para a conceituação de espaço. Através dos sistemas de conhecimento ocidentais, alegam, transcorre uma dicotomia. Em um canto, a ciência clássica com seu compromisso com a reversibilidade do tempo, com o determinismo, com a (suposta) estase do Ser. No outro, a ciência social e a filosofia, comprometidas com noções de temporalidade, probabilidade e a indeterminação do Devir. No entanto, o que Prigogine e Stengers também argumentam é que (parte da) ciência natural agora está mudando (ou, pelo menos, que ela agora tem de mudar) sua própria visão de tempo: que novas reconceituações da física conduzem em direção ao reconhecimento de uma noção de tempo aberta e totalmente histórica. Assim, a própria ciência natural tem de mudar, e, certamente, está começando a fazê-lo: "Os resultados do não-equilíbrio termodinâmico aproximam-se das idéias expressas por Bergson e Whitehead. A natureza, certamente, está relacionada com a criação da inovação imprevisível, em que o possível é mais rico do que o real" (Prigogine, 1997, p. 72).

Esta última concepção é agora recitada até o cansaço. Meu ponto aqui é que sua história tem implicações para a questão que Prigogine e Stengers não *seguem — a questão do espaço. Pois o que sua leitura dos novos desenvolvimentos nas ciências naturais significa é que a ciência contra a qual Bergson e outros construíram suas idéias não precisa mais ser combatida: "as limitações que Bergson criticou estão começando a ser vencidas não pelo abandono da abordagem científica, ou pelo pensamento abstrato, mas pela percepção das limitações dos conceitos da dinâmica clássica e pela descoberta de novas formulações válidas para situações mais gerais" (Prigogine e Stengers, 1984, p. 93). Isto deve significar, também, que, à medida que era influenciado pela batalha que se travava na época, parte do estímulo para as próprias formulações iniciais de Bergson, agora, dissolveu-se.*

Para começar, pode não haver necessidade de afirmar a irreversibilidade e abertura do tempo, recorrendo a uma idealização da subjetividade humana (ver também Grosz, 2001). Como coloca Prigogine, "Falando figurativamente, a matéria em equilíbrio é 'cega', mas com as flechas do tempo começa a 'ver'. Sem essa nova coerência devida aos processos de não-equilíbrio, irreversíveis, a vida na Terra seria impossível de ser imaginada. A alegação de que a flecha do tempo seja 'apenas fenomenológica', ou subjetiva, é, portanto, absurda" (1997, p. 3). Certamente, não é apenas absurda, é impossível, pois "[s]e o mundo fosse formado por sistemas dinâmicos estáveis, seria radicalmente diferente daquele que observamos ao nosso redor. Seria um mundo estático, previsível, mas não estaríamos aqui para fazer as predições" (1997, p. 55). Mais significativamente, neste ponto, no entanto: a implicação é a de que não somos obrigados a seguir as conclusões desta linha de discussão no que se relaciona ao espaço.

Henri Bergson foi um "nômade" em sua época, parte do que agora é saudado como "uma linha órfã de pensadores", que inclui Lucrécio, Hume, Spinoza, Nietzsche e Bergson e na qual Deleuze se baseou fortemente (Massumi, 1988, p. x).[6] *Mas alguns dos debates em relação aos quais Bergson organizou seus argumentos agora mudaram ou estão mudando. Hoje parece que seu envolvimento com a ciência dominante da época, a própria dinâmica de seu nomadismo, serviu para gerar pensamentos que, infelizmente, confinaram a conceituação de espaço.*

Essa história do envolvimento de Bergson com a ciência e os amplos debates, tanto dentro da filosofia quanto entre os cientistas naturais e uma série de filósofos críticos, é repleta de indicações para os nossos dias. O envolvimento de Bergson com essas ciências era real: consciente, crítico, argumentativo, além de incrementá-las, construtivamente, provendo contrapartes ontológicas (Deleuze, 1988). Hoje, novamente, os debates sobre o espaço (entre muitas outras coisas) são, freqüentemente, inspirados em referências às ciências naturais e à matemática. Algumas vezes isso é, novamente, uma intervenção, uma proposta sobre a direção da ciência (Deleuze pode ser visto sob este prisma). Freqüentemente, no entanto, não se trata, agora, de uma relação de questionamento, nem de uma relação que considera seriamente as novas imaginações que emergem dessas ciências, para debatê-las ou incrementá-las, como o fez Bergson. Antes, agora, a tendência dominante parece ser a de tomar emprestado imaginações (o que é bom), mas também de reivindicar sua legitimidade através de referências *à ciência natural. Em que base, agora, as ciências sociais e as humanidades tão despreocupada e freqüentemente desvirtuam seus escritos com referências aos fractais, aos* quanta *e à teoria da complexidade?*

A frustração de Bergson e de outros filósofos deriva-se não apenas das características que os cientistas naturais estavam discutindo sobre o tempo, mas também do papel emergente e do status dessas ciências, e especialmente da física, dentro das convenções e da prática da produção do conhecimento como um todo. Na longa história que tem origem na mecânica newtoniana, desenvolveram-se admiração e compromisso mútuos entre a ciência-como-física e a filosofia-como-positivismo/filosofia analítica. Tal filosofia, para a qual todos os simples títulos parecem, inapelavelmente, inadequados, mas que foi imensamente poderosa na repercussão de seus efeitos, principalmente em seus primórdios e nos escritos de autores como Carnap (1937), sustentava que a "ciência" era o único caminho para o conhecimento e que havia apenas um método científico verdadeiro. Ela estava comprometida com (seus entendimentos de) objetividade, do método empírico e do monismo epistemológico (que, essencialmente, incorporava um reducionismo com a física). A história é bem conhecida. Não obstante os debates subseqüentes e obras posteriores, como as de Kuhn, essa relação de admiração mútua ainda é poderosa.

E conduziu ambas para uma imaginada hierarquia entre as ciências (com a física em um extremo e, digamos, os estudos culturais e humanidades no outro) e para um fenômeno de inveja da física entre uma série de práticas científicas que visavam, mas que viram que não podiam, imitar os protocolos da "física". Os geógrafos físicos (algumas vezes) pensam que são mais científicos do que os geógrafos humanos.[7] *A economia neoclássica empenhou-se em distinguir-se de outras ciências sociais, de se dar, tanto quanto possível, a aparência de uma ciência "dura" (as conseqüências disso, ao limitar seu potencial como forma de conhecimento, seriam cômicas se não fossem, em seus efeitos através da análise e prática, tão trágicas). Os geólogos sofrem de inveja da física: "o sentimento de inferioridade em relação ao status da geologia comparada com outras ciências mais "duras"... (Frodeman, 1995, p. 961; ver também Simpson, 1963). E da mesma forma os biólogos: "um sentimento de inferioridade de 'inveja da física' (o que pode ser, talvez, porque na atualidade muitos biólogos moleculares tentam se portar como se fossem físicos!)" (Rose, 1997, p. 9). É uma inveja que está profundamente enraizada. E ela ainda continua, inclusive em nossas formas de conceituar o espaço.*

Ainda assim, a estória de Bergson, colocada em uma era de demonstração do esplendor da física, também aponta para alguns dos motivos pelos quais essa noção de uma hierarquia das ciências poderia ser contestada.

De forma mais evidente, o status estabelecido da física, de sua metodologia e de suas reivindicações de verdade baseia-se em uma imagem daquela disciplina que tornou-se, agora, ultrapassada. A própria física tem mudado. A física sobre a qual Prigogine escreve, junto com muitos outros ramos dessa disciplina, não se encaixa, de modo algum, naquele modelo mecanicista-derivado-da-mecânica-newtoniana.[8]

Além disso, com a vantagem de ser possível olhar para trás para a estória de Bergson com uma certa distância histórica, o que intriga é que algumas das questões mais sérias sobre abertura, natureza da história e conceituação do tempo estavam sendo levantadas por filósofos. Os cientistas naturais, em conjunto, recusando-se a mudar suas idéias, mantiveram as questões sem julgamento. A física não está sempre "no comando"; não podemos invocá-la para que dê fundamento a outras teorias (meramente sociais, meramente humanas) (Stengers, 1997). Na estória de Bergson, talvez a ciência natural pudesse, com vantagem, ter prestado atenção e aprendido com a filosofia e a ciência social. Assim Elizabeth Grosz, explorando um tema semelhante, escreveu que:

> *Bergson ... freqüentemente comentou a subordinação da temporalidade à espacialidade e, conseqüentemente, a representação científica equivocada da duração. O tempo foi representado na literatura e na poesia com mais freqüência e habilidade do que na ciência. Questões sobre a mutabilidade e a eternidade são aventadas na especulação filosófica muito antes de serem tratadas cientificamente, seus estímulos vindo tanto da teologia quanto da mecânica (Grosz, 1995, p. 98).*

Poderia ser citado um sem-número de exemplos. Kroeber compreende o poeta Shelley confrontando e aceitando o acaso e a abertura de um modo em que nem mesmo "a mais iluminada ciência dos dias de Shelley", que "era ainda basicamente mecanicista", poderia abordar (Kroeber, 1994, pp. 106-7). Mazis vê a "ciência" alcançando o filósofo Merleau-Ponty: "Esse sentido de um mundo composto por sistemas abertos interagindo como fenômenos auto-organizados, dentro de um fluxo temporal, traz a ciência para uma ontologia como aquela articulada por Merleau-Ponty" (1999, p. 232). Como Deleuze (1995) interpreta, as influências podem fluir em ambas as direções e "nenhum status especial devia ser designado a qualquer campo particular, quer a filosofia, a ciência, a arte ou a literatura" (p. 30). Hayles (1999) defende o mesmo argumento sobre a relação entre ciência e literatura. Toda a questão da relação entre as ciências naturais e humanas tem de ser compreendida historicamente, não como um fluxo monodirecional da verdadeira ciência para as práticas inferiores de produção de conhecimento, mas como uma troca, uma relação complicada, difícil, mas, definitivamente, multirrelacional.

Tudo isso perturba as bases de algumas das relações contemporâneas, altamente contraditórias, entre as ciências sociais e as ciências naturais. Referências às ciências naturais não podem ser mobilizadas como algum tipo de corroboração final, nem como se fossem um recurso a um tribunal superior, cujas formas de produção do conhecimento lhes dêem uma autoridade, para a qual, em certas ocasiões, é conveniente apelar. Na era da ciência clássica e no que se refere à questão do tempo, a ciência social e a filosofia estavam, claramente, buscando indagações que os cientistas naturais dominantes, naquela época, simplesmente não alcançavam. Além do mais (e caso você esteja tentado a encontrar aqui alguma inconsistência), minha citação de Prigogine (ganhador do Prêmio Nobel em uma ciência natural etc.) não foi feita como forma de referência à autoridade inexpugnável da "ciência", pois há tantos debates vigorosos entre cientistas naturais sobre esses temas quanto entre filósofos e cientistas sociais. Sem dúvida, foi, simplesmente, para demonstrar que nessa temática de tempo (e, portanto, eu argumentaria, de espaço) já não precisamos mais lutar contra uma "ciência" que parece monoliticamente dizer o contrário.

3
a morada-prisão da sincronia

Através de muitos debates de filosofia e da teoria social no século XX corre a idéia de que a disposição espacial constitui um meio de conter o temporal. Por um momento, mantém-se o mundo parado. E nesse momento pode-se analisar sua estrutura.

Mantém-se o mundo parado para que se possa observá-lo em um corte transversal. Parece um gesto pequeno e, talvez mesmo, intuitivamente óbvio, porém tem inúmeras repercussões e implicações. Está ligado a idéias de estrutura e sistema, de distância e olhar que-tudo-vê, de totalidade e perfeição, da relação entre sincronia e espaço. E — ou dessa forma eu quero argumentar — as pressuposições que isso pode conter e a lógica que pode fazer surgir se estendem por todo um conjunto de direções problemáticas.

Os "espaços" do estruturalismo

É, talvez, através do desenvolvimento do estruturalismo que podemos ver mais claramente alguns desses argumentos. O objetivo do estruturalismo, de fato, parece ter sido o de colocar o espaço, mais do que o tempo, na agenda intelectual. Os estruturalistas envolveram-se em diferentes disputas intelectuais e tentaram combater inimigos diferentes daqueles contra os quais Bergson se dirigia. Enquanto, para este último, o combate era contra a ciência natural, para os antropólogos estruturalistas a controvérsia era com a dominância da narrativa. Isto era motivado, em parte, por um desejo de fugir da conceituação de algumas outras sociedades (o tipo que os antropólogos tendiam, então, a estudar) como simplesmente precursoras da sociedade ocidental, como, por exemplo, as sociedades "primitivas". O estruturalismo foi, em parte, uma tentativa de escapar daquela transformação da geografia em história (apesar de eles não pensarem desta forma) que foi exemplificada na segunda consideração da Parte *Um*. O objetivo, um objetivo com o qual o argumento deste livro concordaria inteiramente, era fugir da transformação da geografia mundial em uma narrativa histórica. Para alcançar tal objetivo, eles insistiram na coerência de cada sociedade como estrutura em si mesma.

Em uma tentativa de fugir da suposição de causa na narratividade, e da progressão do selvagem ao civilizado, o estruturalismo voltou-se para os conceitos de estrutura, espaço e sincronia. Em vez de narrativa, estrutura; em vez de diacronia, sincronia; em vez de tempo, espaço. Foi uma mudança feita com a melhor das intenções. E ainda assim, em relação ao espaço — aquilo que estava, supostamente, em primeiro plano —, deixou um legado de pressupostos e interpretações tidas como dadas que continuam, até hoje, a atormentar os debates.

Pois o que aconteceu foi que a reconceituação foi traduzida (eu diria *mal* traduzida) em noções de tempo e espaço. Os estruturalistas argumentavam contra o domínio da narratividade, que era interpretada como temporalidade (diacronia etc., etc.). Em sua avidez ao fazer isso (manifestar-se contra um presumido domínio da temporalidade) equipararam suas estruturas atemporais com o espaço. Se essas estruturas não fossem atemporais, teriam de ser espaciais. Estrutura e processo eram interpretados como espaço e tempo. O espaço era concebido (ou talvez este verbo seja demasiado forte — era simplesmente *suposto*) como a absoluta negação do tempo.

Isso é imediatamente evidente na cômoda elisão entre os conjuntos de termos. Dessa forma, essas "estruturas" sendo delineadas para examinar o sincrônico e sendo, "portanto", caracterizadas por uma ausência do temporal (uma formulação que é em si mesma problemática e à qual deveremos retornar), foram consagradas com a nomenclatura do espacial. Nos grandes debates entre figuras do mesmo nível como Lévi-Strauss, Sartre, Braudel e Ricoeur, essa contraposição de elisões (ou cadeias de significado virtualmente equivalentes), entre narrativa/temporalidade/diacronia, de um lado, e estrutura/espacialidade/sincronia, de outro, veio a ser incorporada como uma formulação compartilhada entre duas posições, de outra forma, antagônicas. Se não conseguiram concordar sobre mais nada, pelo menos concordaram sobre isso. Ou, pelo menos, o que vem a ser a mesma coisa, não discutiram isso. Eles simplesmente, silenciosamente, compartilharam essa posição. Em geografia, Soja, entre outros, apreendeu a idéia, escrevendo que o estruturalismo tinha sido "uma das vias mais importantes do século XX para a reafirmação do espaço na teoria social crítica" (Soja, 1989, p. 18). É fácil ver os atrativos dessa visão. Parece oferecer a oportunidade de ver tudo junto, compreender as interconexões, em vez das dinâmicas que fazem o fluxo da narrativa prosseguir. É, provavelmente, o "em vez de" que prenuncia os problemas futuros.[9]

Nesse caminho, certamente, está o perigo. Para começar, apesar de as estruturas dos estruturalistas poderem ser sincrônicas, há pouco em sua definição para dizer que elas são espaços. O argumento, em alguns pontos, é paralelo àquele sobre representação. As "estruturas sincrônicas" dos estruturalistas eram esquemas analíticos delineados para compreender uma sociedade, mito ou linguagem. O estruturalismo vai mais além, então, do que simplesmente "manter o mundo parado". É bem diferente de "um recorte através do tempo". Como diz Osborne, a sincronia tem de ser distinguida do instante. "A sincronia não é comtemporalidade, mas a-temporalidade" (1995, p. 27). Além disso, a razão (implícita) de essas estruturas analíticas serem intituladas espaciais é, precisamente, por serem estabelecidas como atemporais, como o oposto de temporalidade *e, portanto,* sem tempo, *e, portanto,* espaço. É, em primeiro lugar, uma definição negativa. Na lógica desse raciocínio, pretende-se que o espaço seja tanto o oposto do tempo quanto sem temporalidade. Uma vez mais, apesar de por itinerário completamente diferente daquele seguido por Bergson e, ironicamente, um caminho que tinha a suposta intenção de priorizar a espacialidade, o espaço é apresentado como a esfera da estase e da fixidez. É conceituação de espaço que, uma vez mais, é realmente uma residualização e deriva do pressuposto de que espaço se opõe a tempo e não tem temporalidade. Pensado desta maneira, "espaço" realmente seria o domínio do fechamento, e esse, por sua vez, o transformaria no domínio da impossibilidade do novo e, portanto, do político.

Fabian (1983) argumenta, vigorosamente, que Lévi-Strauss é, de qualquer forma, realmente um pouco dissimulado em seu uso do termo "espaço". Em sua elaboração, Fabian apresenta muitos pontos confusos que são importantes para o nossa discussão e, de modo algum, específicos a Lévi-Strauss. "Seu artifício", escreve Fabian, "é substituir diacronia por história. Essa prestidigitação é apoiada, de modo muito semelhante às distrações que todos os ilusionistas tentam criar enquanto fazem sua mágica, dirigindo a atenção do leitor para outra coisa, neste caso a 'oposição' entre Espaço e Tempo" (p. 54). Além do mais, ele argumenta, "Lévi-Strauss nos leva a crer que *espaço* aqui poderia significar espaço real, talvez o espaço dos geógrafos humanos" (itálico no original) ... enquanto é, na verdade, um espaço taxonômico, com certeza um mapa. "Espaço real", em outras palavras, é confundido, mais uma vez, com representação. E, uma vez mais, a confusão teve ramificações espetaculares para nossas imaginações (implícitas) *daquele* espaço. Neste caso, no entanto, elas funcionam não através de preocupações com a espacialização do tempo em uma multiplicidade discreta (o traçado para uma viagem), mas, antes, através da imaginação do espacial como um *fechamento* sincrônico. Isto acontece de diversas formas.

Primeiro, tais estruturas privam os objetos aos quais se referem de seu inerente dinamismo. Elas, certamente, tentam "manter o mundo parado", mas isto elimina também qualquer possibilidade de mudança real. Osborne, apesar de ainda empregar de maneira estranha a nomenclatura de espaço, a descreve bem: "um espaço puramente analítico, no qual a temporalidade imanente aos objetos em questão é reprimida" (1995, pp. 27-8). Trata-se de um esquema conceitual que é, de qualquer forma, deficiente, e esse problema, naturalmente, não deixou de ser reconhecido. O próprio Lévi-Strauss foi ambivalente sobre a relação de suas estruturas com estase e dinamismo. Era, evidentemente, inegável que o mundo se move e muda. Porém, o que o estruturalismo fez muito bem foi uma conceituação do mundo em termos de um modelo invariável, por um lado, e uma história variável, por outro. Jakobson (1985) insistiu na "influência recíproca de invariantes e variações" (p. 85) e a distinção clássica entre *langue* e *parole* é da mesma natureza. O problema que tal conceituação introdutória apresenta, naturalmente, é como os dois termos do binário podem ser relacionados. E a resposta recorrente (de modo algum limitada ao estruturalismo) tem sido inventar um terceiro termo, que tem de ter as propriedades mágicas para resgatar-nos a salvo do impasse. A débil "solução" resultante foi chamada de "ternário": tem três elementos — (i) o elemento sincrônico; (ii) o aspecto histórico diacrônico ou contingente; e (iii) a ponte entre os dois (Lechte, 1994). Lévi-Strauss, encontrando-se acuado, com apenas os dois primeiros termos para usar, sem dúvida defendeu que a presença de um terceiro elemento é sempre necessária (Lévi-Strauss, 1945/1972, 1956/1972). Tal terceiro termo, claramente, para poder cumprir bem seu papel, tem de ter propriedades poderosas, porém maleáveis. Foi assim que *mana*, e o mito, e a pintura facial entre os índios Kadiwéu foram mobilizadas no trabalho de Lévi-Strauss. É uma estratégia com longa história; o conceito platônico de *chora*, no *Timen*, é artifício semelhante, em uma tentativa de cruzar um abismo intransponível. O problema, como sempre, reside na conceituação básica. E essa é uma conceituação básica binária que fez muito para moldar nossa imaginação do que é espaço, do que é tempo e como eles são (supostamente) opostos. Enquanto tempo é história (sob várias formas), espaço é considerado a estase de uma estrutura sincrônica. Esta é apenas a primeira de muitas ramificações da abordagem para o modo como conceituamos o espacial.

Pois, *segundo*, as estruturas do estruturalismo têm uma outra feição, além de sua presumida espacialidade. São fechadas.[10] Se há um sentido pelo qual se poderia dizer que sua definição enquanto espaciais acarretaria, necessariamente, uma conceituação positiva do espaço (em vez de uma definição negativa como espaciais porque atemporais), este é porque elas dizem respeito a relações entre elementos ou termos coexistentes. Trata-se de *relações*. E uma das implicações potenciais deste fato é que não apenas poderíamos conceituar, produtivamente, o espaço em termos de relações, mas também as relações só poderiam ser inteiramente reconhecidas pensando-se de modo inteiramente espacial. Para elas poderem ser vistas como relações, tem de haver, necessariamente, espacialização. No entanto, as sincronias conceituais do estruturalismo são relações imaginadas de um modo muito particular. Acima de tudo, são caracterizadas por relações entre seus elementos constituintes, de tal modo que formam um sistema completamente entrelaçado. São sistemas fechados. É esse aspecto da conceituação — em combinação com a atemporalidade — que causa maiores danos. Pois a estase dos sistemas fechados impede a "construção-relacional" do antiessencialismo para o qual, muitas vezes, pretende conduzir. E o próprio fechamento priva "o espacial" (quando é assim denominado) de uma de suas características, potencialmente, disruptivas: precisamente sua justaposição, o seu arranjo-casual-em-relação-um-com-o-outro, de narrativas/temporalidades não previamente conectadas, sua abertura e sua condição de estar sempre em construção. É esta característica crucial do "espacial" que o faz um dos momentos vitais na produção dessas desarticulações que são necessárias para a existência do político (e, sem dúvida, do temporal). Mas isto já é avançar demais.

O legado do estruturalismo permanece. Certamente, ele é mais ativo do que isso. Muitas de suas molduras conceituais continuam a influenciar a forma dos debates intelectuais contemporâneos, desde o trabalho de Louis Althusser até os mais recentes envolvimentos dentro do pós-estruturalismo.

Há muitos que ainda lutam, implícita ou explicitamente, com a "noção de sincronia" dos estruturalistas. O que é surpreendente é como os termos básicos da contraposição (temporalidade/atemporalidade) e sua elisão com tempo/espaço são tão freqüentemente mantidos.

Althusser atacou tanto a noção estruturalista de sincronia quanto o conceito hegeliano de "corte essencial" — com efeito, ele criticou tanto as características do "corte longitudinal" quanto do "corte transversal" da noção hegeliana de tempo histórico (ver 1970, p. 94). Por um lado, ele questionou a temporalidade homogênea, que é tão essencial para o modo de pensar hegeliano. Althusser, como Lévi-Strauss, na verdade, procurava uma compreensão mais complexa de história que lhe conferia a possibilidade de (sem dúvida, na formulação althusseriana, que *assumia*) coexistência de diferentes temporalidades. Por outro lado, ele discordou da "contemporaneidade" do corte transversal hegeliano. Havia dois aspectos com relação a este último ponto. O primeiro refere-se à relação entre as partes e o todo. Para Althusser, um dos problemas mais sérios com a formulação de Hegel era seu caráter de "uma totalidade expressiva, i.e., uma totalidade da qual todas as partes são muitas '*partes totais*', cada qual expressando as outras, e cada uma expressando a totalidade social que as contêm, porque cada qual em si contém, na imediata forma de sua expressão, a essência da própria totalidade" (1970, p. 94; itálicos no original). O caráter repressivo potencial inerente em tal forma de conceber a sociedade e a dificuldade de pensar a verdadeira diferença, para não falar de "alteridade", é evidente. Althusser também produziu uma segunda crítica, no entanto, que, apesar de claramente relacionada com a primeira, tem implicações diferentes e significativas. É que o corte essencial hegeliano caracteriza-se pela total interconectividade instantânea: "todos os elementos do todo revelados por esse corte estão em relação imediata um com o outro, uma relação que expressa, imediatamente, sua essência interna" (p. 94). Como Althusser argumenta, e como autores subseqüentes, freqüentemente, frisaram (ver Young, 1990), o efeito combinado dessas características é fornecer a base necessária para o pressuposto de um universal singular. É uma noção de tempo e cortes transversais através do tempo (que, freqüentemente, são denominados "espaço") que não permite, realmente, "outras" vozes. Isso é, portanto, um elemento fundamentalmente político da crítica. Aqui o espaço não pode ser a esfera da possibilidade de uma verdadeira heterogeneidade. A configuração totalmente interconectada tanto assume uma temporalidade homogênea quanto é um pré-requisito para qualquer proposição de um universal singular.

Aí, mais uma vez, o foco explícito desse debate era o tempo. Althusser não relacionou, explicitamente, sua crítica a conceitos de espaço; sua preocupação era, antes, com o pensar através da possível natureza de temporalidades disruptivas. Ainda assim, as implicações para o entendimento da espacialidade são significativas. Abandonar a noção de espacialidade implícita em todo o ponto de vista dos cortes essenciais *traz* a possibilidade de pensar o espaço de uma maneira alternativa, e com conseqüências interruptivas e desarticuladoras. É precisamente esse entrelaçamento total que priva a estrutura (e assim "o espacial", quando caracterizado como tal) de uma de suas mais disruptivas características — sua capacidade de possibilitar novas relações-umas-com-as-outras de trajetórias previamente discrepantes. Além disso, há outra linha de argumento que tem o potencial de revelar igualmente implicações políticas. A noção de um corte no qual todos os elementos existem em uma relação imediata uns com os outros é, essencialmente, a descrição de um sistema fechado. É um sistema, mais uma vez, no qual todas as relações especificadas estão dentro do corte, cujos elementos, por sua vez, estão todos ligados. É, portanto, por ambas as razões, um modo de conceituação que implica uma estase inerente ao corte transversal. E à medida que o corte transversal, para distingui-lo da temporalidade da estória longitudinal, é caracterizado como "espacial", tal tipo de conceituação reduz o espaço, precisamente, àquela esfera causal fechada do nada-fazer, que o priva de todo potencial político, ao qual já me referi acima, na discussão sobre o estruturalismo.

Apesar de alguns comentaristas (ver Osborne, 1995, p. 27) expressarem surpresa, Althusser estava, por essa razão, muito certo ao criticar o estruturalismo por adotar tais aspectos do corte hegeliano em seus conceitos de "sincronia". Onde Althusser se enganou foi em equiparar o corte hegeliano com a sincronia dos estruturalistas (Osborne [p. 27] também aponta para isso).[11] Os dois não são a mesma coisa. Enquanto o primeiro pode ser mais facilmente equiparado ao instante temporal, o último é o não-tempo do sistema de causalidade fechado. É atemporal em um duplo sentido: no sentido de que é uma formulação conceitual *não relacionada* com o tempo, e no sentido de que seu fechamento causal não permite mudança real e, portanto, política. Certamente, o problema mais fundamental, como Althusser reconheceu, é toda essa noção da contraposição entre sincronia e diacronia. Se as sincronias são causalmente fechadas, então o diacrônico não é nada mais do que uma seqüência de sincronias. Essa característica que elas tomam certamente tem algo em comum com o corte essencial hegeliano. Sob todas essas leituras a "história" acaba sendo a-histórica: é reduzida a uma série de recortes através do tempo — mera série de "espaços", cortes transversais interconectados internamente, seguindo seqüencialmente um ao outro.

O trabalho de Althusser, então, aponta para duas fontes intelectuais bem diferentes para essa imaginação particular do espaço como uma dimensão que é o oposto do tempo e como uma dimensão sem temporalidade. Por um lado, há as idéias hegelianas de uma história única totalizada, dentro da qual, a cada momento — que é inevitavelmente um momento de total contemporaneidade —, cada parte é uma expressão do todo. Por outro lado, há o legado de cognominarem-se espaço as estruturas/sincronias atemporais dos estruturalistas. Ambas têm implicações políticas. O espaço tem sido interpretado por muitos como apolítico porque ele é conceituado como um todo sem costuras, como o sistema totalmente fechado e interconectado de uma estrutura sincrônica. Não é desarticulado, e a "desarticulação é a fonte da liberdade" (Laclau, 1990, p. 60). É a falta na contingência que é a condição daquela abertura que, por sua vez, é a precondição da política.[12] Além disso, essa visão da coerência do espaço, por sua vez, permite a existência de apenas uma história, uma voz, uma posição do discurso. A herança, para o espacial, foi, assim, sombria. O espaço foi imaginado constantemente, ainda que muitas vezes apenas de forma implícita, como uma esfera de imobilidade. Foram o tempo e a história que reivindicaram para si a "política". Como diz Fabian, citando Ernst Bloch: "a primazia do espaço sobre o tempo é um sinal infalível da linguagem reacionária" (Fabian, 1983, p. 37, citando Bloch, 1932/1962, p. 322).

Depois do estruturalismo

Do ponto de vista da argumentação deste livro, o que o *pós*-estruturalismo conseguiu de mais importante foi a dinamização e a desarticulação das estruturas do estruturalismo. Ironicamente, a temporalização abriu-as à espacialidade — ou, pelo menos, tem o potencial de fazê-lo. Impregnou essas estruturas de temporalidade e abalou-as para revelar a existência de outras vozes.

Chantal Mouffe e Ernesto Laclau foram teóricos importantes nesse movimento. Seus objetivos, neste aspecto, foram tanto o de abrir as estruturas para a temporalidade quanto o de conceber a temporalidade como aberta, como envolvendo o potencial para a produção do novo. O problema do estruturalismo (e também o problema de outras formas de temporalidade, tais como a teleologia de certas formas de marxismo) em relação a uma abertura para a política é concebido como sendo um fechamento causal. O objetivo tem de ser, portanto, o de abrir estruturas através da desarticulação que torna a política possível.

Mouffe e Laclau fazem isso de uma forma mais produtiva. Em seus argumentos em favor da abertura da temporalidade e em seu abandono da sincronia/diacronia binária, seu projeto de democracia radical está absolutamente afinado com os argumentos aqui desenvolvidos. O reconhecimento crucial, de nosso ponto de vista, é que o fechamento das estruturas está diretamente relacionado com sua atemporalidade.

E ainda assim, apesar de todo esse trabalho significativo de reconceituação, Laclau, mais especificamente em seu *New reflections on the revolution of our time* (1990), retém uma linguagem de espaço e espacialização que se mantém inalterada desde os primórdios do estruturalismo. A temporalidade é reconceituada de uma forma liberadora, mas "espaço/espacialidade" é relativamente negligenciado. A terminologia espaço/espacialidade é empregada para designar, simplesmente, a falta de temporalidade. Não é reconceituada por seus próprios méritos. As estruturas que são fechadas (por exemplo, estruturas de hegemonia e de representação) são chamadas de "espaço". E, correlativamente, a noção de espacialidade se refere, acima de tudo, à falta de abertura causal.

Ainda assim, a abordagem de Laclau é, ao mesmo tempo, mais complexa do que isso e contém, em si, um caráter contraditório que, precisamente, começa a insinuar um caminho para fora de sua própria formulação. Primeiro, sua noção de espacialidade se refere não a uma contemporaneidade em um momento de tempo do relógio/calendário, mas ao fechamento causal: isto é, não ao instante, mas à sincronia dos estruturalistas. Assim, certas formas de "tempo", aquelas que não têm a característica da produção de inovação, são classificadas por Laclau como espaço. Por exemplo:

> A representação do tempo como uma sucessão cíclica, comum às comunidades camponesas, é, nesse sentido, uma redução do tempo a espaço. Qualquer concepção teleológica de mudança é, portanto, também, essencialmente espacialista (p. 42).

Na terminologia de Laclau, em outras palavras, o que está em debate na conceituação de espaço não é a falta de "tempo", mas uma falta de "temporalidade". O espaço não é atemporal porque pressupõe uma *coupure** em um instante do tempo do relógio ou do calendário. A característica crucial desta definição de espaço é seu fechamento causal:

> Qualquer repetição que seja governada por uma lei estrutural de sucessões é espaço (p. 41).

> espacialidade quer dizer coexistência dentro de uma estrutura que estabelece a natureza positiva de todos os seus termos (p. 69).

Em outras palavras, o fechamento causal é exatamente o do corte essencial em que "todos os elementos do todo ... estão em uma relação imediata uns com os outros" (Althusser, 1970, p. 94). (Há uma clara semelhança aqui com a objeção de Bergson a uma noção de temporalidade que seja "meramente um rearranjo daquilo que já aconteceu" — Adam, 1990, p. 24).

No entanto, se essa primeira elaboração de Laclau, eventualmente, nos leva de volta a um ponto em que já estivemos antes, sua segunda digressão é mais produtiva. Pois Laclau (1990) não usa o termo "espacial" apenas dessa forma, para se referir a um sistema causalmente fechado. Ele também confronta, corajosamente, esse uso com o que ele chama de "espaço físico". A relação acaba se tornando complexa.

Para começar, espaço e temporalidade são absolutamente opostos:

> desarticulação é a própria forma da temporalidade. E a temporalidade deve ser concebida como o oposto exato de espaço. A "espacialização" de um acontecimento consiste em eliminar sua temporalidade (p. 41).

Por conseguinte, estamos seguros de que este não é um uso metafórico de terminologia:

* Corte. Em francês no original. (N.T.)

> E note-se que, quando nos referimos a espaço, não o fazemos em um sentido metafórico, sem analogia com o espaço físico. Não há metáfora aqui (p. 41).

(Neste ponto poderíamos nos perguntar de que tipo de espaço, então, estamos tratando...)

Finalmente, sem dúvida, argumenta-se que o tipo de "espaço físico" deve ser, também, temporal:

> O fracasso final de toda hegemonização significa, então, que o real — incluindo o espaço físico — é, em última instância, temporal (p. 42).

Este é o tipo de ressonante QED* que começa a corroer os alicerces de sua própria demonstração. Seu fecho triunfante revela (precisamente) a possibilidade de sua desconstrução. Por um lado, certos tipos de tempo devem ser classificados como espaço. Por outro, certos tipos de espaço (o espaço físico neste exemplo) devem ser entendidos como temporais. Em outras palavras, o termo "espaço" está sendo mobilizado aqui não para se referir a qualquer coisa que possamos entender como sendo positivamente espacial (como o "espaço físico" de Laclau), mas, antes, para designar uma falta de (uma definição particular) de temporalidade. O que está sendo referido não é o espaço como um aspecto do espaço-tempo, mas um esquema conceitual atemporal. E o próprio Laclau subentende isso. O "espaço físico", também, é temporal. Uma vez mais, então, isto é espaço como representação, mas de um ângulo diferente. Não se trata da substituição do caminho pela jornada, mas a substituição do sistema coerente fechado pela desarticulação inevitável do mundo. De qualquer forma, nossas imaginações de espaço estão seriamente reduzidas.

Em um nível, então, o problema da formulação de Laclau é "meramente" de terminologia. Se ele abandonasse a equivalência dos termos espaço e espacial com fechamento causal (e hegemonização-representação), tudo estaria bem.

De fato, no entanto, as coisas não são tão simples, pois a conceituação de espaço nesse modo politicamente mortificador tem reverberações no restante da análise. *Primeiro*, "espaço", na formulação de Laclau, está privado de qualquer potencial para a política. Uma vez que é causalmente fechado, ele não mantém aberta nenhuma possibili-

* *Quod erat demonstratum:* "O que era preciso demonstrar." (N.T.)

dade para mudança ou intervenção genuína, para o radicalmente novo. "Política e espaço são termos antinômicos. A política apenas existe na proporção em que o espacial nos escapa" (p. 68). Desde que, como vimos, "espaço" não se refere efetivamente a *espaço*, isto pode parecer inconseqüente como formulação — exceto, naturalmente, que tende, de forma conotativa, a perpetuar aquela visão de espaço *em geral* como o domínio onde nada acontece. *Segundo*, devido ao fato de o espaço ter sido caracterizado de maneira tão derrogatória, o próprio domínio do espacial (espaço físico, social, o espaço dos geógrafos humanos) raramente é mencionado de forma direta. Por causa disto, e *terceiro*, todo um campo potencial das fontes de desarticulação é deixado inexplorado. Porque, para Laclau, "a desarticulação é a fonte da liberdade" (p. 60), liberdade significando a ausência de determinação, o necessário irrepresentável "desajuste" (p. 42) que fornece a possibilidade da política, isso não é sem importância.

Se quiséssemos ser maldosos, poderíamos indicar um certo potencial de circularidade:

> até o ponto em que qualquer "transcendentalidade" é, em si, vulnerável, qualquer esforço para espacializar o tempo falha, *e o próprio espaço torna-se uma eventualidade* (p. 84, itálicos meus).

e novamente...

> a fundamental não-representatividade da história é a condição para o reconhecimento de nossa historicidade radical. É em nossa pura condição de eventualidade, mostrada no limiar de toda representação e nos traços de temporalidade corrompendo todo o espaço, que encontramos nosso ser mais essencial, que é nossa contingência e a dignidade intrínseca de nossa natureza transitória (p. 84).

É de dentro dessa desarticulação, dentro do argumento da própria democracia radical (ou dessa sua formulação particular) que uma linha pode ser retirada para desenvolver novos pensamentos. A lógica pode ser impelida para além de seus limites aparentes. Pois se o espaço é uma eventualidade,* se traços de temporalidade corrompem todo o

* *Event* no original, consultando a autora, foi traduzido por "eventualidade", mas devemos reconhecer sua maior ambivalência em inglês, onde pode ser ao mesmo tempo "evento", "acontecimento" e "eventualidade", contingência". (N.T.)

espaço, então duas conseqüências se seguem: primeira, o espaço se torna tão impossível de representar quanto a temporalidade (confirmando nosso argumento anterior) e, segunda, "o espaço", no sentido de que o termo foi mobilizado para indicar uma estrutura fechada e coerente, *não pode existir.* Laclau, tendo definido espaço como fechamento, argumenta que o fechamento é impossível ("a crise de toda a espacialidade", p. 78). Claramente, de uma maneira ou de outra, o espaço deve ser imaginado de maneira diferente.

O impulso por trás do projeto de Laclau é produtivo e estimulante. Eu argumentaria que sua proposta para uma "historicidade radical" poderia ser ainda mais radical se fosse espacializada: isto é, se reconhecesse, desde o princípio, que o espaço é, certamente, como ele diz, "uma eventualidade". Mas esse firmar-se numa dicotomia entre espaço e tempo, dentro da qual a linguagem do espaço é reservada para o essencialmente imóvel, não é um traço idiossincrático. Ele percorre profundamente a obra de muitos teóricos que lutaram contra a estase do estruturalismo.

Michel de Certeau é amplamente citado na literatura sobre espacialidade, especialmente na espacialidade urbana. Ainda assim, eu argumentaria, sua formulação deste campo é prejudicada pelo seu modelo de construção inicial e, além disso, aquela estrutura mais ampla é mais uma vez problematicamente conceituada em termos de espaço e tempo.

A tese de De Certeau em *The practice of everyday life* (1984)* é concebida por meio de um contraste entre estratégias e táticas. Uma estratégia é definida a partir da relação com um lugar já-construído, estático, dado, uma estrutura. As táticas são as práticas da vida cotidiana que são requeridas por aquela estrutura.

Isso introduz, imediatamente, uma dicotomia, que poderia ser questionada em seus próprios termos, entre estrutura e agenciamento.** Envolve uma concepção de poder em sociedade, como uma ordem monolítica, de um lado, e as táticas dos fracos, de outro. Isto não

* Título original: *L'invention du quotidien*; edição brasileira: *A invenção do cotidiano* (Petrópolis: Vozes, 1994-vol. 1 e 1997-vol. 2). (N.T.)
** *Agency* no original. (N.T.)

apenas tanto superestima a coerência dos "poderosos" e o caráter "sem costuras" [*seamlessness*] com que a "ordem" é produzida, como também reduz (embora tente fazer o oposto) o poder potencial dos "fracos" e obscurece a implicação dos "fracos" no "poder". Mas a questão também vai mais fundo, pois através de todo o livro as estratégias são interpretadas em termos de *espaço*, e as táticas em termos de *tempo*:

> Uma estratégia assume um lugar que pode ser circunscrito como um *próprio* (*propre*) ... O "próprio" é uma vitória do espaço sobre o tempo. Ao contrário, porque não tem um lugar, uma tática depende do tempo — está sempre alerta para oportunidades que devem ser captadas "no vôo" (p. xix, itálicos no original).

> as estratégias fixam suas esperanças na resistência que *o estabelecimento de um lugar* oferece para a erosão do tempo; as táticas, em uma hábil *utilização do tempo*, das oportunidades que ele apresenta e também do jogo que introduz nos fundamentos do poder ... os dois modos de agir podem ser distinguidos conforme apostem no lugar ou no tempo (pp. 38-9, itálicos no original).

Uma infinidade de pensamentos e objeções surge, imediatamente, ao se ler essa passagem. Ela estabelece uma noção de poder-relações de forma totalmente dicotomizada: poder *versus* resistência. Sintomaticamente, tenta escapar de um impasse do estruturalismo (introduzindo uma noção de resistência), enquanto deixa as estruturas conceitualmente intactas *definidas como espaciais*. E o rótulo desse poder/resistência binário como espacial/temporal parece não ser mais do que o eco daquela história intelectual.

Através de todo o seu livro, De Certeau traça um paralelo entre as estruturas de sua própria análise e as estruturas lingüísticas, particularmente a distinção entre *langue* e *parole*. Certamente essa provocação por intermédio do debate sobre o estruturalismo é explorada por Meaghan Morris (1992a) em seu King Kong and the human fly, que examina o relato de De Certeau sobre uma visita ao World Trade Center. Da mesma forma que eu, ela o interpreta como lutando para se afastar do estruturalismo, porém...

> o movimento de De Certeau do topo para a rua envolve uma problemática reinscrição de uma oposição teoria/prática — semanticamente projetada como "alto" *versus* "baixo" ("elite" *versus* "popular", "domínio" *versus* "resistência"), "estático" *versus* "dinâmico" ("estrutura" *versus* "história",

"metanarrativa" *versus* "estória"), "ver" *versus* "fazer" ("controle" *versus* "criatividade" e, por fim, "poder" *versus* "know-how") — que realmente bloqueia completamente a possibilidade de enfrentar o problema. Na verdade, a visita de De Certeau ao World Trade Center é um meio de mapear novamente, por completo, a "grade" das oposições binárias dentro da qual muito do debate *sobre* o estruturalismo foi conduzido (por Sartre e Lévi-Strauss, entre outros) (p. 13).

Precisamente. No entanto, um binário que Morris não menciona é aquele entre espaço e tempo. De Certeau estabelece este também. E isto é duplamente irônico, uma vez que toda sua intenção é o oposto. Ele critica a organização funcionalista, que, por privilegiar o progresso (i.e., tempo), faz com que a condição de sua própria possibilidade — o espaço em si mesmo — seja esquecida; o espaço se torna assim o ponto cego em uma tecnologia científica e política" (1984, p. 95). Aqui, certamente, poderia situar-se uma linha de falha no argumento de De Certeau que permite que ele seja ampliado e desenvolvido.

Essa é uma imaginação de poder (coligação política central *versus* pequenas táticas de resistência) que é mapeada no espaço da cidade como se fosse dividida de forma similar: a estrutura da cidade *versus* a rua. Contra "a cidade como um sistema", a presença implacável da legibilidade estabilizada é romantizada como uma "resistência" móvel de táticas, o cotidiano, a população humilde (ver, para uma exposição particularmente clara, De Certeau, pp. 94-8). Por um lado, não pode haver um sistema tão seguro e autocoerente (a cidade como estrutura sincrônica), quer a caracterizemos como espaço ou não. No mínimo, mesmo o mais monolítico dos blocos-de-poder tem de ser mantido. Por outro lado, esse poder central é compreendido como removido do "cotidiano" (como oposto a...?), iconicamente caracterizado pela rua. É uma imaginação que estabeleceu forte influência na literatura urbana com suas próprias elaborações de espacialidade dessa rua como "as margens", "os espaços intersticiais" e outras evocações. No seu lado pior, pode se dissolver no menos politicamente convincente dos engodos situacionistas — promovendo sensações machistas (presume-se) ao correr por passagens escuras, sonhando com labirintos e assim por diante. (Esta não seria, em si, outra forma de colonização erotizada da cidade?) Como Kristin Ross indagou:

> E o que dizer da rua? ... A própria rua, ou pelo menos as ruas afastadas, ruelas e desvios ... é o lugar ... do afastamento dos padrões ou (para usar

> uma palavra mais popularizada pelos seguidores de De Certeau) "resistência". Mas resistência a quê? No movimento de De Certeau é fuga ... (1996, p. 69).

> A crítica derivada de De Certeau (isto é, muito dos "estudos culturais" dos EUA hoje) toma como verdadeiro o capitalismo enquanto um tipo de campo de força ou painel de controle que processa significados. O salvadorenho ou guatemalteco vendendo laranjas nas *freeways* de Los Angeles torna-se uma figura de "resistência" — alguém que se apropriou do espaço urbano e usou-o para fazer o que queria, alguém que escarnece dos "senhores planejadores". Mas resistência a quê? (p. 71.)

Ross está realmente preocupado aqui com a falta de coerência nessa resistência ("A tática não estimula nenhuma estratégia mais ampla" — p. 71) e a falta de um foco singular (as táticas "não foram feitas para se reportar ao capital nem para oferecer nenhum meio para compreender o sistema como um todo", p. 71). Esta não é a minha questão, que diz respeito a mais uma espacialização problemática. Estou defendendo um abandono dessa dicotomia entre espaço e tempo que coloca o espaço tanto como o oposto do tempo e, de forma igualmente problemática, como imobilidade, poder, coerência, representação. O significado disto, como o restante do livro irá explorar, é político.

Há, penso, uma ironia nas obras de autores tais como Laclau e De Certeau (e, como continuarei defendendo, em grande parte do pós-estruturalismo definido de forma mais ampla). O principal ímpeto conceitual consiste em abrir as estruturas de nossa imaginação para a temporalidade (Laclau através da desarticulação, De Certeau através da tática). Porém, no meio dessa estimulante preocupação com o tempo nenhum autor se empenha em qualquer crítica fundamental das terminologias e conceitos associados ao espaço. Nisto eles de forma alguma estão sozinhos. *Time and free will*, de Bergson, adota um rumo semelhante. Espaço é uma categoria residual, cuja definição é deduzida sem muita reflexão séria. Porém, algo que emerge de tudo isso, eu argumentaria, é a interconectividade entre conceituações de espaço e conceituações de tempo. Imaginar um deles de um modo particular deveria implicar, pelo menos "logicamente", uma forma particular de pensar sobre o outro. Isto não significa defender que eles são o mesmo em alguma cômoda quarta-dimensionalidade. Significa argumentar que eles são integrantes um do outro, o que é proposição muito diferente. No mínimo, para o tempo ser concebido como aberto, o espaço também tem de, em certo sentido, ser concebido como aberto. O não-reconhecimento da simultaneidade de multiplicidades de extremidades abertas que compreende o espacial pode invalidar o projeto de abertura da temporalidade. Ele não pode ser aquele domínio a que Foucault se refere como o morto, o fixo, nem pode ser o reino do fechamento ou da representação estática. O espaço é tão impossível de representar quanto o tempo (apesar de que uma questão relevante é a da representação tempo-espaço). Arrancado o espaço dessa cadeia imobilizante de conotações, ambos, potencialmente, contribuem para as desarticulações necessárias para a existência do político e abrem o próprio espaço para um discurso político mais apropriado.

4
as horizontalidades da desconstrução

O uso da terminologia do espacial para se referir ao domínio do imobilizado, que foi focalizado no Capítulo 3, não caracteriza, no entanto, todos os escritos pós-estruturalistas. Há, naturalmente, e de forma mais óbvia, a famosa reflexão de Foucault: "O espaço foi tratado como o morto, o fixo, o não-dialético, o imóvel. O tempo, ao contrário, era riqueza, fecundidade, vida, dialética" (1980, p. 70). Apesar de tardia, essa retrospecção serve, de alguma forma, para confirmar que muito do que foi escrito "depois do estruturalismo" reteve essas predisposições conceituais.

Mas há também, fundamentalmente, o reconhecimento, por Derrida, da importância do espaço/espacialização. Diferente de Laclau e De Certeau, Derrida não emprega a terminologia do espaço como simples categoria residual de negatividade do temporal. Ele lhe dá atenção explícita por ela mesma. O próprio conceito de *différance** traz em si uma imaginação, tanto do temporal quanto do espacial (diferimento *e* diferenciação). Derrida é explícito, também, sobre certos aspectos do espaço que, eu afirmaria, são cruciais (espaço como intervalo e mantendo aberta a possibilidade de um futuro também aberto). Dentro da desconstrução (pelo menos em sua teoria, se não sempre em sua prática) o espaço é explicitamente temporalizado; trocando o "e" por um "a", adiciona-se tempo ao espaço.** "Disseminação" "assinala uma multiplicidade irredutível e *generativa*" (1972/1987, p. 45; itálico

---

* *Différance*, em francês no original. Em português a palavra "diferança" já está aceita como tradução.

** Continuando a idéia de Saussure, Derrida escreve: " 'Numa língua, no *sistema* da língua, não há senão diferenças'. A 'diferença' no sistema simbólico (*différer*) também se vincula ao verbo diferir' (Derrida, J. *Margens da filosofia*. Campinas, SP: Papirus, 2001). Diferir significa adiar e retardar a presença. Derrida criou o neografismo "diferança" (*différance*) e o associou a este adiamento e ao sistema lingüístico de oposições. (N.T.)

no original), apenas *différance* é inteiramente histórica. Essa mobilização, bem como a quebra, de estruturas tanto questiona pretensões de integridade e a autopresença quanto supera o impasse *langue* versus *parole*. Para Derrida a espacialização é fundamental para a diferença/*différance*. Ela permite a abertura do significado usual de "história". Em *Da gramatologia* ele escreve: "A palavra 'história' sem dúvida sempre foi associada com a seqüência linear da presença" (citado em 1972/1987, p. 56). Se poderia questionar a mobilização demasiado cômoda de "sempre", mas o ponto de vista é bem recebido. E propõe-se que essa linearidade do significado (então) hegemônico de história tenha todo um conjunto de implicações adicionais ("um verdadeiro *sistema* de implicações" — 1972/1987, p. 57, itálico no original), incluindo teleologia, continuidade e a suposição de uma acumulação interiorizada de significado. Tudo isto está inteiramente de acordo com o que venho tentando desenvolver aqui. De fato, Marcus Doel (1999) argumentou que o pós-estruturalismo é espacial. Ele defende que é precisamente a eventualidade do espaço, da espacialização, que desconstrói todas as hipotéticas totalidades.[13] Meu argumento é, mais propriamente, que o pós-estruturalismo *poderia*, muito comodamente, ser espacial (no modo com que aqui utilizo este termo). Mas, como mostra o próprio Derrida, para a desconstrução existir e, particularmente, quando está sendo transportada para novas áreas, é necessário que seja transformada. Da mesma forma que nos envolvimentos com Bergson, o estruturalismo e Laclau, o artifício engenhoso é trabalhar dentro desses limites, mas para fazer emergir, quem sabe, algo convenientemente diferente.

A desconstrução tem-se preocupado, do começo ao fim, intensamente, com a textualidade, com o discurso e a escritura, e com textos. Esses foram os debates dentro dos quais estabeleceu sua própria diferenciação. Como método de trabalho foi, subseqüentemente, persuadida a estender-se mais amplamente (apesar de que, como diz Derrida, é com as "palavras" que ele se sente mais à vontade). Houve, não obstante, uma mudança a partir de um enfoque no que veio a ser chamado de textos "no sentido estrito clássico" para uma expansão do escopo em trabalhos posteriores. Como Derrida coloca, a certa altura, "mesmo que não haja discurso, o efeito da espacialização já implica uma textualização" (1994, p. 15). Representação, mais uma vez, em um sentido, mas o objetivo aqui é desafiar as pretensões de fechamento do texto.

Assim, da maneira como se desenvolveram o debate e a linguagem dentro dos quais a desconstrução perseguiu sua causa, houve uma reivindicação para ampliar seu caráter generalizador. A proposição que emerge é a de que "o mundo é como um texto". Aqui, em vez de a representação ser imaginada como espacialização — "espacializar ... implica ... textualização" —, o movimento é invertido. Da mesma forma que com cada proposição, esta é uma afirmação com uma história, com seu próprio processo de diferenciação. Para aqueles entre nós que não seguiram essa trajetória histórica particular (cujos envolvimentos e diferenciações estavam em outras direções), uma proposição equivalente (mas não idêntica) poderia ser a de que os textos são simplesmente, de fato, como o resto do mundo. Mas, naturalmente, a trajetória de envolvimento, a seqüência de repetição e diferenciação têm seus efeitos. A direção a partir da qual você chega a um argumento influencia sua forma. "O mundo é como um texto" é uma proposição muito distinta de "textos são simplesmente como o resto do mundo". Há razões legítimas para estarmos atentos aos caminhos da imaginação, do pensamento.

Há, por exemplo, uma "horizontalidade" residual, mas persistente sobre a abordagem da desconstrução, que lhe torna difícil manejar (ou melhor, provocar uma imaginação de) uma espacialidade que seja inteiramente integrante do espaço-tempo. Textos se apresentam como estruturas bidimensionais, coerências/totalidades horizontais que podem ser mostradas, através da desconstrução, como não sendo, de forma alguma, coerentes. Não resta dúvida sobre os aspectos libertadores dessa manobra. De fato, o que tento argumentar aqui, em relação ao espaço, compartilha muito desse mesmo estímulo. A desconstrução das supostas totalidades horizontais combina bem com a crítica de lugar como internamente coerente e delimitado (Massey, 1991a). A ênfase na horizontalidade pode ser interpretada como (e em alguns sentidos e circunstâncias realmente *é*) uma volta em direção à espacialidade e a uma espacialidade que, além do mais, é aberta e diferenciada. Parece, portanto, irônico — se não francamente grosseiro — levantar qualquer objeção. No entanto, talvez, haja nessa formulação (nessa imaginação da tarefa intelectual à disposição) *demasiada* ênfase no puramente horizontal e muito pouco reconhecimento das trajetórias múltiplas das quais aquela "horizontalidade" é o resultado momentâneo, passageiro. Como observa John Rajchman (1998), em um questionamento relacionado à construtividade da visão horizontal, colagem e superposição, uma vez celebradas, tornaram-se obstáculos (p. 9; ver também seu ensaio *Grounds*, no mesmo volume). A natureza da (a prática da) desconstrução a leva a enfatizar o aspecto da *différance* que é diferenciação, além de diferimento.

Isto não é inerente à estrutura conceitual da desconstrução. Derrida, freqüentemente, acentua a produtividade conjunta das dimensões espacial e temporal. A longa entrevista com Jean-Louis Houdebine e Guy Scarpetta (Derrida, 1972/1987, pp. 37-96) exemplifica a complexidade das questões em pauta. Em uma nota a essa discussão (nota de pé de página 42, pp. 106-7) ele escreve: "espacialização é um conceito que também, mas não exclusivamente, tem o significado de uma força produtiva, positiva e generativa. Como *disseminação*, como *différance*, ele traz consigo um motivo *genético*: não é apenas o intervalo, o espaço constituído entre duas coisas (que é o sentido habitual de espaçamento), mas também espac*ialização*, a operação ... Esse movimento é inseparável de temporização — temporalização (ver "*La différance*") — e de *différance*" (itálico no original). Espac*ialização* é, aqui, *ao mesmo tempo* (o que normalmente chamaríamos), espacial *e* temporal."

E mais uma vez o modo pelo qual Derrida concebe esse aspecto processual/temporal da espacialização cria, por sua vez, problemas. A elipse na citação acima, quando desenvolvida, fornece uma pista. Aqui, "a operação" (o processo que é espacialização) é definida como "o movimento de colocar de lado" (p. 106) e a passagem continua: "Ele [o movimento de espacialização] assinala *o que é colocado de lado em relação a si mesmo*, o que interrompe toda auto-identidade, todo agenciamento pontual do *self*, toda auto-homogeneidade, auto-interioridade" (p. 107; itálicos meus). Ora, ocorrem duas coisas aqui, duas formas do que poderia ser chamado de negatividade, ambas problemáticas para uma análise do espaço social, físico.

A primeira foi justamente realçada em itálico: a conceituação de espacialização como um ato (tentativa) de colocar de lado, o processo de expulsão, supostamente necessário ao objetivo de construir uma auto-identidade (aqui definida em termos de homogeneidade, auto-interioridade etc.). O foco está na ruptura, na desarticulação, na fragmentação e na co-constituição da identidade/diferença. Conceituar as coisas desta forma produz uma relação com aquelas que são outras, que é, na verdade, constantemente, a mesma. Trata-se de uma relação de negatividade, de distinguir *de*. Concebe-se a heterogeneidade em relação à ruptura interna e à incoerência, em vez de como uma multiplicidade positiva. Trata-se de uma imaginação *a partir* de dentro. Ela reduz o potencial para a apreciação de uma multiplicidade positiva para além da constante reprodução do par Mesmo/Outro. Isto é tanto politicamente incapacitante quanto problemático para repensar o espacial. Politicamente, como afirma Robinson (1999), em parte dessa tradição o reconhecimento da multiplicidade e da diferença conduziu de forma exagerada para um foco na fragmentação interna e na contemplação do descentramento interno, em vez de para um envolvimento com o que está relacionado externamente. Pois, irrevogavelmente, essa imaginação implica postular uma estrutura que se esforça por ser "coerente" (neste sentido muito particular), mas, inevitavelmente, debilitada por ou internamente dependente de alguma coisa definida como um "Outro". Esse é o exterior constitutivo que é também a ruptura interna. É uma forma de pensar que propõe Identidades (coerência) tanto a fim de diferenciá-las na forma de contraposição, uma contra a outra (ou contra o Outro) quanto para, subseqüentemente, argumentar que são, inevitavelmente, de qualquer forma, internamente desordenadas. O que se perde é a existência coetânea. É em sua rejeição dessa negatividade, em sua ênfase na afirmação, que a linha filosófica Spinoza-Bergson-Deleuze tem mais a oferecer para repensar o espaço.

Há uma hilariante consideração na entrevista de Derrida com Houdebine e Scarpetta que gira em torno dessa distinção entre diferença negativa e heterogeneidade positiva. Para Derrida, espa*cialização* é parte integrante da constituição da diferença. Quase no fim de sua conversa com Derrida, Houdebine tenta especificar isso um pouco mais (Derrida, 1972/1987, p. 80 e seg.).

Derrida não apreende o ponto da questão, e Houdebine tenta novamente: "Não, isto não foi o que eu disse; deixe-me reformular a pergunta: a idéia da heterogeneidade está inteiramente coberta pela noção de espacialização? *Alteridade* e *espacialização* não nos apresentam dois momentos não idênticos um ao outro?" (p. 81; itálicos no original). Os dois homens continuam a falar, um depois do outro na própria entrevista, e, depois, novamente, nas notas de pé de página que contêm reflexões sobre a entrevista (ver pp. 106-7) e em uma subseqüente troca de cartas (pp. 91-6). Em sua carta, Houdebine insiste mais uma vez que

> tudo deriva de minha pergunta sobre a idéia de *heterogeneidade*, uma idéia que eu penso ser irredutível à simples idéia de espacialização. Isto é, a idéia de heterogeneidade, certamente, envolve, em minha opinião, os dois momentos de *espacialização* e de *alteridade*, momentos que são, de fato, indissociáveis [aqui ele está dizendo "sim, sim" para Derrida, que tinha antes insistido neste ponto que não é o ponto], mas que também não devem ser identificados um com o outro (p. 91; itálicos no original).

No meio de toda essa confusão, há uma indicação do que, talvez, possa ser o motivo de Derrida continuar a ler a questão de maneira diferente de Houdebine. Em certo ponto, Houdebine refere-se a alguma coisa que Derrida havia dito antes. "Espacialização", ele havia dito,

> é o índice de um exterior irredutível. E, ao mesmo tempo, de um *movimento*, um deslocamento que indica uma alteridade irredutível. Não vejo como se pode dissociar os dois conceitos de espacialização e alteridade (p. 81, itálico no original).

Isto, para mim, indica, precisamente, um problema. Diferença e multiplicidade estão aqui intimamente associadas através de um processo, e esse processo é de desarticulação e exteriorização (em outro lugar, abjeção, repressão etc.). A coexistência de outros e a especificação de sua "diferença" são reconhecidas pelo processo através do qual elas são "postas de lado" (p. 107). É uma imaginação que, apesar de si mesma, começa do "Um" e que constrói negativamente tanto a pluralidade quanto a diferença. Um toque de irritação parece se infiltrar na carta de Houdebine:

> permanece [o argumento] de que a idéia de heterogeneidade não se reduz a, não se esgota nesse "índice de irredutibilidade exterior". É *também a posição dessa alteridade como tal,* isto é, a posição de "algo" (um "nada") [i.e, "a espacialização não designa *nada* ... mas é o índice de um exterior irredutível", p. 81] que *não é nada* (p. 92; todos os itálicos no original, o texto entre colchetes foi acrescentado).

Certamente. E Houdebine insiste: "O completo desenvolvimento da idéia de heterogeneidade nos obriga, assim, a ir para a positividade desse 'nada' designado pela espacialização" (p. 92).[14] Lá pela página 94 eles chegam a uma acomodação. Diz Derrida:

> A irredutibilidade do outro está marcada na espacialização em relação ao que você parece designar pela noção de "posição" [um "algo"... (a *posição* de uma irredutível alteridade) (Houdebine na p. 92; itálico no original)]: em relação à nossa discussão do outro dia, *este é o ponto mais original e mais importante, me parece* ... (p. 94; itálicos meus).

As características desse prazeroso embate filosófico são muito relevantes para uma imaginação alternativa do espaço. A importância de um reconhecimento do *fato* da espacialização. A integralização, no seu interior, tanto do espaço quanto do tempo. A disputa sobre como o processo de diferença/heterogeneidade deve ser conceituado. O contraste entre a negatividade (expulsão, abjeção...) da visão de Derrida e a procura da positividade por parte de Houdebine". Até mesmo, talvez, a própria dificuldade do argumento. Derrida, certamente, reconhece sua importância. Foi em reconhecimento dessa importância que ele terminou sua comunicação com a sugestão de que ela tivesse o título de *Posições*. E teve.

Posição, localização é a ordem mínima de diferenciação de elementos na multiplicidade que é co-formada com o espaço.

Mas há um segundo aspecto da negatividade: o uso constante da linguagem de ruptura, desarticulação, decomposição e assim por diante. Derrida tem, é claro, discutido incansavelmente aspectos dessa denúncia. Ele argumentou, com razão, que essa era, precisamente, a tarefa que tinha inicialmente de ser cumprida, "As estruturas tinham de ser desfeitas, decompostas, dessedimentadas" (Kamuf, 1991, p. 272, em que Derrida está, precisamente, refletindo sobre o posicionamento histórico de sua obra). Nos termos anteriores da discussão, era uma questão de desfazer o fechamento. Ele também argumentou que "não é uma questão de jogar fora conceitos, nem temos os meios para fazêlo", e no "caso do conceito de *estrutura* ... Tudo depende de como se trabalha com ela" (1972/1987, p. 24; itálico no original). O caminho a seguir é transformar conceitos e, pouco a pouco, produzir novas configurações: isto é "*la double séance*",* uma escrita que está tanto dentro quanto tentando escapar da infra-estrutura herdada da imaginação. Uma tentativa de, simplesmente, fazer uma pausa, pois ela, freqüentemente (Derrida tipicamente diz "sempre"), irá conduzir à reinscrição de novas idéias supostamente no interior da mesma velha roupagem (p. 24). O objetivo tem de ser "transformar conceitos, deslocá-los, voltálos contra suas pressuposições, reinscrevê-los em outras cadeias e, pouco a pouco, modificar o terreno de nosso trabalho e, desta forma, produzir novas configurações" (p. 24). No fim, poderíamos, como Derrida escreve magistralmente, nos entregar ao "desejo de escapar do próprio combinatório, inventar coreografias incalculáveis" (1995, p. 108; citado em Doel, 1999, p. 149). Mas esta é precisamente a dificulda-

* Em francês no original. Na resposta de Derrida a Houdebine e Scarpetta: "uma dupla ciência." (A entrevista está publicada em português no livro *Posições*, de Jaques Derrida.) Ver também *Semiologie et grammatologie* (entrevista com Julia Kristeva). (N.T.)

de: o fato de que esse processo de invenção parece estar, ele próprio, refreado pela horizontalidade e negatividade da desconstrução, por sua imbricação em uma trajetória intelectual que emergiu de uma preocupação com o textual (e, em certos aspectos, o psicanalítico). É mais difícil chegar da desconstrução àquele entendimento do mundo como devir, como a criação positiva do novo, que é tão central às filosofias de Spinoza-Bergson-Deleuze. Ela é também, portanto, incapaz de gerar um reconhecimento do espaço como a esfera da multiplicidade coexistente, o espaço como uma simultaneidade de estórias-até-agora. Por si mesmo, o ponto de vista da desconstrução não é suficiente para alcançar aquele transladar necessário do espaço, de uma cadeia estase/representação/fechamento para uma associação com abertura/irrepresentabilidade/multiplicidade externa. O que está em questão é quase como uma mudança de posição física, de uma imaginação da textualidade *para a qual se olha,* a fim de reconhecer nosso lugar *dentro* de múltiplos e contínuos processos de emergência.

E, provavelmente, algo que faz disso uma manobra particularmente traiçoeira para a desconstrução em relação a uma reconceituação da espacialidade é aquela outra herança: a da associação de texto/escritura e espaço. É particularmente difícil mudar a imaginação a partir de uma incumbência que visa romper a suposta integridade das estruturas espaciais rumo a uma coreografia espaço-temporal generativa sempre em movimento, quando a própria noção de desarticulação de estruturas tem sido, tão freqüentemente, traduzida como desarticulação *do* espaço *pelo* tempo. Como o próprio Derrida escreve (ver anteriormente), "o efeito da espacialização já implica uma textualização" (1994, p. 15). Chegando a este ponto por outro ângulo, sugere-se o que poderia significar demonstrar *não* que o mundo (espaço-tempo) fosse como um texto, mas que um texto (mesmo no sentido mais amplo do termo) fosse, simplesmente, como o resto do mundo. E, assim, poderia ser evitada a tendência, que existe há tanto tempo, de subjugar o espacial ao textual.

5
a vida no espaço

Quase todas as linhas de pensamento exploradas na Parte *Dois* abrangeram mais de um entendimento de espaço. Exumá-las teve como objetivo tanto apontar as repercussões problemáticas de algumas associações quanto enfatizar o potencial de visões alternativas. O que se espera é contribuir para um processo de libertação do espaço de sua velha cadeia de significado e associá-lo a uma cadeia diferente, na qual pudesse ter, particularmente, maior potencial político.

O debate partiu da proposição de que o espaço é uma multiplicidade discreta, cujos elementos, porém, estão, eles próprios, impregnados de temporalidade. Uma contemporaneidade estática foi rejeitada em favor de uma simultaneidade dinâmica. Outra forma de impedir uma apreciação da multiplicidade dinâmica que é o espaço foi afirmar que sua imaginação seria como um sistema fechado imóvel. A questão aqui é, em vez disso, compreender o espaço como uma produção aberta contínua. Além de injetar temporalidade no espacial, isto também reitera seu aspecto como multiplicidade discreta, pois enquanto o sistema fechado é a base para o universal singular, abrindo-o cria-se espaço para uma genuína multiplicidade de trajetórias, e assim, potencialmente, de vozes. Isso também pressupõe uma multiplicidade discreta positiva, em oposição a uma imaginação do espaço como o produto da espacialização negativa, através da degradação do outro. Rejeita, também, o uso de "espaço" de Laclau para se referir ao fechamento estático ("o cemitério ou o asilo de loucos", Laclau, 1990, p. 67), em favor de seu reconhecimento de que o próprio espaço é uma eventualidade.*

* Mais uma vez é importante lembrar a ambigüidade do termo "*event*" em inglês, que pode significar tanto "evento, acontecimento" como "eventualidade", "contingência". (N.T.)

Nesta leitura, nem tempo nem espaço são redutíveis um ao outro, eles são distintos. Estão, no entanto, co-implicados. Pelo lado do espaço, há a temporalidade integrante de uma simultaneidade dinâmica. Pelo lado do tempo, há a produção necessária da mudança através de práticas de inter-relação. "A conexão entre coisas, sozinha, faz o tempo" (Latour, 1993, p. 77 — apesar de que se poderia querer também reconhecer a co-produção das entidades nas conexões); "O tempo é ... um resultado provisório da conexão entre entidades" (p. 74). Mudança requer interação. Interação, inclusive a de multiplicidades internas, é essencial para a geração da temporalidade (Adam, 1990). Certamente, se admitirmos o desdobramento de uma identidade essencialista, os termos da mudança já teriam sido dados nas condições iniciais. O futuro não seria, nesse sentido, aberto. E, para haver interação, teria de ocorrer multiplicidade discreta; e, para haver (tal forma de) multiplicidade, teria de ocorrer espaço. Ou como Watson (1998) em sua exploração do "novo bergsonismo" escreve, essa tradição compreende a *autopoiesis* em termos de uma ligação entre as estruturas dissipativas. O jogo "empiricista radical" de Deleuze, conjunturalmente determinado entre relações internas e externas, tenta apreender isto (Hayden, 1998). Em outras palavras, não podemos "devir" sem os outros.[15] E é o espaço que fornece a condição necessária para essa possibilidade. Bergson, em resposta a sua própria pergunta "Qual é o papel do tempo?", respondeu: "o tempo impede que tudo seja dado ao mesmo tempo" (1959, p. 1.331). Neste contexto o "papel do espaço" poderia ser caracterizado como fornecendo a condição para a existência dessas relações que geram o tempo.

Isto deve, no entanto, ser distinguido da alegação de que "o espaço é importante porque contribui para o temporalmente novo". Esta é a questão, e o argumento será apresentado a seguir. Mas a posição aqui vai mais além. Sem dúvida, Grossberg (1996) escreveu, ironicamente, sobre algumas das formas com que foram feitas tentativas de resgatar o espaço de uma nítida despriorização, e "A primeira [deles] coloca o espaço para trabalhar a serviço do tempo; isto é, torna o poder do espaço instrumental, levantando importantes questões de como o poder usa, organiza e trabalha através do espaço, ainda assim reduzindo-o ao seu papel de assegurar as demandas do poder temporal (i.e., a reprodução da estrutura)" (p. 177). O argumento aqui refere-se à necessidade *mútua* de espaço e tempo. É em ambos, necessariamente juntos, que repousa o caráter vívido [*liveliness*] do mundo.

Esses argumentos não são, de maneira alguma, novos. Venho, precisamente, tentando recorrer a *insights* por vezes menosprezados de outros. Além disso, quando expressa desta maneira, a resposta pode ser "naturalmente, isto é óbvio". No entanto, em muitos discursos correntes, o espaço é praticado e imaginado de modo completamente diferente. Em particular, imaginários e considerações muito distintos do espaço são mobilizados como base no interior de questões políticas. Isto já foi sugerido na Parte *Um* e voltaremos a seguir diretamente ao assunto. O objetivo aqui é preparar parte do terreno.

Além disso, esta questão de como poderíamos imaginar o espaço tem uma interseção com a questão da própria subjetividade. Elizabeth Grosz, em *Space, time, and perversion* vincula-se a vários desses argumentos quando escreve:

> a mecânica newtoniana, como a geometria euclideana, reduz as relações temporais à forma espacial à medida que as relações temporais entre acontecimentos são representadas pelas relações entre pontos em uma linha reta. Mesmo hoje, a equiparação das relações temporais com o *continuum* dos números assume que tempo é isomórfico com espaço, e que espaço e tempo existem em um *continuum*, uma totalidade unificada. *O tempo é capaz de representação apenas através de sua subordinação ao espaço e aos modelos espaciais* (1995, p. 95; itálicos meus).

Como foi visto, o argumento mais comum contra esta postura é conduzido pelo dano que ela provoca no tempo: torna-o uma multiplicidade discreta. Minha argumentação é de que isto também causa dano ao espaço, na medida em que essa multiplicidade discreta é imaginada, também, como estática. Grosz, no entanto, desenvolve uma outra linha de argumento que se relaciona com as imaginações de subjetividade. Ela escreve que "há uma correlação histórica entre os modos com que o espaço (e, em menor extensão, o tempo) é representado, e os modos nos quais a subjetividade se representa" (p. 97). Então, através da obra de Irigaray (1993), ela propõe uma conexão com interioridade e exterioridade, na qual o espaço é concebido como o modo de exterioridade, e o tempo, como o modo de interioridade. Este é um tema filosófico constante. Por sua vez, Irigaray baseia-se em velhas teologias e mitologias: "Na concepção de Kant, também, enquanto espaço e tempo são categorias *a priori* que nós impomos ao mundo, o espaço é o modo de apreensão de objetos exteriores, e o tempo, um modo de apreensão do próprio interior do sujeito" (p. 98).

Grosz associa então essa distinção tempo-espaço com a constituição do gênero:

> Isto pode explicar por que Irigaray alega que, no Ocidente, o tempo é concebido como masculino (próprio a um sujeito, a um ser com um interior) e o espaço é associado com feminilidade (feminilidade sendo uma forma de externalidade em relação aos homens). A mulher é/provê espaço para o homem, mas ela mesma não ocupa nenhum. O tempo é a projeção do seu interior [do homem] e é conceitual, introspectivo. A interioridade do tempo vincula-se com a exterioridade do espaço apenas através da posição de Deus (ou de Seu representante, o Homem) como o ponto de sua mediação e eixo de sua coordenação (1995, pp. 98-9).

Gillian Rose (1993), novamente baseando-se em Irigaray, também analisou essas distinções entre espaço e tempo relacionadas a gênero e há conexões significativas com a argumentação que está sendo feita aqui. Já foi visto, por exemplo, como Prigogine e Stengers apontam a interiorização do tempo de alguns filósofos como sendo irreversível em face da insistência da ciência natural em sua reversibilidade "objetiva". Bergson começou pela experiência; foi a experiência que desafiou a suposta divisibilidade do tempo; experiência era duração. E a insistência em analisar o tempo dessa maneira tem sido uma tendência contínua (ver, como um exemplo recente, Osborne, 1995). Mesmo filósofos que estão conscientes da corporeidade como um elemento em um mundo interconectado (isto é, espacial) puderam, todavia, enfatizar esse aspecto puramente temporal da subjetividade. Assim, de uma trajetória diferente, mais uma vez, Merleau-Ponty escreve: "temos de compreender o tempo como o sujeito e o sujeito como tempo" (1962, p. 422; citado em Mazis, 1999, p. 231), ou, novamente, "a síntese perpétua é uma síntese temporal e a subjetividade, no nível da percepção, nada mais é do que temporalidade" (p. 332; citado em Mazis, p. 234). "A menor experiência possível é, portanto, uma diferença ou momento na *passagem* experienciada *do tempo*", escreve Deleuze (1953/1991, pp. 91-2; itálicos meus); "Nem toda idéia demonstra a qualidade da extensão espacial, mas todos os átomos [da experiência] demonstram a qualidade do tempo no qual ocorrem" (Goodchild, 1996, p. 17). "Portanto", comenta Goodchild, "o empirismo de Deleuze está ligado não a uma ingênua concepção atomista da matéria ou experiência, mas ao *tempo* como base para ambos, significado e experiência" (1996, p. 17; itálico meu). Grossberg, de fato, fez a importante afirmação de que "A bifurcação de tempo e espaço, bem como o privilegiar o tempo sobre o espaço, foi, talvez, o momento crucial fundador da filosofia moderna [em uma nota de rodapé ele esclarece que é a "separação" de tempo e espaço que é o ponto crucial]. Isso permitiu o diferimento da ontologia e a redução do real à consciência, experiência, significado e história" (1996, p. 178). Além do mais, este pressuposto da temporalidade pura da interioridade, por sua vez, está ligado ao contraposicionamento do espaço, não apenas enquanto externo, mas também enquanto *material*. Como Boundas comenta, em relação à distinção de Bergson-Deleuze entre discreto e contínuo: "Em certo sentido, o grande dualismo herdado dos racionalistas e empiristas clássicos — matéria e mente — é reposicionado agora na distinção entre duração e espaço" (1996, p. 92).

Há duas coisas acontecendo aqui. Primeiro, a análise do temporal como interior. E segundo, a compreensão da interioridade como puramente temporal. A última é, como Grosz aponta, uma das "maneiras em que a subjetividade se representa", e isso, por sua vez, como ela afirma, foi correlacionado com as maneiras pelas quais o espaço é compreendido.

Talvez, então, se pensarmos e praticarmos o espaço de maneira diferente, isso irá repercutir também em outros domínios. Uma linha de crítica girou em torno de um tipo de posicionamento de negatividade filosófica que, em certas ocasiões, caracterizou a preocupação com o tempo. Em completo contraste com as evocações de Bergson e Deleuze, afirmou-se que muito do que foi escrito sobre o tempo, e sua freqüente associação com interioridade, resulta de um medo obsessivo da morte (ver, por exemplo, Cavarero, 1995). Há também aquela linha de questionamento, principalmente de filósofos feministas, que propõe a argumentação política para a compreensão da identidade/subjetividade de um modo mais vigorosamente relacional. Trata-se, de fato, de nos referirmos novamente à construção relacional do espaço. Assim Moira Gatens e Genevieve Lloyd (1999) basearam-se em Spinoza para explorar a construção relacional da subjetividade, a inseparabilidade entre individualidade e sociabilidade. Isto libera nossas imaginações. Pois se a experiência não é uma sucessão internalizada de sensações (pura temporalidade), mas uma multiplicidade de coisas e relações, então sua *espacialidade* é tão significativa quanto sua dimensão temporal. Trata-se de defender um modo de ser e pensar de outro modo — pela imaginação de uma atitude de ser mais aberta, pela (potencial) mentalidade aberta da subjetividade praticada. Assim, como desenvolveu o pensamento de Bergson, "A duração parecia, para ele, ser cada vez menos redutível a uma experiência psicológica e tornar-se, em vez disso, a essência variável das coisas, provendo o tópico de uma complexa ontologia. Mas, simultaneamente, o espaço para ele parecia ser cada vez menos redutível a uma ficção, separando-nos dessa realidade psicológica; antes, o próprio espaço estava estabelecido no ser" (Deleuze, 1988, p. 34). Os dois desdobramentos estão relacionados. Como Deleuze cita: "O movimento não está menos fora de mim do que em mim, e o próprio *Self*, por sua vez, é apenas um caso entre outros na duração" (p. 75). Como afirma Lloyd: "Para [Spinoza], não obtemos nossos verdadeiros *selves* refugiando-nos dentro de nossas fronteiras. Tornamo-nos o máximo nós mesmos, abrindo-nos para o restante da natureza ... essas duas dimensões de *selfhood*: as relações do *self* com o mundo espacial, no aqui e agora e suas relações com o tempo. Sua física dinâmica dos corpos fornece o nexo entre os dois ... uma multiplicidade interna de '*selfhood*'" (1996, pp. 95-7). Bergson escreveu sobre saltos imaginativos: em relação à memória, de nos colocarmos "imediatamente" no passado, em relação à linguagem, de mergulhar no elemento do sentido. Será possível o mesmo salto na espacialidade? Podemos nos "jogar dentro da espacialidade?" (Grosz, 2001, p. 259). Não apenas, então, a duração nas coisas externas, mas também uma espacialização do ser como resposta.

Conceber o espaço como um recorte estático através do tempo, como representação, como um sistema fechado, e assim por diante, são todos modos de subjugá-lo. Eles nos permitem ignorar sua verdadeira relevância: as multiplicidades coetâneas de outras trajetórias e a necessária mentalidade aberta de uma subjetividade espacializada. Em grande parte da filosofia é o tempo que tem sido uma fonte de estimulação (em sua vida) ou de terror (em seu passar). Quero afirmar (e deixando de lado, no momento, o fato de que não os deveríamos separar dessa forma) que o espaço é igualmente divertido e ameaçador.

Se o tempo deve ser aberto para um futuro do novo, então o espaço não pode ser equiparado com os fechamentos e horizontalidades da representação. De um modo mais geral, se o tempo deve ser aberto, então o espaço tem de ser aberto também. Conceituar o espaço como aberto, múltiplo e relacional, não acabado e sempre em devir, é um pré-requisito para que a história seja aberta e, assim, um pré-requisito, também, para a possibilidade da política.

Em um artigo fascinante, Lechte (1995) também associa "ciência" com "escritura", e ambas, por sua vez, com espaço. Sua argumentação é de que — agora — tanto a ciência (como resultado dos novos discursos do acaso, do caos etc.) quanto a escritura (como o resultado do pós-estruturalismo e da desconstrução) têm inevitáveis elementos de indeterminação. E conclui: "Se a ciência pós-moderna nos conduz aos limites do conhecimento e ao começo do acaso, se descobre que não-conhecimento (como indecidível,* como incerteza, como indeterminação) é estruturalmente inevitável, o que ela também descobre ... é que, através do espaço, a escritura está ligada à ciência, pois a escritura é também indeterminada" (p. 110). Minhas próprias restrições sobre a natureza dessa confiança na ciência serão desenvolvidas no Capítulo 11. No entanto, devo concordar com a frase definitiva de Lechte: "As implicações políticas disso estão, provavelmente, ainda para ser reconhecidas" (p. 110).

---

* "*Undecidable*" no original. (N.T.)

BOA-TARDE. VOCÊ SABE EM QUE PARTIDO VAI VOTAR PARA AS ELEIÇÕES MUNICIPAIS QUINTA-FEIRA?
SO·MOS YUP·PIES!
NÃO SO·MOS DES·TE PLA·NE·TA
USA·MOS CA·MI·SAS LIS·TRA·DAS CAL·ÇAS CON·FOR·TÁ·VEIS. AL·PAR·GA·TAS. NOS·SO AL·CANCE DA REA·LI·DA·DE ES·TÁ EN·FRA·QUE·CEN·DO. HÁ UMA LO·JA DE MAS·SAS NA VI·ZI·NHAN·ÇA?
ES·TA·MOS LE·VI·TAN·DO... ES·TA·MOS LE·VI·TAN·DO... ES·TA·MOS SU·BIN·DO. QUE·RE·MOS AS·CEN·SÃO SO·CIAL
©STEVE BELL 1987

E. QUE·RE·MOS AS·CEN·SÃO SO·CIAL QUE·RE·MOS AS·CEN·SÃO SO·CIAL
SIM. MAS EM QUE PARTIDO VÃO VOTAR?
SO·MOS CON·SER·VA·DO·RES. MAS ES·TA·MOS PREO·CU·PA·DOS COM ES·TI·LO
PORTANTO. DEFENDEMOS ALIANÇAS ESTAMOS MUITO PREOCUPADOS COM A NECESSIDADE DE DIMINUIR O PODER DOS SINDICATOS E OS GASTOS PÚBLICOS
POR QUÊ?
NÃO EN·TEN·DE·MOS SUA PER·GUN·TA. SO·MOS YUP·PIES. NÃO SO·MOS DES·TE PLA·NE·TA
TE·MOS PLA·NO DE SA·Ú·DE
NÃO USA·MOS CAL·ÇA·DAS... NÃO USA·MOS LI·XEI·RAS...

Parte *Três*
Vivendo em tempos espaciais?

A Parte *Dois* refletiu sobre algumas das maneiras pelas quais, através de debates filosóficos, o "espaço" ficou ligado a uma série de associações vãs, que impedem um pleno reconhecimento do desafio proposto pelo espaço sociopolítico em um sentido prático. Mais positivamente, o que emergiu foi uma argumentação pelo espaço como a dimensão de uma multiplicidade dinâmica simultânea. Esta parte se ocupa agora de alguns imaginários, atuais e significativos, desse espaço sociopolítico, com um enfoque particular nas imaginações da era contemporânea como sendo, supostamente, "espacial" e "globalizada". Ocultos sob essas considerações, novamente há conceitos de espaço que precisam ser questionados. Pois eles, mais uma vez, são meios de evitar o verdadeiro desafio lançado pelo espacial; são, certamente, meios dissimulados de legitimar sua supressão.

A Parte *Dois* entrou em disputa considerando o espaço uma simultaneidade de trajetórias múltiplas. O reconhecimento disso devia, a princípio, estabelecer o espaço como que colocando a questão, o desafio da existência processual contemporânea. No entanto, de maneiras diferentes, muitos dos discursos hegemônicos e práticas aqui explorados evitam este desafio: convocando uma multiplicidade espacial em termos de seqüência temporal, compreendendo o espacial como uma instantaneidade sem profundidade, imaginando "o global" como, de algum modo, sempre "acima", "exterior", certamente em algum outro lugar. Cada um deles é um meio de subjugar o espacial. O que todas essas estratégias espaciais (eu as denominaria antiespaciais) fazem é evitar o desafio do espaço como uma multiplicidade. E isto faz emergir o aspecto do espaço praticado, que é sua construção relacional, sua produção através de práticas de envolvimento material. Se o tempo se revela como mudança, então o espaço se revela como interação. Neste sentido, o espaço é a dimensão *social* não no sentido da sociabilidade exclusivamente humana, mas no sentido do envolvimento dentro de uma multiplicidade. Trata-se da esfera da produção contínua e da reconfiguração da heterogeneidade, sob todas as suas formas — diversidade, subordinação, interesses conflitantes. À medida que o debate se desenvolve, o que começa a ser focalizado é o que isso deve trazer à tona: uma política relacional para um espaço relacional.[1]

6
espacializando a história da modernidade

Se, um dia, foi o "tempo" que moldou o ângulo privilegiado de abordagem, hoje, como é dito freqüentemente, este papel foi ocupado pelo espaço. As reações oscilaram entre o regozijo e o medo. Uma das forças mobilizadoras do pensamento das ciências sociais, nos últimos anos, foi um impulso em reagir positivamente: "espacializar". Por questões que oscilam desde um profundo desejo político de desafiar velhas formulações, através de uma caracterização dos tempos "pós-modernos" como "espaciais mais do que temporais", até um surpreendentemente despreocupado e recente reconhecimento da natureza geográfica da sociedade, muita atenção séria foi devotada ao que tem sido chamado de "a espacialização da teoria social".

Um exemplo produtivo deste fato foi a preocupação pós-colonial de reelaborar os debates sociológicos sobre a natureza da modernidade e sua relação com a globalização. Sem dúvida, para um certo número de autores, a "globalização" foi a principal forma tomada por esse esforço de espacializar o pensamento sociológico. A coletânea organizada por Featherstone, Lash e Robertson (1994) tanto defende este ponto quanto contém, na prática, bons exemplos de tal espacialização. Contar a estória da globalização tem sido usado para espacializar a estória da modernidade. Além do mais — e este é o ponto importante —, essa espacialização teve *efeitos* no conceito de modernidade e deslocou, severamente, a estória anterior do seu desenvolvimento. Stuart Hall argumenta, de fato, que esta é uma das principais contribuições da crítica pós-colonial:

> É a reexpressão retrospectiva da Modernidade, dentro da estrutura da "globalização"... que é o elemento efetivamente distintivo em uma periodização "pós-colonial". Desta forma, o "pós-colonial" marca uma interrupção decisiva em toda aquela formidável narrativa historiográfica, que

em historiografia liberal e em sociologia histórica weberiana, bem como nas tradições dominantes do marxismo ocidental, deu a essa dimensão global uma presença subordinada numa estória que poderia ser contada, essencialmente, partindo de seus parâmetros europeus (1996, p. 250).

As implicações da espacialização/globalização da estória da modernidade são profundas. O efeito mais óbvio, que tem sido, sem dúvida, a principal intenção, é reelaborar a modernidade evitando que seja o desdobramento, a estória interna apenas da Europa. O objetivo tem sido, precisamente, descentrar a Europa. Deste modo: "Essa reelaboração da narrativa desloca a 'estória' da modernidade capitalista de sua centralização européia para suas 'periferias' globais dispersas" (p. 250); "A colonização" torna-se mais do que um tipo de subproduto secundário dos acontecimentos na Europa. Em vez disso, "assume o lugar e o significado de um grande acontecimento histórico mundial extensivo e de ruptura" (p. 249). Há a possibilidade aqui, além do mais, de outra reformulação. A trajetória européia (apesar de ser a mais poderosa, certamente, em termos militares e outros) deveria não apenas ser "descentrada", mas poderia, também, ser reconhecida como apenas uma das histórias que estavam sendo feitas àquela época. Esta é a multiplicidade que é o tema central do magnífico livro de Eric Wolf *Europe and the people without history* (1982). É o *encontro* de Montezuma e Cortés. Ele envolve (poderia envolver) uma visão diferente do próprio espaço. Trata-se de um distanciamento em relação àquela imaginação do espaço como uma superfície contínua, que o colonizador, como o único agente ativo, atravessa para encontrar aquele a-ser-colonizado simplesmente "lá". Isto seria espaço, não como uma superfície lisa, mas como a esfera da coexistência de uma multiplicidade de trajetórias.

Além disso, uma vez que a multiplicidade de trajetórias tenha sido reconhecida, torna-se claro um efeito adicional de espacializar, desta forma, a estória da modernidade. Uma vez compreendida como mais do que a história das aventuras da própria Europa, é possível entender como o modo anterior de relatar a estória (com a Europa em seu centro) foi movido pelo modo no qual o processo foi experienciado *dentro* dela, contado através da experiência da exploração para fora dela e contado do ponto de vista da Europa como protagonista. A espacialização dessa estória nos permite uma compreensão da sua posicionalidade, da sua imbricação geográfica, uma compreensão da própria espacialidade da produção do conhecimento.

Ademais, recontar a estória da modernidade através da espacialização/globalização expõe as precondições da modernidade e seus efeitos de violência, racismo e opressão. É aqui que se torna relevante a estória comumente contada da questão feita à modernidade por Toussaint l'Ouverture (Bhabha, 1994). Toussaint l'Ouverture, líder de escravos rebeldes, tinha os princípios da Revolução Francesa (modernidade) sempre em mente. C. L. R. James escreve: "O que a França revolucionária significava estava, perpetuamente, em seus lábios, em declarações públicas, em sua correspondência ... Se ele estava convencido de que Santo Domingo iria entrar em decadência sem os benefícios da conexão com os franceses, estava igualmente certo de que a escravidão não poderia jamais ser restaurada" (1938, p. 290). Ele estava, é claro, "errado". Como Bhabha coloca, ele tinha de compreender "a trágica lição de que a moral, disposição *moderna* da humanidade, cultuada sob o signo da Revolução, apenas alimenta o fator racial arcaico na sociedade da escravidão", e Bhabha pergunta: "O que aprendemos dessa consciência dividida, dessa disjunção "colonial" dos tempos modernos e de histórias coloniais e de escravos ...?" (1994, p. 244). Em outras palavras, as (algumas das) precondições materiais e os efeitos do projeto de modernidade, quando trazidos à luz pela abertura espacial, debilitam a própria estória que ele conta sobre si mesmo: "Essa reelaboração da narrativa desloca a 'estória' da modernidade capitalista de sua centralização européia para as dispersas 'periferias' globais, de uma pacífica evolução, para uma violência imposta" (Hall, 1996, p. 250). A exibição dessas precondições e efeitos revelou a modernidade como dizendo respeito, precisamente, também, ao estabelecimento de uma posição enunciativa que (i) apesar de particular, reivindica a universalidade, mas que (ii) não seria (não poderia ser), de fato, universalizada ou generalizada. De um modo mais complexo, a modernidade, aqui sob a forma da Revolução Francesa, abriu a possibilidade do questionamento de Toussaint l'Ouverture, e a rebelião dos escravos haitianos multiplicou, assim, além da Europa, as trajetórias através das quais a modernidade foi construída. Em outras palavras, um dos efeitos da modernidade foi o estabelecimento de uma relação particular de conhecimento/poder que se refletiu em uma geografia, que foi também uma geografia do poder (os poderes coloniais/os espaços colonizados) — uma geometria de poder de trajetórias entrecruzadas. E no momento pós-colonial ela voltou para ficar. Pois expor aquela geografia — pelo clamor de vozes localizadas fora (apesar de, geograficamente, muitas vezes, dentro) do espaço da modernidade com direito a falar, insistindo na multiplicidade de trajetórias — também ajudou a expor e a enfraquecer a relação poder/conhecimento.

Assim, por todas essas formas, a espacialização/globalização da história da modernidade forneceu uma explanação e, portanto, desafiou *tanto* um sistema de comando *quanto* um sistema de conhecimento e representação. E ambos os sistemas de comando e de conhecimento/poder tiveram geografias muito bem definidas. Espacializar a história da modernidade (tanto ao revelar suas espacialidades operacionais quanto ao abri-las para permitir a presença de uma multiplicidade de trajetórias) teve conseqüências — não manteve igual a história.

Além do mais, dentro da história da modernidade também se desenvolveu uma compreensão hegemônica particular da natureza do próprio espaço e da relação entre espaço e sociedade.[2] Uma característica disso foi a suposição de isomorfismo entre espaço e lugar, por um lado, e sociedade e cultura por outro.[3] Comunidades locais tinham suas localidades, culturas tinham suas regiões, e, naturalmente, nações tinham seus Estados-nações. Estava firmemente estabelecido o pressuposto de que espaço e sociedade formavam o mapa um do outro e que juntos estavam, em certo sentido, "desde o início", divididos. "Culturas", "sociedades" e "nações" eram todas imaginadas como tendo uma relação integrante com espaços delimitados, internamente coerentes e diferenciados uns dos outros pela separação. "Lugares" vieram a ser considerados delimitados com suas próprias autenticidades internamente geradas e definidos por suas diferenças em relação a outros lugares que estavam fora, além de suas fronteiras. Tratava-se de uma forma de imaginar o espaço — uma imaginação geográfica — como integrante daquilo que se tornaria um projeto para organizar o espaço global. Foi através dessa imaginação do espaço como (necessariamente por sua própria natureza) regionalizado/dividido, que o projeto (na verdade particular e altamente político) de generalização, através do globo, da forma Estado-nação, poderia ser legitimado como progresso, como "natural". E isso continua a repercutir ainda hoje. Mesmo onde há discussão (e onde não há, hoje em dia?) sobre a abertura de fronteiras, do "novo" espaço de fluxos, da transgressão de cada fronteira à vista... há, ainda, freqüentemente, ao lado disso, uma suposição de que uma vez (uma vez no tempo) esses limites eram *im*permeáveis, que não havia transgressão. Isso é uma atitude, uma cosmologia, refletida em todas aquelas nostálgicas reações à globalização que lamentam a perda das velhas coerências espaciais. Trata-se de uma nostalgia por alguma coisa que não existiu (ver também Low, 1997; Weiss, 1998),[4] uma imaginação que, tendo sido usada uma vez para legitimar a territorialização da sociedade/espaço, agora é empregada para legitimar uma reação contra a sua destruição, uma resposta à "globalização" (termo que será examinado mais tarde, mas que deve ser lido aqui com o simples sentido de aumentar os contatos e fluxos globais) que consiste em refugiar-se no seu suposto contrário: nacionalismos, paroquialismos e localismos de todo tipo. Esta reação não é do tipo "olhar-para-trás" (a exortação mais freqüentemente feita); ela está olhando para trás, para um passado que nunca existiu.

É uma resposta que aceita, sem verificação prévia, uma estória sobre o espaço que, em seu período de hegemonia, não apenas legitimava toda uma era imperialista de territorialização, mas também, em um sentido muito mais profundo, era uma forma de subjugar o espacial. Esta é uma representação *do* espaço, uma forma particular de ordenar e organizar o espaço que se recusava (se recusa) a reconhecer suas multiplicidades, suas fraturas e seu dinamismo. É uma estabilização das instabilidades inerentes e das criatividades do espaço, uma forma de chegar a um acordo com o grande "exterior". É este conceito de espaço que fornece a base para as supostas coerência, estabilidade e autenticidade para as quais há um apelo freqüente em discursos de paroquialismo e nacionalismo. É essa compreensão de espaço que vigorava, no capítulo inicial, na terceira consideração (de 1989 e tudo o mais). Ela provê, também, a base para noções muito mais comuns — persistentes e cotidianas — de que o "lugar", ou a localidade (ou mesmo o "lar"), fornece um porto seguro onde podemos nos refugiar. O que se desenvolveu dentro do projeto da modernidade, em outras palavras, foi o estabelecimento e a (tentativa de) universalização de uma maneira de imaginar o espaço (e a relação sociedade/espaço) que afirmou o constrangimento material de certas formas de organizar o espaço e a relação entre sociedade e espaço. E que ainda permanece hoje em dia.

Além disso, foi uma conceituação de espaço fortemente apoiada pelas ciências sociais. Como Gupta e Ferguson (1992) afirmam: "Representações do espaço nas ciências sociais são notavelmente dependentes das imagens de quebra, ruptura e disjunção ... A premissa de descontinuidade forma o ponto de partida de onde se teoriza contato, conflito e contradição" (p. 6).

O ponto de partida, em outras palavras, era (e ainda é), com muita freqüência, uma imaginação de espaço como já dividido em partes, de lugares que já estão separados e delimitados. Walker (1993) defendeu uma posição semelhante em relação ao Estado-nação, e a formulação da noção de "lugar" e da relação do lugar com a cultura e a sociedade teve percurso similar. Giddens, entre outros, pronunciou-se sobre a mudança da relação entre "espaço" e "lugar". Em sociedades "pré-modernas", afirma Giddens (1990), espaço era tanto local quanto lugar. Então, com a modernidade, veio a separação dos dois: espaço como o exterior de um lugar que era "específico, conhecido, familiar, delimitado" (Hall, 1992, mencionando Giddens). Hoje essa relação entre espaço e lugar, diz Giddens, está se desfazendo e ele é amplamente citado neste assunto.

Assim, muito depende, aqui, de como se lê esta argumentação. Se Giddens está repetindo o *discurso* dominante de espaço e lugar sob a modernidade (e no Ocidente, deveríamos acrescentar), então ele, certamente, apropriou-se de um entendimento comum. Mas esse próprio discurso pode ser questionado. Acima de tudo, ele faz suposições sobre sociedades "pré-modernas" e sua relação com o espaço que foram colocadas sob sérias objeções. Oakes (1993), em sua pesquisa sobre identidade de lugar na China, questiona, precisamente, a suposta unidade pretérita de espaço e lugar, e o atualmente muito comentado contraste entre um passado "espaço de lugares" e um supostamente novo "espaço de fluxos": "Ao sustentar que a 'antiga identidade entre pessoas e lugares' desapareceu, faz surpreendentemente pouca análise histórica ... quando foi que existiu a antiga comunidade 'espacialmente circunscrita'?" (p. 55). E ele argumenta, baseado em seu próprio trabalho na China, que, no passado, "Espaços culturais distintos foram mantidos ... através de conexões e não de disjunções... 'localidade' é simplesmente um componente contingencial daquele 'espaço de fluxos', e não sua antítese" (p. 63).

Há uma quantidade de questões distintas aqui. *Primeiro*, que a evidência de isolados culturais no passado, bem como qualquer simples conjunção de espaço e lugar, está sendo contestada, e contestado também, portanto, está o tipo de nítida periodização, esquematizada por Giddens e outros (o que não quer dizer, de modo algum, que não tenha havido mudanças). *Segundo*, que esse modo de pensar, em termos de espaço-dividido, é um produto do próprio projeto da modernidade (e uma fonte de algumas de suas inquietações subseqüentes). E, *terceiro*, que a fonte de especificidade cultural não está apenas no isolamento espacial e nos efeitos emergentes de processos "internos" de articulação (em que a definição de "interno" pode variar), mas também, de modo muito importante, em interações com o que está além. É tal articulação interna que (algumas vezes) domestica os produtos da interação, que permite até mesmo que importações culturais muito recentes sejam absorvidas tão facilmente como características primordiais de autenticidade (a xícara de chá inglesa, o macarrão italiano, que chegou à Itália vindo da China, e assim por diante).

O trabalho antropológico de Gupta e Ferguson segue esses argumentos e os relaciona às noções de identidade. Central no seu projeto é a necessidade de questionar o assumido isomorfismo entre espaço, lugar e cultura. Por um lado, isso significa abandonar "a premissa da descontinuidade" (isto é, tomar como ponto de partida uma imaginação do espaço como dividido) e, por outro lado, significa "repensar a diferença através da conexão" (Gupta e Ferguson, 1992, p. 8). Usando o exemplo de como "os bosquímanos" se tornaram bosquímanos (através de um processo nunca-isolado, nunca-imutável de produção da diferenciação cultural num espaço inter-relacional), eles afirmam que "Em vez de assumir a autonomia da comunidade primeva, precisamos examinar o modo pelo qual ela foi formada *como uma comunidade*, fora do espaço interconectado que já existia desde sempre" (p. 8) e, mais usualmente, escrever sobre "um processo histórico compartilhado que diferencia o mundo ao conectar-se com ele" (p. 16). (Edwin Wilmsen [1989] produziu um estudo detalhado dos lugares e povos dessa parte do sul da África, e seu argumento, também, é de que há evidência de interconexão há mais de um milênio [contas de vidro testemunham o contato com a Ásia], de que categorias aceitas e "autenticidades" precisam ser questionadas, e de que atribuições atuais, como as de remoto e isolado, foram produzidas, tanto discursiva quanto materialmente, através do colonialismo.) Tudo isto é, agora, tanto repetido com freqüência na teoria quanto freqüentemente ignorado na prática.

Gupta e Ferguson admitiram, prontamente, a dificuldade do projeto, a dificuldade de nos desvencilharmos de uma concepção espacial com a qual já nos acostumamos há tanto tempo. Mas a importância de fazê-lo é, essencialmente, política. Em uma frase que, nessa esfera de diferenciação cultural global, é análoga aos argumentos de Butler sobre identidade pessoal e de grupo, eles escrevem: "a conjetura de que espaços são autônomos permitiu ao poder da topografia ocultar, com sucesso, a topografia do poder" (p. 8).

Europe and the people without history, de Eric Wolf (1982), foi da maior importância para tudo isto. O alvo de Wolf, mais uma vez, foi a antropologia. Por um lado, ele afirma, a antropologia adotou uma prática de estudos locais e assumiu que essa base (de fato, sua própria) se relaciona, sem ambigüidades, com os fenômenos que ela se propõe estudar. Através da lente de estudos locais, o que os próprios antropólogos imaginam ter encontrado são "isolados [*isolates*] primitivos". Por outro lado, tendo identificado essas sociedades definidas-pelo-lugar, afirma Wolf, os antropólogos prosseguiram no sentido de presumi-las como "originais pré-capitalistas". Para Wolf, não são nada disso. Elas não apenas são, com muita freqüência, precisamente os produtos do contato, através da expansão da Europa (e assim, de modo algum pré-qualquer coisa, tal como 1492), como também não existe aí algo como um "original". Assim, "Por toda parte nesse mundo de 1400 [i.e., antes do contato com a Europa], populações existiam em interconexões" e "Se havia quaisquer sociedades isoladas, essas eram apenas fenômenos temporários — um grupo afastado até o limite de uma zona de interação e deixado por si mesmo, por um breve momento no tempo. Assim, o modelo do cientista social de sistemas distintos e separados e de um presente etnográfico atemporal de 'pré-contato' não representa, de forma adequada, a situação antes da expansão européia" (p. 71).

Tanto o espaço quanto o tempo estão em jogo aqui. As especificidades do espaço são um produto de inter-relações — conexões e desconexões — e seus efeitos (combinatórios). Nem sociedade nem lugares são vistos como tendo qualquer autenticidade atemporal. Eles são e sempre foram interconectados e dinâmicos. Como Althusser costumava dizer, "não há ponto de partida".

A conceituação de espaço moderna, territorial, compreende a diferença geográfica como sendo constituída, primariamente, através de isolamento e separação. A variação geográfica é pré-constitutiva. Primeiro as diferenças entre lugares existem, e então esses diferentes lugares entram em contato. As diferenças são conseqüência de características internas. Isto é uma visão essencialista, tipo bola-de-bilhar, de lugar. É, também, uma conceituação tabular de espaço. Vai claramente contra a prescrição de que o espaço seja pensado como um produto emergente de relações, incluindo as relações que estabelecem limites e em que "lugar", em conseqüência, é, necessariamente, lugar de *encontro,* em que a "diferença" de um lugar tem de ser conceituada, mais no sentido inefável da constante emergência da unicidade [*uniqueness*], fora de (e dentro de) constelações específicas de inter-relações, dentro das quais esse lugar é colocado (a impossibilidade de uma *"posição que não é ainda uma relação"* — Kamuf, 1991, p. xv), e do que é feito dessa constelação. Esta última é uma especificidade que é elaborada por Oakes, Wolf, Wilmsen... como processo, como a constante produção do novo, nem uma emergência essencializada de uma origem, nem o produto de uma espacialização, no sentido de expulsão, ou tentativa de purificação, e isso indica o caráter duvidoso dessa dualidade tão popular e tão persistente — entre espaço e lugar.

Além disso, sob a modernidade, não apenas o espaço foi concebido como dividido em lugares delimitados, como esse sistema de diferenciação foi também organizado de uma maneira particular. Resumindo, a diferença espacial era concebida em termos de seqüência temporal. "Lugares" diferentes eram interpretados como estágios diferentes em um único desenvolvimento temporal. Todas as estórias de progresso unilinear, modernização, desenvolvimento, a seqüência de modos de produção... representavam essa operação. A Europa Ocidental é "avançada", outras partes do mundo encontram-se "um pouco atrás", e outras, ainda, são "atrasadas". "A África" não é *diferente* da Europa Ocidental, é (apenas) atrasada. (Ou talvez seja, sem dúvida, apenas diferente *de*; não lhe é concedida sua própria unicidade [*uniqueness*], sua existência coetânea.) Aquela transformação da geografia do mundo na (única) história do mundo está implícita em muitas versões da política modernista, desde a liberal progressista até algumas marxistas. Requalificar eufemisticamente "atrasado" como "em desenvolvimento", e assim por diante, não contribui em nada para alterar o significado, e a importação da manobra fundamental: a de tornar a heterogenia espacial coexistente uma única série temporal.

Nessas circunstâncias, essa manobra característica da modernidade é, freqüentemente, reconhecida e é uma manobra com implicações muito claras. Nessas concepções de progresso singular (quaisquer que sejam suas nuanças), a própria temporalidade não é efetivamente aberta. O futuro já está contado, de antemão, inscrito na estória. Essa é, portanto, uma temporalidade que, de qualquer forma, não tem nenhuma das características de eventualidade, ou de novidade. Nem corresponde às exigências de que o espaço seja sempre e para sempre aberto, em um constante processo de fazer-se.

A concepção temporal do espaço, assim, reelabora a natureza da diferença. A heterogeneidade coexistente é apresentada como (reduzida a) um lugar na fila histórica. Como Sakai (1989) escreve, a história "não é apenas temporal ou cronológica, mas também espacial e relacional. A condição para a possibilidade de conceber a história como uma série linear e evolucionária de incidentes jaz em sua não tematizada relação com outras histórias, com outras temporalidades *coexistentes*" (p. 106; itálico no original). Este é um ato que impede a mensuração plena das diferenças em pauta. Trata-se de um ponto explorado, embora com uma inflexão diferente, por Johannes Fabian em relação à antropologia. Para ele, o aspecto crucial da manobra é que os antropólogos, ao colocarem "aqueles que são observados" em um tempo diferente do "Tempo do observador" (1983, p. 25) "sancionaram um processo ideológico pelo qual relações entre o Ocidente e seu Outro, entre a antropologia e seu objeto, foram pensadas não apenas como diferença, mas como distância no espaço *e* no Tempo" (p. 147; itálico no original). "O Tempo é utilizado para criar distância na antropologia contemporânea" (p. 28). Aqui, então, (i) conceituações de espaço e tempo (o que Fabian adequadamente apresenta como "cosmologias políticas") são centrais para a construção de uma forma particular de poder/conhecimento. Como Hall, Fabian insiste no colonialismo, tanto como um sistema de comando quanto como um sistema de poder/conhecimento, e é a este último aspecto de "cumplicidade cognitiva" (p. 35) que ele notadamente se dirige. Além do mais, (ii) a concepção temporal do espaço está sendo, aqui, usada para *aumentar* a distância. Especificamente, ela desloca o objeto de estudo para uma remoção conveniente do lugar de origem do olhar científico (o que é cotidianamente desmentido pela prática de trabalho de campo do antropólogo, e, assim, *falar* efetivamente a este outro, temporalmente distante, cria uma tensão [desprovida de viagem no tempo], central para o argumento de Fabian). No entanto, (iii) como nas estratégias similares das narrativas modernistas, esse maior distanciamento tem o efeito de *reduzir* a realidade (se poderia dizer o desafio) da diferença. Mais uma vez, o que está ocorrendo aqui é a subjugação do espaço. A supressão do que ele nos apresenta: a multiplicidade efetivamente existente. A recusa em enfrentar corajosamente o espaço como o oposto de "o morto, o fixo, o imóvel". O objeto do olhar antropológico, como Fabian coloca, não é lá e então, mas lá e *agora*, e esse é um desafio muito maior.[5] Diferença/heterogeneidade, aqui, não estão apenas perfeitamente organizadas em seus espaços delimitados, mas também relegadas ao ("nosso") passado. A concepção temporal de espaço modernista, antropológica e, como veremos, ainda muito viva, recusa-se a reconhecer o que Fabian chama de "coetaneidade". Ele escreve: "a coetaneidade tem como objetivo reconhecer a contemporaneidade como a condição para o verdadeiro confronto dialético" (p. 154) e "O que se opõe ... não são as mesmas sociedades em diferentes estágios de desenvolvimento, mas diferentes sociedades, confrontando-se uma com a outra ao mesmo Tempo" (p. 155). É importante enfatizar que essa contemporaneidade radical *não* implica uma diferença radical romantizada/exótica nem uma negação branda e relativista de que existam, de qualquer forma, coisas como, digamos, "progresso" ou "desenvolvimento". O que pode ser criticado neste último são os pressupostos de singularidade e uma falta de democracia em sua determinação. Coetaneidade diz respeito a uma postura de reconhecimento e respeito em situações de implicação mútua. É um espaço imaginativo de envolvimento: fala de uma atitude. E é informado por uma conceituação prática de espaço e tempo. É um ato político. "A ausência do Outro de nosso Tempo tem sido seu método de presença em nosso discurso — como um objeto e vítima. Isto é o que precisa ser vencido; mais etnografia do Tempo não vai mudar a situação" (p. 154). Fabian escreve sobre "a negação da coetaneidade que tudo atravessa — que, fundamentalmente, é a expressão de um mito cosmológico de assustadora magnitude e persistência" (p. 35). Isto nos desafia a adotar aquela atitude de mentalidade aberta [*outwardlookingness*] que foi mencionada na Parte *Dois*. "A contemporaneidade radical da humanidade é um projeto" (p. xi), escreve Fabian. Esta é uma proposição extremamente importante. Pois apesar de que, quando confrontados explicitamente com o tema, os argumentos contra ela possam parecer auto-evidentes, a mobilização da heterogeneidade em uma seqüência temporal ainda é, porém, como será discutido, um aspecto constante das "cosmologias políticas".

Os diferentes aspectos dessa subjugação do espacial estão conectados. A falta de abertura do futuro para os que estão "atrás" nessa fila é uma função da singularidade da trajetória. Ironicamente, essa concepção temporal da geografia da modernidade não apenas é uma repressão do espacial, como é também a repressão da possibilidade de outras temporalidades. A concepção temporal da geografia da modernidade, há muito hegemônica, impõe a repressão da possibilidade de outras trajetórias (outras, isto é, diferentes do imponente progresso em direção à modernidade/modernização/desenvolvimento no modelo ocidental europeu).[6] Trata-se de uma repressão que pode ser vista como um tipo de contraponto inicial para provocar o *fim* da modernidade — se assim podemos dizer — pela denominada "chegada das margens ao centro". E, desse modo, isso explica por que esta chegada e a reafirmação que a acompanha da profundidade das diferenças em pauta surgiram como um choque para o Ocidente. Reescrevê-la, utilizando a terminologia de Fabian, não exigiu a mera chegada do que tem sido, freqüentemente, chamado de "as margens" (um conceito espacial), mas a chegada dos povos provenientes *do passado*. A distância foi, subitamente, erradicada, tanto espacial *quanto* temporalmente. A migração foi, desse modo, uma afirmação da coetaneidade. Além do mais, e pelos mesmos meios, a repressão do espacial foi delimitada com o estabelecimento dos universais fundantes (e *vice-versa*), a repressão da possibilidade de trajetórias múltiplas e a negativa da real diferença de outros. Em uma grande variedade de formas, o que estava em jogo era o estabelecimento de uma geografia do conhecimento/poder. Ainda assim, era também uma geografia profundamente irônica, pois o que ela implicava era, necessariamente, a supressão dos reais desafios do espaço.

Há mais uma reviravolta. No capítulo anterior foi explorada a noção, muito estranha, de que o espaço conquista o tempo. Supõe-se que o faça, sugiro, através da igualmente suposta equivalência entre espaço e representação. A espacialização, sob o pretexto da escritura do temporal, conquista o tempo. Retira a vida do mundo essencialmente temporal. (Meu argumento, em resposta, foi o de que o equívoco aqui foi o da equivalência entre representação e espaço — que, enquanto a representação do tempo poderia retirar a vida do tempo, a equiparação entre representação e espaço retiraria a vida do espaço. Temos todo um cemitério de dimensões em nossas mãos.) Além do mais, e precisamente como resultado dessa formulação, é alegado, freqüentemente, que o oposto não pode acontecer: o espaço pode conquistar o tempo, mas o tempo não pode conquistar o espaço: "o oposto não é possível: o tempo não pode hegemonizar coisa alguma" (Laclau, 1990, p. 42).

Porém, o oposto *já* aconteceu e continua a acontecer, e com importantes conseqüências. Em muitos desses discursos sobre a modernidade, as diferenças contemporâneas foram conceituadas como seqüência temporal.[7] As multiplicidades do espacial foram apresentadas como meros estágios na fila do tempo. É uma vitória discursiva do tempo sobre o espaço. (Naturalmente, ainda seria possível, para os intransigentes, sustentar que aqui não há contradição, que a representação *como tal* é ainda espacialização — apenas acontece que esta representação particular mobilizou o tempo para representar o espaço. Kern (1983) efetivamente recorre a esse argumento. A atormentada complexidade desse debate indica a dificuldade com a equiparação inicial entre representação e espaço.) Isto, então, é bem o oposto da abordagem habitual. Aqui a representação do *espaço* acontece através de sua concepção como uma seqüência temporal. O desafio do espaço é tratado através de uma imaginação do tempo. Nesses discursos da modernidade havia *uma* estória, a de que os países/povos/culturas "avançados" possuíam a liderança. Havia apenas uma história. A verdadeira importância da espacialidade, a possibilidade de múltiplas narrativas fora perdida. A regulação do mundo em uma trajetória única, *via* a concepção temporal do espaço, era, e ainda freqüentemente é, um meio de recusar-se a tratar a multiplicidade essencial do espacial. Trata-se da imposição de um único universal.

Este tipo de espaço da modernidade, em outras palavras, não vê o espaço como emergindo de uma interação nem como a esfera da multiplicidade, nem como essencialmente aberto e em contínuo desenvolvimento. É uma subjugação do desafio do espacial. Trata-se de uma vitória do tempo sobre o espaço, muito mais profunda do que a sua tão freqüentemente mencionada despriorização. "O reconhecimento da espacialidade" envolve (poderia envolver) o reconhecimento da coetaneidade, a existência de trajetórias que têm, pelo menos, algum grau de autonomia uma em relação à outra (que não são simplesmente alinháveis em uma estória linear). Isto é o que defenderei a seguir. Nesta leitura, o espacial é, crucialmente, o reino da configuração de narrativas potencialmente dissonantes (ou concordantes). Lugares, em vez de serem localizações de coerência, tornam-se os focos do encontro e do não-encontro do previamente não-relacionado e assim essenciais para a geração do novo. O espacial, em seu papel de trazer distintas temporalidades para novas configurações, desencadeia novos processos sociais. E isto, por sua vez, enfatiza a natureza das narrativas, do próprio tempo, como se referindo não ao desenrolar de alguma estória internalizada (algumas identidades preestabelecidas) — a estória autoproduzida da Europa —, mas à interação e *ao processo da constituição de* identidades — a noção reformulada de (das multiplicidades de) colonização.

(Confiar na ciência? 2)

A concepção modernista de Estados-nações ou de isolados culturais combina com a visão de mundo tipo bola-de-bilhar proposta pela mecânica física. Primeiro, as entidades existem em suas plenas identidades, e então começam a interagir. Há um dentro e um fora distintos. Trata-se de uma analogia útil. O *movimento em direção a identidades relacionais, a futuros ilimitados e outros, pode, da mesma maneira, ser lido como análogo a desenvolvimentos subseqüentes nas ciências naturais.*

Muitos seguiram esse passo e minhas dúvidas surgem apenas onde os paralelos parecem ser pensados como muito mais do que analogias provocativas. A dubiedade das tentativas de recorrer às ciências naturais como alguma forma de legitimação final já foi discutida na Parte Dois. *(A referência reverente: "Tem de estar certo porque a física afirma" etc.) É terreno instável para nele apoiarmos o nosso caso. É raro que se possa, inequivocamente, apelar para, digamos, "recentes desenvolvimentos na física" como prova ou demonstração de um argumento em outro campo, pois tais desenvolvimentos estão, freqüentemente, eles próprios, sujeitos a violentos debates. Pense, por exemplo, nas disputas em torno da teoria quântica ou da evolução. Dado o tipo de imaginação de espaço que estou propondo, eu poderia facilmente apelar para testemunhas em algum ramo das ciências naturais, a fim de corroborar meu argumento. Mas poderia, também — para ser mais honesta —, encontrar um punhado de cientistas naturais que propõem um ponto de vista bem ao contrário. E, dentro das ciências naturais, não tenho competência para julgar. Talvez, portanto, não devamos recorrer a táticas que, em realidade, consistem em escolher para citação nosso cientista favorito ou mais "*hard*", mais compatível.*

Além disso, é mais sensato considerar as tentativas anteriores de adotar essa estratégia. Presumivelmente, aqueles que seguiram entusiasticamente os primeiros cientistas eram tão confiantes e entusiasmados quanto o são os expoentes e os que adotaram as preferências da atual teoria da complexidade. No entanto, consideremos o que Fabian tem a dizer sobre as raízes da cosmologia política modernista (ele está considerando, principalmente, o tempo) em uma combinação das então novas ciências evolucionistas e o "fisicalismo newtoniano":

O uso do Tempo em antropologia evolucionista, modelado no da história natural, foi, sem dúvida, um passo além das concepções pré-modernas. Mas pode, agora, ser argumentado que a adoção indiscriminada de modelos (e de suas expressões retóricas no discurso antropológico) da física e da geologia foi, para uma ciência do homem, desafortunadamente regressiva em termos intelectuais e muito reacionária em termos políticos (1983, p. 16).

Tendo explicado, em detalhes, o que considera algumas dessas implicações regressivas, ele observa:

Isso foi politicamente muito mais reacionário porque pretendia basear-se em princípios estritamente científicos, portanto, universalmente válidos (p. 17).

Talvez, também, no caso do espaço, a legitimidade científica de uma imaginação atomista tenha sido de vital importância ao fornecer uma base para a cosmologia de um espaço essencialmente regionalizado, para alegações de pertencimento essencialista de um povo em relação a seu lugar, para a necessidade de limites contra incursões de um exterior essencialmente estrangeiro, para os inumeráveis mitos de origem telúrica... e assim por diante.

Fabian sugere uma possível repercussão política adicional dessa confiança na ciência, que nos leva de volta, tanto para a concepção temporal da diferença espacial quanto, mais longe, mais uma vez, para o encontro de Montezuma e Cortés. Ele considerava, neste ponto, a idéia de "Tempo Físico":

Nas mãos dos ideólogos tal conceito de tempo é transformado, facilmente, em um tipo de física política. Afinal de contas, não é difícil transpor da física para a política uma das regras mais antigas, que declara que é impossível para dois corpos ocuparem o mesmo espaço ao mesmo tempo. Quando, no decorrer da expansão colonial, o corpo político ocidental veio a ocupar, literalmente, o mesmo espaço de um corpo autóctone, foram concebidas várias alternativas para lidar com aquela violação da regra. A mais simples, se pensarmos na América do Norte e na Austrália, foi, naturalmente, mover ou remover o outro corpo. Outra é pretender que o espaço esteja sendo dividido e distribuído para separar corpos. Os governantes da África do Sul agarram-se a esta solução [isto foi publicado em 1983]. Mais freqüentemente, a estratégia favorita tem sido, simplesmente, manipular a outra variável — Tempo. Com a ajuda de vários esquemas de seqüenciamento e distanciamento atribuiu-se às populações conquistadas um Tempo diferente *(1983, pp. 29-30; destaque no original).*

Não se pode, de maneira alguma, argumentar contra a interlocução entre diferentes campos (Massey, 1996b). Mas devem-se recomendar cautela e, da maior importância, uma percepção explícita dos termos da conversação. À luz dessa história há a necessidade de ser cauteloso sobre a atual fascinação com a teoria da complexidade, os fractais, a mecânica quântica e o resto. Não apenas essa versão das coisas, como as anteriores, poderia desaparecer gradualmente, ou se tornar apenas uma parte da estória, mas também precisamos estar absolutamente conscientes de suas potenciais implicações políticas. Há muitos que são, agora, altamente críticos em relação a muitas leituras anteriores. Os que adotam o que Robbins vê como "O desprezo irrefletido pela modernidade entre os intelectuais ocidentais" (1999, p. 112), deveriam estar conscientes de que a mesma rejeição pode aguardar sua própria posição, uma ou duas gerações depois. Uma das críticas de Fabian à estratégia da antropologia (o modo com que ela era "intelectualmente regressiva") é que estava, simplesmente fora de moda em sua confiabilidade na ciência: "a antropologia alcançou sua respeitabilidade científica ao adotar um fisicalismo essencialmente newtoniano, (...) em um momento perto do fim do século XIX, quando os esboços da física pós-newtoniana (...) eram, claramente, visíveis" (p. 16). Esses escritores pós-modernos nas ciências sociais e nas humanidades que, hoje, com o mesmo grau de entusiasmo, repousam suas questões junto às "novas ciências", deveriam tanto estar alertas para esta história quanto lembrar, também, que a aceitação irrefletida, enquanto oposta ao engajamento ativo, foi precisamente o tipo de estratégia que aquele filósofo maravilhosamente nômade, Henri Bergson, não *adotou.*

(A representação, mais uma vez, e as geografias da produção do conhecimento 1)

A era da ciência clássica foi, também, associada a uma concepção dominante de certos aspectos do que poderia ser chamado de geografia da produção do conhecimento. E, mais uma vez, essas características seriam imitadas por uma ciência social, em reverência a seu vizinho do outro lado do campus. Isabelle Stengers (1997) relata, em detalhe, a escolha que os físicos fizeram, segundo ela, entre Einstein e Kepler. Eles escolheram Einstein e com ele uma compreensão da física preocupada com as "leis fundamentais". As leis fundamentais por oposição *ao "meramente fenomenológico", a desorganização do "mundo real". Eles também decidiram, além disso, que* todas *as coisas — inclusive essas coisas fenomenológicas desorganizadas — eram, no fim, responsáveis pelas leis fundamentais (qualquer incapacidade real de, efetivamente, levar isso a cabo foi atribuída ao fato de que a ciência "ainda" não tinha chegado lá). No final do século XIX, no entanto (e o trabalho de Ludwig Boltzmann é um clássico mencionado aqui como de especial importância), essa formulação já estava surgindo contra a questão do tempo ... "os físicos perceberam que as leis que eles tinham aceitado como verdadeiras durante, aproximadamente, dois séculos e aceitado como fundamentais não lhes permitiam distinguir entre antes e depois!" (Stengers, p. 23). E assim começaram as acirradas controvérsias mencionadas na Parte* Dois. *Mas o que é relevante aqui é que essa opção pelas leis fundamentais representou um entendimento da ciência como uma forma particular de abstração do "mundo real" meramente fenomenal. A* forma *da divergência é que é importante: essas leis foram removidas de sua corporeidade* [embodiment] *e encapsuladas na linguagem, nos códigos, equivalências e* representações, *que eram, então, consideradas o lugar de origem. N. Katherine Hayles chama isto de rebatimento platônico:* "O rebatimento platônico funciona inferindo, a partir da multiplicidade ruidosa do mundo, uma abstração simplificada. Até aí tudo bem: isto é o que a teorização deveria fazer. O problema surge quando o movimento anda em círculos para constituir a abstração como a forma original da qual deriva a multiplicidade do mundo" (1999, p. 12).*

Há outros tipos de lacunas, também. Quando concebemos diferenças espaciais em termos de seqüências temporais, como fazem/fizeram tantas narrativas

---

* *Platonic backhand* no original. (N.T.)

modernistas, estamos reprimindo a realidade dessas diferenças. Mas há outro processo também em ação. Para Fabian e para muitos outros, o ponto crucial é que essa manobra articula a relação de conhecimento. Ela estabelece uma geografia (assim como a temporalidade de Fabian) da produção do conhecimento. É um ato de distanciamento, a criação de um tipo específico de separação. O aspecto mais importante disto é que o processo de tornar-se um produtor de conhecimento (e uma pessoa que define e é guardiã dos tipos de coisas tidas como conhecimento) envolve colocar-se a distância em relação às coisas que se está estudando. Como Fabian salienta, as manobras da antropologia para se distanciar mais de seu objeto de estudo não eram/são específicas àquela disciplina: "Afinal de contas, apenas parecemos estar fazendo o que outras ciências fazem: manter o sujeito e o objeto separados" (1983, p. xii) — mantendo uma distância entre o (assim chamado) "conhecedor" e o "conhecido" (ditto)*. É uma separação que pode — como neste caso — ser produzida conceitualmente (aqui pela remoção do conhecido para outro tempo). Mas também pode ser produzida materialmente. Desde os padres do deserto (Waddell, 1987), através de vários lugares especializados (leia-se exclusivos e excludentes) de produção do conhecimento ocidentais — os mosteiros, as primeiras universidades (e, alguns diriam, muitas das universidades de hoje) até as novas localizações da elite, tais como tecnopolos e o vale do Silício —, há uma geografia social de produção do conhecimento (elite historicamente quase toda masculina) que ganhou (e continua a ganhar) pelo menos uma parte de seu prestígio do diferencial e da exclusividade de sua espacialidade (Massey, 1997b; Massey et al., 1992). A própria localização física reflete e reforça a estrutura de produção do conhecimento que está se efetivando dentro dela (Massey, 1995b). Além do mais, as estruturas espaciais da produção de conhecimento que assumem um distanciamento radical entre o conhecedor e o conhecido são, precisamente, aquelas através das quais a equivalência entre representação e espacialização pode ser confirmada.*

O modo particular pelo qual Fabian interpreta esse fato como acontecendo dentro da antropologia é a construção do conhecimento através de taxonomias. Outros efetuaram um ponto semelhante em um contexto mais geral. É através da construção de taxonomias (via *distanciamento e visualização) que se faz possível a representação através do mapeamento, da ordenação e da escritura. Fabian escreve, freqüentemente, sobre espaço taxonômico (ou, em relação ao estruturalismo, espaço "tabular", segundo Foucault) e ele o distingue do espaço ecológico ou "espaço" real, talvez o espaço dos geógrafos humanos" (p. 54). O lamentável nisso tudo é que a reputação do primeiro fez o segundo perder o brilho.*

A união de todas essas diferentes manipulações do termo espaço conduz a algumas possibilidades sugestivas, mencionadas na Parte Dois*. A geografia* *da produção do conhecimento está intimamente relacionada com a questão do que é compreendido como representação (Latour, 1999b). Assim, Fabian, entre muitos outros, exorta: "O que deve ser desenvolvido são os elementos de uma teoria* processual e materialista, *apta a contra-atacar a hegemonia das abordagens taxonômicas e representacionais, que são identificadas como as principais fontes da orientação alocrônica da antropologia" (1983, p. 156; destaques no original).*[8] *E o que Stengers está procurando é uma ciência que rejeite o binarismo fundamental-fenomenal, que considere seriamente a irreversibilidade (e indeterminação) temporal — "a física dos processos não pode ser reduzida à física dos estados" (1997, p. 65) — e uma ciência que, apesar de, definitivamente, ser uma forma* específica *de prática, está, de forma explícita, embutida socialmente. Thrift (1996), entre outros, tem tentado trabalhar em direção a uma teoria não-representacional em geografia. Talvez essas mudanças nas espacialidades implícitas da relação de conhecimento possam ajudar, mais adiante, na liberação do "espaço" de suas antigas associações. E então, talvez, em vez disso, possamos nos voltar em direção a algo muito mais complicado, intratável e desafiador, "o espaço real, o espaço dos geógrafos humanos". E algo, aí, que poderia imediatamente nos ocorrer, seria a necessidade de pensar nos enclausuramentos exclusivistas e elitistas, dentro dos quais ainda acontece grande parte da produção do que é definido como conhecimento legítimo.*

7 instantaneidade / sem profundidade

Vivemos, dizem alguns, em uma era espacial. Há uma imaginação da globalização que a retrata como um mundo totalmente integrado. De um mundo estruturado e já ocupado pela história, caímos em uma horizontalidade sem profundidade de conexões imediatas. Um mundo, diz-se, que é puramente espacial. (Com uma gostosa ironia, Grossberg argumenta que mesmo esta afirmação de repriorização do espaço ainda é escrava da temporalidade. Esta "estratégia torna cronológico o espaço: por exemplo, dando novamente privilégio à história no agenciamento que substituiu a história pela geografia. Esta é a estratégia da maior parte dos chamados "pós-modernismos" (1996, p. 177). Mesmo mais ironicamente, seria possível acrescentar que esta é uma formulação que lida com uma história singular.)

Na forma mais extrema desta abordagem do atual estado de coisas está uma imaginação de instantaneidade — de um único presente global. Ele se expressa em uma quantidade de formas: em acontecimentos midiáticos globais — a morte da Princesa Diana, os Jogos Olímpicos, ou os acontecimentos da Praça Tiananmen; aparece em discursos sobre a aldeia global e, provavelmente, nas proposições de um cômodo multiculturalismo-através-dos-continentes em uma infinidade de estratégias de publicidade. O extremo da instantaneidade relembra, mais uma vez, e sob novo disfarce, o espaço como a coerência sem costuras de uma estrutura estruturalista, o corte essencial de uma fatia através do tempo. Nessa formulação a temporalidade torna-se impossível — como passar entre uma série de presentes autocontidos? A história se torna impensável. Em conseqüência disso, a apreensão da falta de profundidade. Isto, no entanto, postula duas alternativas mutuamente excludentes — uma apreciação do temporal e uma consciência da conectividade instantânea do espaço. São tomadas não simplesmente como mutuamente excludentes, de modo empírico, mas como, por definição, contrapostas. A instantaneidade é espacial e, portanto, não pode ser temporal (já encontramos esta súbita transição anteriormente). Mais uma vez, é deixar de imaginar a interconectividade do espacial, não como entre coisas estáticas, mas entre movimentos, entre uma pluralidade de trajetórias. Não há dúvida de que "a nova falta de profundidade" apresenta problemas para se pensar historicamente. Mas também apresenta problemas para se pensar espacialmente. Assim como o tempo não pode, de maneira adequada, ser conceituado sem um reconhecimento das multiplicidades (espaciais) através das quais ele é gerado, também o espaço não pode ser imaginado, de forma adequada, como a estase de uma instantaneidade sem profundidade, totalmente interconectada. Qualquer suposição de uma instantaneidade fechada não apenas nega ao espaço o aspecto essencial de seu próprio constante devir como nega, também, ao tempo sua própria possibilidade de complexidade/multiplicidade. Ler a interconectividade como a instantaneidade de uma superfície fechada (a morada-prisão da sincronia) é, precisamente, ignorar a possibilidade de uma multiplicidade de trajetórias/temporalidades. Se esta é a imaginação que deve substituir o alinhamento temporal das regiões modernistas, então é um movimento direto, através de um mundo do tipo bola-de-bilhar, de lugares essencializados em um holismo claustrofóbico, no qual tudo, por toda a parte, já está ligado com tudo. E, mais uma vez, ele não deixa abertura para uma política ativa.

Não há, naturalmente, nenhum momento único global integrado. A análise dos acontecimentos midiáticos globais de McKenzie Wark (1994) demonstra a natureza complexa, desigual e, espacialmente diferenciada, de sua construção (e a ênfase na construção é importante). A natureza heterogênea da articulação do mundo nessas constelações temporárias de tempo-espaço serve para salientar a importância da multiplicidade, mais do que para indicar a sua eliminação. Certamente, a construção desses acontecimentos midiáticos *enquanto* globais é precisamente um resultado das interseções dentro dessa multiplicidade. Trata-se de "lugares" construídos de geografias virtuais:

> Um sítio urbano fragrante, com significados simbólicos; um regime político panóptico tentando conter seu próprio poder frente a uma modernidade que ele tanto ardentemente deseja quanto, resolutamente, rejeita; a presença da mídia ocidental com seus vetores de informação global: a Praça Tiananmen em abril, maio e junho de 1989 foi uma encruzilhada metafórica para a interseção de diversas forças, seguindo diferentes trajetórias em

diferentes velocidades. Nas palavras de Lênin, é formada uma conjuntura; nas de Althusser, um ponto de sobredeterminação (p. 127).

E, de qualquer forma, entender a globalização como uma instantaneidade acabada é ambíguo desde o início. Por um lado, freqüentemente, é alegado que já está conosco, pelo menos implicitamente. Por outro, é a própria promessa de um futuro-por-vir, que se diz que a globalização sustenta. E esta última proposição permite que aqueles que "ainda" não estão integrados nessa única globalidade sejam descritos como atrasados, como ainda, temporariamente, "atrás". Nesta formulação dupla, a temporalidade singular, que é o pressuposto da concepção da diferença espacial enquanto seqüência temporal, encontrará sua consumação na temporalidade única de um presente global unificado.

É precisamente essa mudança de vertical para horizontal, se quiserem, que é discutida por Fredric Jameson (1991) para caracterizar o movimento do moderno para o pós-moderno. Enquanto, durante o período moderno, a própria sobrevivência da "natureza" do "campo tradicional e da agricultura tradicional" (p. 311), isto é, do próprio "desenvolvimento desigual" (p. 366), fornecia as condições para uma idéia de historicidade, do novo e, certamente, da noção de "eras", com o advento do "capitalismo tardio" que Jameson vê como o fundamento econômico do pós-moderno,

> a modernização triunfa e erradica completamente o velho: a natureza é eliminada junto com o campo e a agricultura tradicionais, mesmo os monumentos históricos que sobreviveram, agora completamente limpos, tornam-se resplandecentes simulacros do passado e não sua sobrevivência. Agora tudo é novo, mas, pelo mesmo testemunho, a própria categoria do novo, assim, perde seu significado ... (p. 311).

Não obstante a base empírica desta proposta, é importante notar seu alicerce conceitual. Pela leitura que Jameson faz do moderno, as diferenças realmente existentes, tal como o desenvolvimento desigual, são caracterizadas temporalmente: constituem resíduos, eles "nos" emprestam uma noção de história (de onde viemos) e, correlativamente, do novo e do futuro. Aqui há apenas uma trajetória. Sob esta leitura de *pós*-modernidade, pelo fato de os retardatários agora alcançarem (os outros) ou terem sido obliterados ou transformados em simulacros, estamos todos em um tempo único, que é o presente, uma condição que, por sua vez, torna completamente impossível, para nós, termos qualquer sentido de temporalidade, de história:

> o pós-moderno deve ser caracterizado como uma situação na qual a sobrevivência, o resíduo, o remanescente, o arcaico, foram finalmente varridos para longe, sem deixar traço. No pós-moderno, então, o próprio passado desapareceu (junto com o bem conhecido "sentido do passado" ou historicidade e memória coletiva) ... A nossa é uma condição modernizada de forma mais homogênea; já não somos estorvados pelo embaraço de não-simultaneidades e não-sincronicidades. Tudo alcançou a mesma hora no grande relógio do desenvolvimento ou da racionalização (pelo menos da perspectiva do "Ocidente") (pp. 309-10).

Embora eu não queira contrariar o diagnóstico de Jameson das cosmologias políticas pós-modernas (ou modernas), é importante revelar aqui o que está acontecendo. Este tempo único, atemporal, é chamado por Jameson de "espaço": "Portanto, mesmo se tudo é espacial, esta realidade pós-moderna é, de algum modo, mais espacial do que tudo o mais" (p. 365). Este é o espaço como estase, equivalente a sem profundidade.

Jameson também contrapõe espaço como uma sincronia fechada (o pós-moderno) ao espaço concebido em uma única linearidade temporal (o moderno). Para mim, nenhuma delas é uma formulação adequada de espaço ou de tempo. A resposta de Jameson a um mundo sem profundidade, como ele o vê, é sua substituição por um mundo em que a profundidade toma a forma de uma história única, que organiza a diferença espacial. Nós precisamos, certamente, de uma nova imaginação e não de um retorno àquela concepção temporalmente regionalizadora da modernidade, que não fornece uma alternativa política adequada. A mudança de ponto de vista, tão comum nas comparações entre modernidade e pós-modernidade, entre *uma* história e *não* histórias, entre uma única estória (progressiva) e uma sem profundidade sincrônica, em ambas as eras, ainda que por meio de formas completamente diferentes, nega o verdadeiro desafio do espacial.

Mas as razões de Jameson para essa manobra, seu desejo de retornar a uma história ordenada única, são, também, importantes de se assinalar. Para ele, a multiplicidade pode provocar o terror. Para Jameson, se não compreendemos o mundo em termos de algum dominante cultural, "então caímos em uma visão da história atual como pura heterogeneidade, diferença aleatória, coexistência de uma enormidade de forças distintas, cuja efetividade é indizível" (p. 6) (espere: por que a heterogeneidade tem de ser absoluta, ou a diferença, aleatória, ou a falta de uma força dominante única tornar tudo indizível?); isto nos deixa com a "confusão de uma existência dispersa" (p. 117) e com — aquele outro aspecto de um afastamento da espacialidade moderna — "o estranho sentimento novo de uma ausência de dentro e fora" (p. 117) " ... a retirada da segurança da terra newtoniana" (p. 116).

Todavia, conquanto os termos de sua resposta possam ser discutidos, Jameson, aqui, está alerta para os aspectos do desafio de um pleno reconhecimento do espacial. E um elemento especialmente fascinante de sua análise é, sem dúvida, a ligação que ele faz entre a nova consciência dessa heterogeneidade maciça e o que ele chama de "as demografias do pós-moderno" (p. 356). Em algumas maravilhosas passagens ele escreve que "O Ocidente ... tem a impressão de que, sem muito aviso e inesperadamente, confronta-se agora com uma série de indivíduos e sujeitos coletivos genuínos que não estavam ali antes" (p. 356) e de "uma nova visibilidade dos próprios 'outros', que ocupam seu próprio palco — uma espécie de centro em si mesmo — e forçam a atenção pela virtude de suas próprias vozes e pelo seu próprio ato de falar" (p. 357). Aqui se encontram reunidos: a migração internacional (de um ponto de vista especificamente ocidental), o fim da modernidade e a afirmação de coetaneidade.[9] Para Jameson, que reconhece o etnocentrismo e o racismo em tudo isso, são esses enormes movimentos que estabelecem a mudança de perspectiva por parte daqueles que conseguem contar as estórias do "nosso tempo".

Ele cita Sartre tentando lidar seriamente, no exato instante de seu próprio pensamento, com o fato de os comunistas e os nazistas estarem lutando em Berlim, trabalhadores desempregados estarem marchando em Nova York, "barcos em mar aberto estarem ressoando com música" e luzes "surgindo em todas as cidades da Europa" (Sartre, 1981, p. 67, citado em Jameson, 1991, pp. 361-2). Jameson avalia essa passagem de Sartre como "pseudo-experiência", "como fracasso em alcançar a representação", como "voluntarista, um ataque à determinação naquilo que é, 'por definição' estruturalmente impossível de alcançar mais propriamente do que algo pragmático e prático que busca aumentar minha informação sobre o aqui e agora" (ver p. 362). "Parece, ao mesmo tempo, ser uma fantasia relativamente sem rumo e exploratória, como se o sujeito tivesse medo de esquecer alguma coisa, mas não pudesse imaginar as conseqüências: serei punido se esquecer todos os outros atarefados vivendo simultaneamente comigo?" (p. 362). Ora, em um nível está claro o que Jameson quer dizer: a passagem de Sartre é evocativa (apesar de ser, para mim, produtivamente evocativa) e não analítica. Mas pretende sê-lo. A reclamação de Jameson em relação ao "fracasso em alcançar a representação" parece referir-se à inevitável incompletude de conteúdo (o que foi omitido). Será esta uma contestação implícita de Jameson, de que a representação (completa) *seria* possível quando não tivéssemos de lidar com toda essa confusa coetaneidade? (Quando poderíamos colocar tudo em ordem sob a tutelagem de uma narrativa predominante do período? Quando a concepção do espaço como seqüência temporal proporcionaria sua representação?) É este tipo de "representação" que nega a multiplicidade do espacial.

Jameson, porém, não toca na verdadeira questão. A dificuldade de representar o espacial ("uma simultaneidade de distintos fluxos de elementos que os sentidos captam totalmente", p. 86) é algo (a que) ele retorna, muitas e muitas vezes. É uma leitura oposta à de Laclau. Para Laclau, o espaço era, precisamente, o fechamento *da* representação. Para Jameson, a realidade do espacial é sua própria irrepresentabilidade.[10] Associar isto somente ao pós-modernismo, no entanto, seria concordar com aquela leitura da modernidade na qual a heterogeneidade contemporânea é representável (e, portanto, seu desafio, tanto para a representação quanto politicamente, é obliterado) através de sua redução à seqüência temporal: como vimos, reconhecer a espacialidade da modernidade faria daquela "era", também neste sentido, um desafio para a representação. Mas a questão subjacente contém algo significativo: que, longe de defender a estabilidade *da* representação, o espaço real (espaço-tempo) é certamente impossível de ser precisado.

Mas, de qualquer forma, o debate, de fato, não deveria ser sobre o conteúdo (uma tentativa evidentemente vã, na evocação de uma simultaneidade de estórias-até-agora, para enumerar cada uma dessas trajetórias). Antes, é uma questão de ponto de vista, um reconhecimento do *fato* (não de todo o conteúdo) de outras realidades, igualmente "presentes", embora com suas próprias histórias. Naturalmente, não podemos recontá-las todas, ou estarmos, constantemente, conscientes de cada um dos "outros atarefados vivendo simultaneamente comigo". Talvez seja necessário, primeiro, arremessar-nos para dentro do espaço. Haverá, assim, uma priorização, uma seleção, talvez refletindo práticas efetivas de relacionalidade. Talvez seja adequado aqui relembrar os argumentos de Grosz sobre a subjetividade. Talvez o que se requeira seja incutir uma (noção de) subjetividade que não seja exclusivamente temporal, que não seja a projeção de um interior — conceitual, introspectivo (ver Parte *Dois*), mas, antes, uma subjetividade que seja também espacial, olhando abertamente em suas perspectivas e na consciência de sua própria constituição relacional.

8
globalização a-espacial

A "globalização" é, atualmente, um dos termos mais freqüentemente usados e mais poderosos em nossas imaginações geográficas e sociais. Em seu extremo (e, apesar de extrema, essa versão é, todavia, altamente popular), o que evoca é uma visão de mobilidade totalmente desimpedida, de espaço livre, sem limites. Apesar de intervenções questionadoras e provocativas de pessoas como Anthony King, Jan Niedeven Pieterse, Michael Peter Smith, Arjun Appadurai e muitos outros, esta visão persiste. Na área acadêmica, ela talvez encontre sua presença mais característica como um resumo de globalização econômica nos parágrafos introdutórios para uma obra tratando de algo "mais cultural". Mas é uma interpretação que, também, permeia o discurso popular, político e jornalístico. Em seu pior aspecto, tornou-se um mantra. Palavras e frases características comparecem, obrigatoriamente: instantâneo; internet; circuito financeiro 24 horas; as margens invadindo o centro; o colapso das barreiras espaciais; a aniquilação do espaço pelo tempo. Nesses textos, a economia mundial emergente será capturada por uma economia icônica: referências à CNN, ao McDonald's, à Sony são, freqüentemente, consideradas o suficiente para expressá-la. E aliterações judiciosas se esforçarão para expressar a confusão labiríntica de tudo isso: Beijing-Bombaim-Bamaco-Burnley. O que está em questão em tudo isso são nossas imaginações geográficas. (E a esse respeito as aliterações são de particular interesse: com que freqüência revelam, em suas expectativas dos efeitos que irão produzir, uma geografia imaginativa, que ainda sabe o que é "o exótico" e o que é "o banal" e quando os está conduzindo a uma inusitada (embora, de fato, agora, um tropo* muito comum) justaposição). Trata-se de um mantra que evoca

* Emprego de palavra no sentido figurado. (N.T.)

uma visão poderosa de um espaço imenso, não estruturado, livre, sem limites e de uma magnífica e complexa mistura.[11]

Trata-se, também, sem dúvida, de uma imaginação da geografia do mundo (uma cosmologia política, como diz Fabian) que contrasta radicalmente com aquela da modernidade. No lugar de uma imaginação de um mundo de lugares delimitados, somos agora apresentados a um mundo de fluxos. Em vez de identidades isoladas, um entendimento do espacial como relacional, através de conexões. A própria palavra "globalização" implica o reconhecimento da espacialidade. É uma visão que, em certo sentido, glorifica (como muitas obras contemporâneas o fazem), o triunfo do espacial (enquanto, ao mesmo tempo, falam de seu aniquilamento). No entanto, se a imagem de um espaço global que a "globalização" evoca está em contraste com o imaginário dominante da modernidade, as características estruturantes da conceituação de espaço são francamente similares.

Mais obviamente, justamente como na velha estória da modernidade, esta é uma narrativa de inevitabilidade, e isso, por sua vez, é facilitado por um conceito não enunciado de espaço. A analogia de Clinton com a força da gravidade apenas realça, de um modo particularmente surpreendente, o que, habitualmente, é tido como um dado. Quer através de um determinismo tecnológico irrefletido ou através de uma submissão à inevitabilidade da expansão do mercado, esta versão da globalização chega a ter quase a inevitabilidade de uma grande narrativa. A globalização, aqui, é tão inevitável quanto a estória de progresso da modernidade, e as implicações, mais uma vez, são enormes. Ainda assim, novamente, e exatamente como no discurso da modernidade, as diferenças espaciais são expressas sob o signo de seqüência temporal. O Mali e o Chade "ainda" não foram integrados na comunidade global de comunicação instantânea? Não se preocupe; eles o serão em breve. Em breve, neste aspecto, eles serão como "nós".

Esta é uma visão *a-espacial* da globalização. As diferenças potenciais das trajetórias do Mali e do Chade são obstruídas. (As multiplicidades essenciais do espacial são negadas.) Supõe-se que tais países estejam seguindo o mesmo ("nosso") caminho de desenvolvimento. (A abertura do futuro que é, em parte, uma conseqüência das multiplicidades do espacial é refreada. Trata-se de uma narrativa com uma trajetória única.) Os efeitos são políticos. Porque o espaço foi disposto sob o signo do tempo, esses países — precisamente — não têm espaço para contar estórias diferentes, para seguir outro caminho. Eles são coagidos a entrar na linha, atrás dos que planejaram a fila. Além disso, não apenas seu futuro é, assim, supostamente previsto, mas nem mesmo isto é verdade, pois, precisamente, seu envolvimento dentro de relações desiguais da globalização capitalista assegura que eles não "irão segui-los". O futuro que é considerado inevitável é improvável que seja atingido. Esta concepção das diferenças geográficas contemporâneas em termos de seqüência temporal, esta sua transformação em uma estória de "alcançar", obstrui as relações e práticas atuais e sua implacável *produção* dentro dos circuitos da globalização capitalista *em curso*, de crescente desigualdade. Obstrui as geometrias de poder dentro da contemporaneidade da forma *atual* de globalização. Mesmo dentro do Ocidente, os governos europeus, seguindo o modelo norte-americano, apelam para o "futuro" como justificativa, fechando, dessa forma, uma política em que uma abordagem européia poderia desafiar aquela dos Estados Unidos. Como escreveu Bruno Latour, "Exatamente no momento em que se fala muito no tópico globalização, é justamente o momento para *não* se acreditar que o futuro e o passado dos Estados Unidos são o futuro e o passado da Europa. Um partido de esquerda deveria produzir uma nova diferença" (1999a, p. 14).

Além disso, é significativo que tais narrativas de inevitabilidade requeiram dinâmicas que estejam além da intervenção. Elas precisam de um agente externo, um *deus ex machina*. Os motores inquestionáveis da historicização da "globalização" das desigualdades geográficas do mundo são, em diversas combinações, a economia e a tecnologia. Por esses meios, um resultado político adicional é alcançado: a remoção do econômico e do tecnológico da consideração política. As únicas questões políticas tornam-se aquelas referentes à nossa subseqüente adaptação à sua inevitabilidade. Latour (1999a) escreveu vigorosamente sobre esse muito difundido movimento para proteger "o econômico" — isto é, o mercado capitalista — de questionamentos políticos (ele escreve também sobre um movimento equivalente em relação à Ciência). Tudo isso tem um fundamento necessário na conversão do espaço em tempo: a conseqüente obstrução da multiplicidade contemporânea do espacial obstrui, também, a natureza das relações em jogo.

Além disso, a forma específica de globalização que estamos experimentando no momento (capitalista neoliberal, conduzida por multinacionais etc., etc.) é considerada uma e sua única forma. Objeções a essa globalização particular encontram, freqüentemente, a irônica réplica de que "o mundo, inevitavelmente, irá se tornar mais interconectado". A globalização capitalista torna-se equivalente à globalização *tout court*,* uma manobra discursiva que, de um só golpe, obscurece a possibilidade de visualizar formas alternativas. É a globalização capitalista *nesta forma particular* que, portanto, é considerada inevitável. A "façanha" aqui é transformar em suporte político uma escala espacial abstrata ("o global") e, incidentalmente, estimular uma resposta que defenda "o local". Antes de tudo, as relações que mutuamente constroem ambos é que precisam ser objeto de discussão.

Finalmente, esse modo de ver a globalização como inevitável, de colocar a economia/tecnologia além do alcance do debate político, também interpreta a globalização como a Única estória. "Globalização", exatamente como foi antes o termo "Capitalismo" (e o qual, como fez a modernidade em seu próprio tempo, ela substitui como um eufemismo difícil de entender), é a Identidade (auto-referencial) em relação à qual tudo o mais é definido (ver Gibson e Graham, 1996). Isto, mais uma vez, significa deixar de reconhecer as multiplicidades do espacial. A globalização não é um movimento único que tudo abarca (nem poderia ser imaginada como uma expansão para fora do Ocidente e de outros centros de poder econômico através de uma superfície passiva de "espaço"). É uma criação de espaço(s), uma reconfiguração ativa e encontro através de práticas e relações de uma enorme quantidade de trajetórias, e é aí que se encontra a política.

A imaginação da globalização em termos de espaço livre e sem limites, aquela poderosa retórica do neoliberalismo acerca do "livre mercado", assim como foi a visão de espaço da modernidade, é elemento central no discurso político arrogante, discurso que é majoritariamente produzido em países do Norte (apesar de apoiado por muitos dos governos do Sul). Tem suas instituições e seus profissionais. É normativo e tem suas conseqüências.

No Sul é esta compreensão do espaço do futuro (como espaço comercial global sem limites) que permite a imposição de programas de ajustamento estrutural e seus substitutos. É esta compreensão da inevitabilidade dessa forma de globalização que torna legítima a impo-

* "Simplesmente", em francês no original.

sição de políticas voltadas para a exportação na economia de um país a outro, a priorização das exportações sobre a produção para consumo local. É este discurso, desta forma específica de globalização, que é um importante componente da contínua legitimização da visão de que há um modelo específico de "desenvolvimento", um caminho para uma forma de "modernização".

No Norte, também, essa imaginação geográfica tem seus efeitos: a constante menção a ela, sua infindável definição de uma maneira muito particular, é parte do projeto ativo de sua produção. Ela se torna a base para decisões, precisamente, para implementá-la. Por um lado, a globalização é representada como inevitável — uma força frente à qual temos de nos adaptar, sob pena de sermos lançados no esquecimento. Por outro lado, algumas das mais poderosas agências do mundo estão absolutamente envolvidas em sua produção. A duplicidade de seu poder neste caso é profunda e foi caracterizada por Morris (1992b) em termos de erotismo (ver também, para um relato alternativamente irreverente, Lapham, 1998). Os líderes econômicos mundiais reúnem-se (em Washington, Paris ou Davos) para se felicitar e ostentar e reforçar seu poderio, um poderio que consiste em insistir na *falta-de-*poder — em face das forças do mercado globalizante não há absolutamente nada que possa ser feito. Exceto, naturalmente, empurrar o processo para a frente. É uma impotência heróica, que serve para disfarçar o fato de que isso é, efetivamente, um *projeto.*

Esta visão do espaço global, assim, não é tanto uma descrição de como é o mundo, mas uma imagem através da qual o mundo está sendo feito. Exatamente como no caso da modernidade, temos aqui uma poderosa geografia imaginativa. É uma imaginação muito diferente: em vez de espaço dividido e delimitado, aqui está uma visão de um espaço sem barreiras e aberto. Mas ambos funcionam como imagens pelas quais o mundo é feito. Ambas são geografias imaginativas que *legitimam* sua própria produção.

Claramente, o mundo não é totalmente globalizado (o que quer que isto queira dizer), o próprio fato de que alguns estão se empenhando tanto em fazê-lo é prova de que o projeto está incompleto. Mas isto é mais do que uma questão de incompletude — mais do que uma questão de esperar que os retardatários os alcancem. Há múltiplas trajetórias/temporalidades aqui. Mais uma vez, como no caso da modernidade, esta é uma imaginação geográfica que ignora as subdivisões estruturadas, as necessárias rupturas e desigualdades, as exclusões das quais depende o sucesso de prosseguimento do próprio projeto. Um efeito adicional da expressão das diferenças espaciais se torna aqui evidente. Enquanto a desigualdade for lida em termos de estágios de avanço ou atraso, não apenas as estórias alternativas não são reconhecidas, mas também a evidência da *produção* da pobreza e da polarização, dentro e através da própria "globalização", pode ser riscada do mapa. Isto é — novamente — uma imaginação geográfica que ignora sua própria espacialidade efetiva.

Esqueça, por um momento, a Sony e a CNN. Uma economia icônica alternativa contará uma estória da *produção* da desigualdade, divisão e exclusão. Como a velha estória da modernidade, a nova narrativa hegemônica da globalização é contada como uma estória universal, mas trata-se de um processo que não é (e, em termos correntes, não pode ser) universalizado.

Afirma-se, freqüentemente, que o debate da globalização trata sobre o quão recente ela é e o quanto ela progrediu, e *há*, claramente, uma discussão sobre isto. Há "hiperglobalizadores", como Ohmae (1994). E há céticos. Hirst e Thompson (1996a, 1996b), por exemplo, argumentam que as maiores economias nacionais do mundo não estão mais abertas em termos de comércio ou fluxo de capital do que estavam no período do Padrão Ouro. Eles salientam que, a médio prazo (digamos, o século passado), não houve direção linear monotônica de mudança. Em vez disso, os graus de abertura flutuaram no tempo de acordo com a natureza do desenvolvimento econômico. Seus argumentos são convincentes. No entanto, restringir o argumento à questão do *grau* de globalização é empobrecê-lo seriamente. O que devia estar em foco aqui é também a *forma* da globalização: a forma social de relacionalidade que a estrutura. Pode haver discordâncias sobre as mudanças no grau de abertura das economias nacionais durante o período estudado por Hirst e Thompson (e muita disputa em torno dos detalhes de quais medidas seriam as mais apropriadas), mas o que, certamente, não pode ser posto em dúvida é que a geografia mundial dessas relações foi transformada. O espaço global, como o espaço de modo mais geral, é um produto de práticas de poder material. O que está em questão não é apenas a abertura e o fechamento ou a "extensão" das conexões através das quais nós, ou o capital financeiro, ou o que quer que seja... presta atenção às nossas coisas. O que está em questão são as novas geometrias de poder constantemente-sendo-produzidas, as mutantes geografias das relações-de-poder. O *significado* da abertura econômica para, digamos, o Reino Unido no princípio do século XX, com o país ainda se apegando à sua pompa imperial, e esta o ponto alto do Padrão Ouro, é muito diferente de seu significado hoje, com a dependência do país em investimentos externos e, depois da devastação dos anos 80 em sua produção dos meios de produção, sua necessidade de trazer de diversas partes tantos instrumentos de seu comércio. No seu período inicial, "abertura" significava dominância; a abertura de hoje é muito mais ambígua. A relutância em tratar da forma mutante da globalização no tempo corre paralela e reforça a cegueira frente à possibilidade de ela tomar diferentes formas *hoje*. Espaço — aqui espaço global — diz respeito a contemporaneidade (em vez de organização temporal), a abertura (em vez de inevitabilidade) e diz respeito, também, a relações, fraturas, descontinuidades, práticas de compromisso. E essa relacionalidade intrínseca do espacial não é apenas uma questão de linhas em um mapa, é uma cartografia do poder.

Tudo isso cria uma fonte final de preocupação sobre essa formulação de globalização. Ela nos leva de volta, mais uma vez, às estratégias discursivas do (assim chamado) livre-mercado da globalização. As instituições e governos dominantes, que clamam mais fortemente em favor da globalização, discutem-na em termos de livre-comércio. E discutem o "livre-comércio" em termos que, por sua vez, sugerem que há algum direito auto-evidente à mobilidade global. O próprio termo "livre" envolve, imediatamente, alguma coisa boa, algo que deve ser almejado. É certo, de modo óbvio, que o espaço não deveria ter limites. No entanto, surge um debate sobre imigração, e eles, de imediato, recorrem a outra imaginação completamente geográfica, outra visão do espaço global que é igualmente poderosa, igual e aparentemente indiscutível. Esta segunda imaginação é a imaginação dos lugares defensáveis, dos direitos do "povo local" aos seus próprios "lugares locais", de um mundo dividido pela diferença e pelo sabor de fronteiras firmes, uma imaginação geográfica de nacionalismos. Subitamente, tais porta-vozes concluem que "livre-comércio" assemelha-se a uma virtude moral; a seguir, amaldiçoam os refugiados (tidos amplamente como simuladores) e "migrantes econômicos" ("economia parece não ser uma razão suficientemente boa para querer migrar — *o que* é mesmo que eles estavam dizendo a respeito do capital?).

Hélène Pellerin (1999) analisou a mudança do liberalismo* para o neoliberalismo e os diferentes arranjos espaciais envolvidos em cada um deles. Como a autora salienta, o neoliberalismo na prática *não* diz respeito simplesmente à mobilidade: também requer alguns fixos espaciais. De singular importância entre eles é a organização espacial do trabalho. (E justamente quando a imposição do livre-comércio é contestada, da mesma forma também o é a tentativa de engendrar uma nova geografia do trabalho — a autora salienta, especificamente, os fluxos de migração ilegal e as alianças aborígines.)

Portanto, aqui temos duas verdades, aparentemente auto-evidentes, uma geografia sem fronteiras e de mobilidade e uma geografia de disciplina de fronteira; duas imaginações geográficas do espaço global completamente antinômicas, que são evocadas sucessivamente. Não importa que se contradigam, pois elas funcionam. E "funcionam" por todo um conjunto de razões. Primeiro, porque cada verdade auto-evidente é apresentada separadamente. Mas, segundo, porque como nenhuma imaginação em sua forma pura é possível (nem um espaço hermeticamente fechado em territórios, nem um espaço composto somente de fluxos), o que é de fato necessário, politicamente, é que essa tensão seja negociada de modo explícito e em cada situação específica. Isto se equipara à estrutura do argumento de Derrida (2001) sobre hospitalidade. Cada imaginação "pura" em si subjuga o espacial. É sua *negociação* que traz a questão (direitos de movimento/direitos de retenção) para a política. O apelo para uma imaginação de pura delimitação ou de puro fluxo como fundamento auto-evidente não é nem possível, a princípio, nem aberto ao debate político.

E, portanto, nesta era de "globalização" temos cães farejadores para detectar pessoas que se escondem em porões de navios, pessoas morrendo na tentativa de cruzar fronteiras, pessoas, precisamente, tentando "buscar as melhores oportunidades". Este duplo imaginário, *no próprio fato de sua duplicidade*, da liberdade de espaço, por um lado, e do "direito a seu próprio lugar", por outro, trabalha a favor daqueles que já são poderosos. O capital, os ricos, os qualificados... podem se mover com mais facilidade pelo mundo, como investimento, ou comércio, ou em função de grande demanda de trabalho, ou como turistas, e, ao mesmo tempo, quer seja nos países ocidentais de imigração controlada

* "*Embedded liberalism*" no original. (N.T.)

ou nas comunidades muradas* dos ricos em qualquer metrópole importante de qualquer lugar, ou nos redutos elitizados de produção de conhecimento e de alta tecnologia, eles podem proteger seus lares-fortaleza. Enquanto isso, os pobres e os não-qualificados das chamadas margens deste mundo são instruídos tanto a abrir suas fronteiras e dar as boas-vindas à invasão do Ocidente, sob qualquer forma que ela venha, quanto a permanecer onde estão.

Uma vez mais, há ecos aqui de como a estória da modernidade foi contada. Da mesma forma que Toussaint l'Ouverture reivindicava participar dos princípios do discurso legitimador da modernidade, também hoje a reivindicação por livre mobilidade (o discurso da globalização) pelos pobres do mundo é completamente rejeitada. (Apesar de que — como com os escravos haitianos — a proclamação do "livre-comércio" tenha tornado possível o desafio.) A atual ordem mundial de globalização do capital (de todo modo, profundamente desigual) é como se implicasse a manutenção de (alguns tipos de) força de trabalho no lugar certo, como ocorria, no início da modernidade, com a escravidão. O relato de Pellerin do tirânico desdém com o qual o governo dos Estados Unidos tratou o caso da migração mexicana durante as negociações sobre o Nafta relembra nada menos do que a narrativa de C.L.R. James da resposta parisiense às exigências de Toussaint l'Ouverture. Se, nas palavras de Bhabha, o discurso da modernidade alimentou "o arcaico fator racial na sociedade escravista" (1994, p. 244) (apesar de, naturalmente, ser tudo, menos arcaico), então, também, o discurso da globalização como movimento livre sobre o mundo está alimentando os "arcaicos" (ou não) sentimentos de paroquialismo, nacionalismo e a exclusão dos diferentes.

A atual história hegemônica da globalização relata, assim, uma globalização de forma muito particular. E para sua realização constitui parte integrante a mobilização de poderosas (inconsistentes, falsamente auto-evidentes, jamais universalizáveis — porém poderosas) imaginações de espaço.

É muito fácil mover-se por formas de pensamento que reprimam o desafio do espaço, e quão politicamente significativos podem ser os imaginários espaciais. "Globalização", encarada deste modo, é como a velha estória da modernidade. Mais uma vez concebe a diferença espa-

---

* *"Gated communities"* no original, que pode também ser traduzido, de forma mais restrita, como "condomínios fechados". (N.T.)

cial em termos de seqüência temporal, e, portanto, nega a possibilidade de trajetórias múltiplas; o futuro não é mantido aberto. Esta apresentação da globalização fornece o enquadramento inevitável para a construção de políticas como a "Terceira Via", com sua abolição da esquerda e da direita e seu fechamento político ao redor de um discurso que não permite deslocamento — o que Chantal Mouffe chamou de "uma política sem adversários" (1998). Ela instala um entendimento do espaço, o "espaço dos fluxos", que, exatamente como o espaço dos lugares da modernidade, é empregado (quando necessário) como uma legitimização para sua própria produção e visa a uma universalidade que, de qualquer forma, ele, sistematicamente, na prática, nega. Pois, na verdade, no contexto e como parte dessa "globalização", novos cercamentos estão neste exato momento sendo erguidos.

E exatamente como a velha estória da modernidade, essa imaginação da globalização é, também, resolutamente inconsciente da própria posição de onde se fala: neoliberal, certamente, mas também ocidental em sua localização. Este ponto foi muito bem considerado em relação às geografias das análises e celebrações correntes sobre hibridismo (Spivak, 1990; King, 1995). Isto se aplica, também, a alguns argumentos sobre abertura. Como foi salientado antes, a súbita consciência da globalização no Ocidente não pode ser o resultado de uma nova "abertura" em geral. O que mais provavelmente levou ao alvoroço de preocupação foi a mudança de termos, e de geografia, dessa abertura. As regiões *ocidentais* tornaram-se dominadas pelo capital estrangeiro. A velha coerência mítica do lugar é desafiada pelo capital e pela força de trabalho externa (não exatamente uma experiência nova, nem específica desta forma de globalização, na maior parte do mundo). É o Ocidente, agora, que está sujeito ao cerco interno. São as cidades do Ocidente que têm, a médio prazo, experimentado a chegada de pessoas de outras partes do mundo. Como já foi muitas vezes observado, muito do trabalho sobre hibridismo foi estimulado pela famosa "chegada das margens ao centro". (Esta foi uma provocação para re-contar a história da modernidade.) Nesse sentido esta já é reconhecida como estória contada a partir do "primeiro mundo".

Exceto que isto é uma estória do Ocidente mais do que até mesmo essa consideração indica. Pois as margens *não* chegaram ao centro. Esta é a visão daqueles que já estavam "no centro" e a daqueles da periferia que conseguiram, com o tempo, entrar. A maior parte "das margens" — mesmo que desejassem imigrar — foi muito rigorosamente excluída.

Esta é uma estória da globalização que foi (como foi a estória da modernidade) profundamente estimulada pelo que estava acontecendo no Ocidente, pelas experiências desse Ocidente; é, até certo ponto (justamente como foi o discurso colonial), estabelecida sobre uma inquietação ocidental. Além disso, exatamente como no caso da modernidade, esse discurso da globalização fornece uma legitimização das coisas, uma geografia imaginativa que justifica as ações daqueles que a promulgam, incluindo — e para fechar o círculo — uma atitude particular em relação a espaço e lugar.

Meu argumento é de que essa narrativa da globalização não é espacializada. Com isto não quero dizer, simplesmente, que o quadro é mais geograficamente complexo do que, comumente, é alegado: que há variabilidade espacial significativa ou que "o local" se reafirma, consistentemente, de uma forma ou de outra. Isto é verdadeiro, mas não se trata do argumento que estou defendendo aqui. Certamente, Low e Barnett (2000) acusaram os geógrafos de focalizar exageradamente este aspecto em sua potencial contribuição para o debate sobre a globalização. É um enfoque, eles argumentam, que reduz a disciplina da geografia a uma preocupação com o local, o empírico e o a-teórico (Concordo com o ponto principal dessa crítica. A espacialização da teoria social, categoricamente, *não é* redutível, meramente, à insistência sobre variações locais. Mas permaneço extremamente cautelosa acerca de qualquer pressuposto de uma associação necessária entre os termos local/empírico/ateórico; ver Massey, 1991b.) Portanto, a variabilidade local não é o que está em questão neste capítulo. Pelo contrário, o argumento é o de que, realmente, "espacializar a globalização" significa reconhecer características cruciais do espacial: sua multiplicidade, sua abertura, o fato de que ele não é redutível a "uma superfície", sua relação integral com a temporalidade. A visão a-espacial da globalização, como a velha estória da modernidade, oblitera o espacial dentro do temporal e justamente nesse próprio movimento também empobrece o temporal (há apenas uma estória a contar). A multiplicidade do espacial é uma precondição para o temporal, e as multiplicidades dos dois, juntas, podem ser uma condição para a abertura do futuro. Low e Barnett (2000) argumentam que o enfoque dos geógrafos, assegurando "concepções mais complexas ou sofisticadas de espaço" (p. 54) (pelas quais querem dizer, na prática, maior variabilidade espacial), está equivocado, pois deveríamos, em vez disso, criticar o *historicismo* da história padrão da globalização. Meu argumento é o de que criticar o historicismo daquela versão da estória da globalização (sua unilinearidade, sua teleologia etc.) também implica, precisamente, reconstruir sua espacialidade. A reconceituação poderia (deveria) ser de temporalidade e espacialidade ao mesmo tempo.

Mas isto é ainda uma perspectiva. Se o espaço for, genuinamente, a esfera da multiplicidade, se for o reino das trajetórias múltiplas, então haverá, também, multiplicidades de imaginações, teorizações, compreensões, significados. Qualquer "simultaneidade" de estórias-até-agora será uma simultaneidade distinta de um ponto de observação particular. Se a repressão do espacial sob a modernidade foi delimitada com o estabelecimento de fundamentos universais, da mesma forma o reconhecimento das multiplicidades do espacial, tanto desafia quanto compreende os universais como posições espaço-temporalmente específicas. Um reconhecimento adequado da coetaneidade exige a aceitação de que, em troca, estamos sendo observados/teorizados/avaliados, e, potencialmente, em tempos diferentes (ver, por exemplo, Appadurai, 2001, e Slater, 1999, 2000). O reconhecimento de uma contemporaneidade radical tem de incluir também o reconhecimento da existência desses limites.

No momento exato em que a reformulação pós-colonial da antiga estória da modernidade provocou tantas rupturas, produtivamente, a esse respeito, da mesma forma, também, uma espacialização genuína de como pensamos a globalização permite uma análise muito diferente (ou análises muito diferentes) (uma genuína narrativa espacial). Talvez, acima de tudo, isto envolvesse desafiar aquelas "negações tão abrangentes de coetaneidade". Fabian escreveu que "é preciso imaginação e coragem para descrever o que aconteceria ao Ocidente (e à antropologia) se sua fortaleza temporal fosse subitamente invadida pelo Tempo do Outro" (1983, p. 35). O mesmo é verdadeiro para muitos dos meios com que, atualmente, descrevemos a globalização.

9
(ao contrário da opinião popular) o espaço não pode ser aniquilado pelo tempo

As confusões que existem dentro das imaginações dos tempo-espaços da globalização em curso situam-se, provavelmente, em sua forma mais aguda (e, ironicamente, menos notada) na cômoda coexistência da visão de que esta é a era do espaço, com a contraditória, mas igualmente aceita, noção de que esta é a era na qual o espaço será, finalmente, aniquilado pelo tempo, cumprindo a velha profecia de Marx.

Apesar de, claramente, em conflito, essas duas proposições estão, contudo, relacionadas. Por um lado, cada vez mais conexões "espaciais" e sobre distâncias mais longas estão envolvidas na construção, no entendimento e no impacto de qualquer lugar, economia ou cultura e na vida e ações cotidianas. Há mais "espaço" em nossas vidas e ele demanda menos tempo. Por outro lado, essa própria velocidade com a qual "nós" podemos agora cruzar o espaço (pelo ar, nas telas, através de fluxos culturais) pareceria implicar que o espaço não tem mais importância; essa aceleração conquistou a distância. Precisamente, os mesmos fenômenos parecem estar conduzindo à conclusão tanto de que o espaço venceu, em detrimento de qualquer habilidade em apreciar a temporalidade (a reclamação de falta de profundidade) quanto de que aquele tempo aniquilou o espaço.[12] Nenhuma das duas perspectivas é sustentável em si.

Tomemos, para começar, a questão de aniquilação, provocada pela aceleração das interconexões e a instantaneidade da tela. Não há dúvida de que as recentes mudanças em ambas as frentes, têm sido enormes. Low e Barnett (2000) contaram uma estorinha sobre encontrar, por acaso, durante as viagens ao norte de Londres, um outdoor — da British Telecom, anunciando ao mundo que "Geografia é História". Sorrimos em reconhecimento, sabemos o que a British Telecom está querendo dizer. (Embora, e para continuar com o tema da ambigüidade, eu tenha um *mouse-pad* que proclama, com tamanha autoconvicção e habilidade que parece auto-evidente, que "Geografia importa para todos nós". No meio de toda essa confiança contraditória, é importante permanecer calmo.) Certamente trata-se do fato de que o "tempo" (leia-se: um aumento na velocidade de transporte e comunicações) reduz e, certamente, às vezes mesmo aniquila alguns dos efeitos da distância. Isto é o que Marx estava querendo dizer. Vale a pena notar a ironia de que o que está sendo reduzido aqui é o tempo e o que está sendo expandido (no sentido da formação de relações/interações sociais, inclusive as de transporte e comunicação) é o espaço (enquanto distância). Esta é uma curiosidade da formulação. Mas, mais importante, o espaço não é, de modo algum, redutível a distância. A distância é uma condição da multiplicidade, mas igualmente ela própria não seria pensável sem a multiplicidade. E poderíamos notar que, enquanto o ciberespaço é um tipo diferente de espaço (Kitchin, 1998; Dodge e Kitchin, 2001), ele, definitivamente, é mais múltiplo internamente (Bingham, 1996) (e, ironicamente, com freqüência, apresentado em uma linguagem de metáfora espacial que é decididamente cartesiana). A multiplicidade é fundamental. Ninguém está propondo (eu suponho) que a *web* ou transações financeiras instantâneas, ou mesmo o ciberespaço estejam abolindo a multiplicidade. Isto seria como dizer que, porque uma chamada telefônica seja instantânea, os participantes dela estejam fundidos numa única entidade. E se a multiplicidade não está sendo aniquilada (o que tornaria toda a questão de transporte e comunicação, de qualquer forma, completamente redundante), o espaço também não o está. O próprio conceito de multiplicidade requer, necessariamente, espacialidade. E, de qualquer modo, para completar o espectro do desaparecimento de tudo num buraco negro, *como poderia* o tempo aniquilar o espaço quando os dois se implicam mutuamente? (Ver a Parte *Dois*.) Portanto: enquanto houver multiplicidade haverá espaço.

Zygmunt Bauman produziu uma versão elaborada da instantaneidade em sua diferenciação entre a modernidade pesada (territorializante e preocupada com tamanho) e a leve: "Tudo mudou ... com o advento do software, o capitalismo e a modernidade leve" (2000, p. 176). Captando a ambigüidade da formulação habitual, ele escreve que "A mudança em questão é a nova irrelevância do espaço, mascarada como aniquilação do tempo... o espaço conta pouco ou não vale nada" (p. 177). "Contar" aqui depende de uma noção de custo — recorrendo a Simmel, propõe-se que as coisas sejam avaliadas pelo custo de sua aquisição. *Ergo:* "Se você sabe que pode visitar um lugar a qualquer momento que deseje", "desde que todas as partes do espaço possam ser alcançadas no mesmo espaço de tempo (isso é 'não-tempo'), nenhuma parte do espaço é privilegiada, nenhuma tem um valor especial" (p. 177). Isto é espaço como pura extensão, uma questão de coordenadas *xy*. Se o espaço é mais do que (ou mesmo não é) coordenadas, mas um produto de relações, então "visitar" é uma prática de envolvimento, um encontro. É neste processo de estabelecer uma relação que o "custo" pode, sem dúvida, ser medido (e o espaço é construído, bem como atravessado, nesse encontro).

O espaço é mais do que distância. É a esfera de configurações de resultados imprevisíveis, dentro de multiplicidades. Isto considerado, a questão realmente séria que é levantada pela aceleração, pela "revolução nas comunicações" e pelo ciberespaço não é se o espaço será aniquilado ou não, mas que tipos de multiplicidades (padrões de unicidade [*uniqueness*]) e relações serão co-construídas com esses novos tipos de configurações espaciais.

Um aspecto desta reordenação radical da co-constituição do espaço e da diferença já está bastante discutido. Entre os muitos outros aforismos populares correntes sobre espaço e tempo estão as proposições (i) de que não há mais qualquer distinção entre perto e longe e (ii) que as margens invadiram o centro.

Há, como foi visto, um meio de compreender a ascensão e queda da modernidade em termos de um momento fundante no qual a diferença "do resto do mundo" foi estabelecida pelo Ocidente, seja através de concepções temporais, seja através de territorialização. O colapso daquela suscetibilidade (ou o desafio a ela) foi provocado pela impossibilidade de manter a estória em face da decomposição daquela geografia que ela se propunha descrever: as margens chegaram ao centro, aqueles que tinham estado longe estavam agora, evidentemente, muito perto (tanto no espaço quanto no tempo).

Há muito a ser dito sobre esta interpretação: ela se estendeu como uma tendência ao longo da Parte *Três*. Certamente, eu interpretaria isso como o modo de a modernidade dominar o caráter disruptivo do espacial e, subseqüentemente, sua incapacidade em manter essa sensação de controle sobre as coisas (fracasso de sua cosmologia política) quando o "espaço geográfico real" (que sempre, na verdade, havia fracassado em adaptar-se) agora fracassava em adaptar-se em tal amplitude que a estrutura de ordenamento não podia mais ser mantida.

Esta é, então, uma boa maneira de apreender alguns aspectos importantes da constituição da modernidade e seja o que for que estejamos experimentando agora. Isto, no entanto, tem de ser tratado com cuidado. Para começar, o que é esse "nós"? Países no fim do colonialismo, invasões, a longa história da exploração econômica multinacional européia estão agora, e não pela primeira vez, experimentando a chegada daqueles que, antes, se encontravam distantes. O colapso do perto e do distante tem sido uma evidência para lugares *fora* do Ocidente — sem dúvida, ele é intrínseco ao *establishment* da própria modernidade, através da "descoberta", do imperialismo e do colonialismo. Montezuma testemunharia isso. Uma vez mais, as raízes ocidentais da sensibilidade dominante são evidentes. A narrativa da chegada das margens ao centro necessita questionamento semelhante. Aqui, não é apenas a mudança de sensibilidade, o colapso dos velhos mecanismos de ordenamento, muito explicitamente localizados no Ocidente, mas, também, sua própria base empírica que é questionável. As margens não chegaram ao centro.

Entre as versões mais complexas dessa estória, uma estratégia tem sido desenvolver uma argumentação a respeito da relação entre distância e alteridade. Rob Shields (1992), embora, saudavelmente, mais cético do que muitos sobre a passagem de um "regime de espaço-tempo" para outro, argumenta que somos as testemunhas de uma mudança significativa em um aspecto da espacialização social. Seu argumento é o de que, através da instituição de sua geografia global específica, desenvolveu-se, dentro da modernidade, uma forte associação entre presença/ausência, por um lado, e inclusão/exclusão por outro. Isso agora foi perturbado por mudanças nas quais "a interpenetração de culturas e a presença cada vez maior de distantes "outros" na vida cotidiana nos países desenvolvidos do Ocidente são, provavelmente, as principais forças motrizes" (p. 193). Uma "espacialização pós-moderna" surge na agenda.

Ora, Shields é absolutamente escrupuloso em sua insistência no reconhecimento da especificidade espaço-temporal, tanto das mudanças socioeconômicas quanto das mudanças nas sensibilidades dominantes. Sem dúvida ele critica severamente outros, por não serem assim: "Giddens estabelece como universais (no que agora é uma tradição de erro etnocêntrico entre os cientistas sociais ocidentais) formas modernistas e auto-interpretações historicamente específicas" (p. 192; a referência é a Giddens, 1984). Sua própria discussão, no entanto, levanta questões de outro tipo. Seu argumento é o de que, sob a modernidade e como parte integrante de sua própria instituição/natureza, "inclusão e exclusão estão emaranhadas com os termos de proximidade e distância, presença e ausência" (p. 192) e que, com a espacialização pós-moderna, "As distâncias que, um dia, separaram todas as categorias de 'alteridade' da esfera local da 'nossa' vida cotidiana parecem ter desmoronado ou estão, no mínimo, sofrendo importantes mudanças" (p. 194).[13] Mas nem todos os "outros", cuja existência e diferença foram tão vitais para o estabelecimento da sensibilidade moderna, estavam localizados em regiões distantes do planeta. Também existiam "outros" no seu interior: não menos, embora também não apenas "mulheres" e "natureza". McClintock (1995) explorou o entrelaçamento entre raça, gênero e classe no estabelecimento do imperialismo britânico. Haraway (1991) chamou a atenção para a importância das figuras excluídas do feminino, do animal e do mecânico. Mesmo dentro da modernidade, houve vários modos de estabelecer a alteridade (exclusão), nem todos dependentes da distância.

O argumento aqui é, simplesmente, de que o que está ou deveria estar em pauta em relatos da modernidade e da globalização (e certamente na construção/conceituação de espaço, em geral) não é em si mesmo um tipo de forma espacial nua (distância, o grau de abertura, o número de interconexões, proximidade etc., etc.), mas o conteúdo relacional daquela forma espacial e, particularmente, a natureza das relações de poder aí embutidas. Não há correlação mecânica entre distância e diferença. Tanto a alteridade do resto do mundo quanto a alteridade da feminilidade dentro do estabelecimento da figura clássica da modernidade empregaram a manipulação da espacialidade como uma ferramenta poderosa, mas os tipos de poder que estão envolvidos, e os modos pelos quais esses são impostos através da configuração do espacial, foram, em cada caso, muito diferentes (ver Massey, 1996a). A espacialidade foi importante em ambos os casos, mas o espaço é mais do que distância. Localização, confinamento, simbolismo... também desempenham seus papéis. O que está em questão é a articulação das formas de poder dentro das configurações espaciais.

Sem dúvida, pode ser através do estabelecimento de novas configurações espaciais investidas de poder, em vez de, simplesmente, através da conquista da distância pela aceleração da velocidade, que o desafio de certas características da espacialidade está, potencialmente, na agenda. Uma das coisas que o "ciberespaço" mais famosamente permite é o contato instantâneo a distância. Isto é, além disso, ao mesmo tempo reticular e seletivo. As conexões podem ser múltiplas, e você pode escolher com quem estar em contato (este último, naturalmente não de modo completo, é um fato que, ironicamente — ver a seguir — pode constituir uma dádiva). As comunidades, no sentido de redes de comunicação de interesse comum, de similaridade ao longo de dimensões selecionadas, podem ser, facilmente, estabelecidas a distância; tempo-espaços não-contíguos de comunalidade. Mas também há maus presságios. Kevin Robins (1997) escreveu, convincentemente, sobre alguns deles. Enquanto os protagonistas do que ele chama de "a nova política do otimismo" — Bill Gates (1995), Nicholas Negroponte (1995), William Mitchell (1995) — falam da possibilidade de superação eletrônica da divisão social, Robins é mais cauteloso. O que essa política do otimismo envolve é uma pressuposição não apenas de espaço como mera distância, mas também sempre como *uma carga*.* Ele é, persistentemente, caracterizado, nesses discursos, como um constrangimento. (O constrangimento da distância, em vez de, talvez, o prazer do movimento ou da viagem.) Diz Negroponte: "a idade da pós-informação removerá as limitações da geografia" (1995, p. 165, citado em Robins, 1997, p. 197). Como Robins coloca:

> A política do otimismo quer livrar-se da carga da geografia (e, junto com ela, da bagagem da história), pois considera a determinação geográfica e a situação como tendo sido fontes fundamentais de frustração e limitação na vida humana e social (p. 198).

Tem havido, sugere Robins, "um desejo, há muito existente, de transcendência" dessa ligação à terra, "desses constrangimentos de espaço e lugar" (p. 198), e ele pede cautela, em termos de noções de comunicação e comunidade (e as versões idealizadas, ambas nostálgicas e sem atrito, imaginadas pelos otimistas digitais) e em termos também da importância da materialidade (em oposição à virtualidade).

* "*Burden*", que pode também ser traduzido como "ônus". (N.T.)

Um aspecto desse debate é que, à medida que nossas comunicações a longa distância aumentam, também pode diminuir a importância daqueles que vivem ao nosso lado ("Nós iremos nos socializar em vizinhanças digitais nas quais o espaço físico será irrelevante" — Negroponte, 1995, p. 7; citado em Robins, p. 197). E isso seria, precisamente, minar uma das mais efetivamente produtivas características da espacialidade material — seu potencial para a justaposição circunstancial de trajetórias previamente não conectadas, a questão de dobrar uma esquina e topar com a alteridade, de ter de (de alguma forma e bem ou mal) se dar com os vizinhos que chegaram "aqui" (neste prédio de apartamentos, nesta vizinhança ou país — este encontro) por caminhos diferentes dos seus; esse estar juntos aqui é, nesse sentido, não-coordenado. Este é um aspecto do caráter criador da espacialidade que pode possibilitar que "algo de novo" aconteça. E também coloca questões na esfera do social. É contra essa justaposição não esperada que as batalhas para a "purificação do espaço" são travadas, quer através do emprego de guardas de segurança ao redor das comunidades muradas dos privilegiados, quer através do controle sobre a imigração internacional ou — pois essas batalhas nem sempre envolvem os poderosos excluindo os fracos — através de tentativas de preservar algum espaço próprio por grupos que são socialmente marginalizados. Podemos apoiar um lado ou o outro — a questão envolve o poder espacializado, não de forma abstrata —, mas o que é importante é que envolve contato e alguma forma de negociação social. O que o ciberespaço, em algumas leituras, poderia, potencialmente, permitir é um tipo de desencaixe, em comunidades não-contíguas de pessoas-como-nós, que fogem de todos esses desafios lançados por aquilo que a espacialidade material sempre nos apresenta — o vizinho acidental, não escolhido (diferente). Considerar o espaço puramente uma questão de distância, e então, sob esse aspecto, apenas negativamente, um constrangimento, está por trás do que pode ser uma tendência de tentar escapar de um de seus mais produtivos/disruptivos elementos — nosso vizinho diferente. Staple (1993) escreveu sobre "um novo tribalismo". "Conquistar" a distância não aniquila, de forma alguma, o espaço, mas levanta novas questões sobre a configuração da multiplicidade e da diferença.

Este não é, absolutamente, um apelo sentimental à felicidade das localidades misturadas ou ao simples caráter locacional do espaço (sem dúvida, uma abordagem alternativa para lugar é proposta no próximo capítulo. E esses argumentos sobre a aproximação através da distância física também têm o importante potencial político, de um ponto de vista geográfico, de romper aquele antigo pressuposto de que as nossas prioridades, em termos tanto de afeto quanto de responsabilidade, começam no que está próximo — sua família, sua vizinhança —, e então, com repercussão decrescente, espalham-se para fora em círculos concêntricos). Em vez disso, o que está sendo mostrado aqui é uma preocupação com a nova dimensão potencial de enclausuramento.* Se o previamente distante de fato está ficando muito perto, para nosso conforto, se, no seu ponto de vista, as margens estão, de fato, invadindo demasiadamente o centro, então, além de bradar para que os mecanismos das forças de mercado e da discriminação reorganizem sua locação e escolham seus vizinhos, você pode agora soltar-se ainda mais, vivendo pelo menos parte de sua vida em outro espaço purificado, na Net.

A menos... A menos que "o espaço" não permita que você faça isso. O espaço nunca pode ser definitivamente purificado. Se o espaço é a esfera da multiplicidade, o produto das relações sociais, e essas relações são práticas materiais efetivas, e sempre em processo, então o espaço não pode nunca ser fechado, sempre haverá resultados não previstos, relações além, elementos potenciais de acaso. Certamente, mais uma vez, esse conjunto de características da era contemporânea é rivalizado por seu oposto — histórias de hibridez, mistura, de hackers, invasões, vírus e fluxo. Todos eles, é claro, completamente ambíguos, mas esta é a questão — não é possível nem fechamento hermético, nem um mundo composto apenas de fluxo (sem estabilizações, sem fronteiras de qualquer tipo). Enquanto o fim das cidades através da dispersão liderada pela tecnologia é descrito, com segurança, pelos ciberfuturistas, elas estão crescendo mais do que nunca (Graham, 1998). Mobilidade e fixidez, fluir e assentar, um pressupõe o outro. Como Saskia Sassen (2001) salienta, a própria cidade global, com sua enorme capacidade de gerar e controlar fluxos, é construída sobre vastos recursos espacialmente situados. O ímpeto de movimento e mobilidade, para um espaço de fluxos, só pode ser alcançado através da construção de estabilizações (temporárias, provisórias). Há, apenas, sempre, uma negociação (e uma responsabilidade para negociar) entre tendências conflitantes. A reestruturação da geografia dessa simultaneidade de estórias-até-agora. Isto não é a aniquilação do espaço, mas uma reorganização radical dos desafios que a espacialidade coloca.

* "*Gatedness*" no original. (N.T.)

E, de qualquer forma, as histórias do ciberespaço são desmentidas por suas próprias necessidades, em grande parte materiais. A desvalorização do espaço e do lugar que atravessa essa literatura é um aspecto de uma mudança geral pela qual a "informação" foi conceituada como desencaixada da materialidade, uma implicação do que tem sido "uma sistemática desvalorização da materialidade e da corporeidade" (Hayles, 1999, p. 48). Para todas aquelas tantas narrativas sobre os efeitos do ciberespaço que giram em torno de sua capacidade em tornar o espaço insignificante, no contexto de sua própria produção e operação material (sobre o solo, de qualquer forma), o espaço é de fundamental importância. Os produtores do ciberespaço, efetivamente, sabem muito bem que o espaço é mais do que distância e que ele tem importância crucial. Os tecnopolos e redutos semelhantes de produção de alta tecnologia estão, conscientemente, criando enclaves: separados do mundo confuso e desorganizado, devotados a uma única atividade (a produção/elaboração e glorificação da alta tecnologia), purificados, muito rigorosamente, apesar de nunca com pleno sucesso, de usos "não-conformistas" (aqueles que interfeririam não apenas no processo, mas na imagem), fortemente conscientes do local em que estão situados e, muitas vezes, muito cuidadosamente protegidos. E eles não são regulados apenas num sentido físico, mas também, muito deliberadamente, em termos de significado: a interação entre o status dos cientistas e o diferencial locacional do lugar preservam a autoridade do status social, do lugar e da própria ciência (Massey, 1995b; Massey et al., 1992). Isto é espaço como multiplicidade e, portanto, heterogeneidade e unicidade [*uniqueness*]. O contraste entre o suposto efeito do ciberespaço e a dinâmica de sua própria produção — isto é, entre, por um lado, a superação do espaço e, por outro, seu uso e fabricação extremamente matizados — realça, precisamente, a diferença entre o espaço compreendido apenas como distância e o espaço num sentido mais rico. O que quer que esteja acontecendo ao primeiro, o último está muito longe de ser aniquilado. E esse fato de que a virtualidade do ciberespaço tenha suas raízes, muito firmemente, na terra, realça, também, outra coisa: que o mundo do espaço físico e o mundo das conexões eletronicamente mediadas não existem como se fossem duas camadas separadas, uma (na qual se situa, eu suspeito, um olhar comum da nossa imaginação) flutuando de maneira etérea em algum lugar, para além da materialidade da outra. Como Rob Kitchin (1998) argumentou: "conexões ciberespaciais e banda larga ... são distribuídas [espacialmente] de maneira desigual", "a informação só tem utilidade em relação à localidade dentro da qual o corpo habita" e "o ciberespaço depende da fixidez espacial do mundo real — os pontos de acesso, a fisicalidade e a materialidade dos cabos" (p. 387). Ou, ainda, Stephen Graham: "o poder de funcionar economicamente e se ligar socialmente depende cada vez mais de espaços materiais construídos, baseados em lugares intimamente tecidos em complexas infra-estruturas telemáticas, que os ligam a outros lugares e espaços" (1998, p. 174; ver também Pratt, 2000). Assim como a fixação ao solo da virtualidade a liga a um local específico, da mesma forma os espaços e lugares são alterados em sua fisicalidade e em seu significado através de sua inclusão em redes de comunicação. O mundo "virtual" depende de e, mais ainda, configura as multiplicidades do espaço físico. Isso sempre foi assim; os novos meios de comunicação, neste sentido, não são novos, mas eles reconfiguram (ou têm o potencial de reconfigurar) como essas redes vão operar.

Graham (1998) fez uma distinção, de maneira útil, entre três modos de conceituar o relacionamento entre tecnologia da informação, espaço e lugar. Primeiro, há o modo, que consideramos acima, que ele caracteriza como "substituição e transcendência: determinismo tecnológico, interatividade generalizada e o fim da geografia", e que ele critica do princípio ao fim por seu ingênuo determinismo tecnológico. Segundo, há o modo de "co-evolução: a produção social paralela de espaço geográfico e do espaço eletrônico" que, rejeitando o determinismo tecnológico, estabelece que os espaços eletrônico e territorial são, necessariamente, produzidos juntos. Terceiro, há o modo de "recombinação" que envolve a constituição mútua de tecnologia e esfera social (ver, por exemplo, Callon, 1986; Haraway, 1991; Latour, 1993; Pratt, 2000). É dentro desse terceiro modo de constituição mútua, ele defende, que podemos, mais habilmente, compreender a contínua reconstrução do espaço.

Além disso, e como os autores da abordagem da "recombinação" há muito defenderam, "a constituição mútua" não está apenas entre o humano e o tecnológico, mas com (o que escolhemos chamar de) "natureza" também. Se os mantras que cercam a nova tecnologia evocaram uma infinita instantaneidade de mobilidade desmaterializada, os que cercam a natureza propuseram o oposto. Como Clark (2002) acentua, enquanto reconhecermos a mobilidade na cultura e na sociedade haverá a tendência de sermos ameaçados pela mobilidade da vida não-humana. Cheah (1998) faz uma consideração semelhante sobre os "teóricos do hibridismo" (p. 308). Nós nos preocupamos com as misturas "não-naturais" que estamos produzindo no mundo "natural": "Os teóricos sociais e culturais aceitam, agora, a pilhagem ecológica global, como prova de uma desnaturalização geral que, agora, engloba o mundo biofísico em sua totalidade" (Clark, 2002, p. 103). Isto, ao mesmo tempo que reconhece a co-constituição, trabalha também com um pressuposto, em segundo plano, de que o mundo "natural", se deixado sozinho, iria, de algum modo, ainda, efetivamente, ser organizado através daquela espacialidade territorial modernista, estabelecida com suas regiões coerentes em um enraizamento nativo.

> Mas por que, exatamente, poderíamos nos perguntar, há tanta aceitação política gerada a partir da idéia de destruição da natureza nas mãos da cultura e tão pouco valor em considerar as coisas que a vida obtém por sua própria conta? ... E por que é que, depois de toda a inquietação com o binarismo natureza/cultura, estamos, ainda, tão mais à vontade seguindo o impacto da globalização *no* mundo biofísico do que estamos com qualquer consideração de uma contribuição biológica ou geológica *aos* contornos globais com que agora nos confrontamos? (2002, p. 104; itálicos meus.)

E "embora possa ser verdade que os ecologicamente conscientes, na medida em que agem localmente, tentam "pensar globalmente", esse movimento tendeu a envolver uma projeção em escala planetária de propriedades de apego ao lar [*homeliness*] e enraizamento [*rootedness*]" (p. 105). Clark diagnostica isso como uma perspectiva das cidades da Europa e dos Estados Unidos: "seus eixos constitutivos — a crença ambientalista numa natureza 'que permanece firme' e a celebração cosmopolita da cultura livre de apego ao solo [*groundedness*] e responsabilidades materiais — podem ser vistos, ambos, como derivativos do mesmo distanciamento metropolitano da dinâmica cotidiana da biomaterialidade" (p. 117). (Ele oferece a experiência da periferia colonial como uma alternativa.)

Compreender a natureza como, essencialmente, "estável" é manobra que alude ao desejo de um fundamento, uma base estável para tudo, um terreno firme no qual as mobilidades globais de tecnologia e cultura possam atuar. Os fluxos globais do planeta, orgânicos e inorgânicos, impedem qualquer último refúgio desse tipo. Clark toma a "agora rotineira insistência na porosidade do binarismo natureza/cultura ao pé da letra" e propõe que "a noção de globalização vinda de baixo" poderia ter novas conotações se puder ser mostrado que não há ponto final de desligamento para esse "de baixo", nenhuma cerca de proteção para nos manter no reino do já humanizado" (p. 105). E, uma vez que isso seja levado em conta, de alguma forma, todo o entusiasmo sobre as assim chamadas instantaneidade e aceleração desaparece e elas são reduzidas à sua mais apropriada posição dentro de um planeta que sempre foi uma mobilidade global.

10 elementos para alternativas

De qualquer forma, a questão é que estes são tempos espaciais peculiares. A própria conceituação de espaço está, de forma crucial, mas geralmente implícita, em jogo dentro de confrontações emergentes. Richard Peet (2001), em sua séria crítica de *Neoliberalism or democracy?*, de MacEwan (1999), argumentou que é necessário aprofundar, ainda mais, a crítica do neoliberalismo e o projeto político no qual ele se encaixou. A questão aqui é que a atenção ao papel implícito de contestação aos entendimentos de espaço poderia ser parte integrante desse projeto. Poderia ser central para sua sugestão de que precisamos "revelar o neoliberalismo como um discurso estruturado, finalmente, pelas corporações multinacionais ... e para ler a hegemonia neoliberal geograficamente" (p. 340). A globalização neoliberal como prática material e como discurso hegemônico é ainda mais uma em uma longa série de tentativas de subjugar o espacial. Também não se trata, somente, de uma questão de crítica. A atenção às conceituações implícitas de espaço também é crucial em práticas de resistência e na construção de alternativas.

Foi defendido aqui que muitos dos discursos correntes acerca da globalização fogem do pleno desafio do espaço. Expressar a heterogeneidade espacial em termos de seqüência temporal desvia o desafio da contemporaneidade radical e obscurece a apreciação da diferença. Equiparar o espaço com a instantaneidade sem profundidade priva-o de qualquer dinâmica. Imaginar o espaço como sempre-já territorializado, exatamente da mesma forma que imaginá-lo como apenas uma esfera de fluxos, é uma má interpretação dos modos sempre-mutantes em que fluxos e territórios se tornam condições um do outro. São as práticas e relações que constroem um e outro que demandam ser tratadas. Em contraste, e baseando-se nos argumentos da Parte *Dois*, o que foi enfatizado aqui foram outras características. Primeiro, o espaço como a esfera da heterogeneidade. Posição, localização é a ordem mínima da diferenciação de elementos na multiplicidade que é co-formada com o espaço. É, portanto, também a condição para uma heterogeneidade mais radical. Grossberg escreveu sobre a necessidade de o espaço se tornar um projeto filosófico e argumentou que, dentro de tal projeto, "espacializar o real" significaria conceituar "o real como a produção da singularidade do outro" (1996, p. 179). Segundo, o espaço como a esfera das relações, negociações, práticas de compromisso, poder sob todas as suas formas (Allen, 2003). Nesse contexto, o espaço é a dimensão que coloca a questão do social e, assim, do político (enquanto os espaços "reais" são produzidos *através* do social e do político). E, terceiro, o espaço como a esfera da coetaneidade, da contemporaneidade radical.

Colocada no contexto das mudanças planetárias, a globalização humana é algo trivial, mas provocou uma nova consciência da espacialidade. Appadurai (2001), Castells (1996), Sheppard (2002) e outros escreveram sobre algumas das mudanças na organização e experiência (humana) do espaço que evoluíram junto com ela. Novas visões de espaço diferentemente contorcido e dobrado foram evocadas. Os debates aqui são, provavelmente, mais prosaicos do que estes últimos e estão mais preocupados com o caráter das relações e suas implicações sociais e políticas. Eles se baseiam na noção de espaço como constituído através das práticas de compromisso e das geometrias de poder das relações, da estruturação do espaço (tanto através do fechamento quanto através do fluxo) *através* de tais relações, e através de um entendimento dessas relações como tendo efeitos de poder diferenciados (e desiguais). Tais práticas e relações, mais do que medirem o espaço, o criam, as "distâncias" que elas engendram podem ser aquelas da força física, do (des)alinhamento político, da imaginação... ; e, nesse sentido, em cada uma destas, elas provavelmente deverão ser assimétricas. Os espaços criados pelas relações de mercado são um bom exemplo em questão: as direcionalidades, as desigualdades de poder dentro delas, as múltiplas dimensões de dominância e influência significam que, nesse sentido, há poucos espaços menos "euclideanos" do que os do neoliberalismo global.

E esse é um espaço, também, que está para sempre incompleto e em produção. Sua abertura (ironicamente, a própria dificuldade de sua representação — sua "inapreensibilidade",* nos termos de Jameson) é

* "*Ungraspability*" no original. (N.T.)

o outro aspecto de seu desafio. A trama ilimitada de uma multiplicidade de trajetórias (elas mesmas, desse modo, em transformação) as fraturas concomitantes, as rupturas e as separações estruturais são o que fazem dela, afinal, tão inacessível como um projeto único e totalizador. As descontinuidades culturais e espaciais de Castells, suas populações e lugares de "desconexão estrutural", as disjunções de Appadurai... mesmo os novos hibridismos formados em pontos de interseção e justaposição são tanto um produto das dissonâncias, ausências e rupturas dentro dos processos de globalização quanto um simples aumento qualquer na construção de interconexões. Se, então, fôssemos desenhar um mapa da nova globalização (mesmo, digamos, um mapa bem simples de fluxos), ele não mostraria um sistema totalmente interconectado: haveria tanto ausências de longa duração quanto a produção sistemática de novas desconexões. Isso não significa implicar a existência de ilhas autônomas (*não significa* uma reevocação de uma geografia tipo bola-de-bilhar) — aqui apenas a geografia da globalização está em questão; haverá outras conexões. Tais momentos disjuntivos receberão diferentes nomes em diferentes vocabulários e terão distintas inflexões (um choque de diferenças que permanece não-totalizável, a futuridade indeterminada de uma conjuntura), mas eles compartilham uma abertura na qual ainda há lugar para a política.

Mais importante, talvez, seja retomar a objeção de Fabian em face da imaginação hegemônica da globalização, na qual, transpondo para este contexto as suas próprias palavras, "uma negação generalizada da coetaneidade ... no final das contas, é a expressão de um mito cosmológico de assustadora magnitude e persistência" (1983, p. 35).[14]

Mesmo um esboço tão apressado suscita perguntas para uma política em torno da globalização neoliberal. Quero focalizar aqui apenas três elementos a este respeito: relacionalidade, implicação e especificidade. Mais obviamente, como já argumentado, uma bipolarização de um espaço de livre movimento, por um lado, e um espaço de territórios fechados, por outro, não é apenas uma contradição que é importante destacar na atual constelação conservadora/neoliberal; pode também ser terreno perigoso para a construção de oposições e/ou alternativas. Por um lado, isso ocorre pela velha razão do fetichismo espacial — a forma espacial abstrata em si não pode garantir nada sobre o conteúdo social, político ou ético das relações que constroem aquela forma. O que está sempre em questão é o *conteúdo*, não a forma espacial, das *relações através das quais* o espaço é construído. Mas a questão é, também, mais séria do que isto. Há uma esmagadora tendência, tanto na literatura acadêmica quanto política, e em outras formas de discurso e na prática política, de imaginar o local como o produto do global, mas negligenciando o seu oposto: a construção local do global. "Lugares locais" em um sentido geral, quer sejam Estados-nações ou cidades, ou pequenas localidades, são, caracteristicamente, compreendidos como *produzidos através* da globalização. Há problemas em ambos os lados desta contraposição. Por um lado, significa entender o global, implicitamente, como sempre emanando de algum outro lugar. É, portanto, não-localizado; lugar nenhum. Isto tem paralelo direto com aquela imaginação da informação como desencaixada e descorporificada (Hayles, 1999). Por outro lado, lugares locais, nessa interpretação da globalização, não têm agenciamento [*agency*]. Arturo Escobar caracteriza assim o clássico mantra: "o global é associado com espaço, capital, história e agenciamento, enquanto o local, ao contrário, está ligado a lugar, trabalho e tradição — bem como com mulheres, minorias, os pobres e, poder-se-ia acrescentar, culturas locais" (2001, p. 155-6). O lugar, em outras palavras, é descrito como, inevitavelmente, a *vítima* da globalização.[15]

Houve, em anos recentes, algo como uma defesa reativa nesse front, e uma afirmação do agenciamento potencial, dentro do contexto da globalização neoliberal, do "lugar local" (Dirlik, 1998; Escobar, 2001; Gibson e Graham, 2002; Harcourt, 2002). Mesmo essas importantes colocações permaneceram, no entanto, dentro de um discurso de "defesa do lugar", de uma defesa política do local contra o global.

No entanto, levar a sério a construção relacional de espaço indica uma política mais matizada. Para uma compreensão relacional da globalização neoliberal, os "lugares" são linhas cruzadas nas mais amplas geometrias do poder que constituem tanto eles próprios quanto "o global". Nesta abordagem, lugares locais não são sempre simplesmente as vítimas do global, nem são, sempre, baluartes politicamente defensáveis *contra* o global. Compreender o espaço como o constante produto aberto das topologias de poder aponta para o fato de que "lugares" diferentes ficarão em posições contrastantes *em relação* ao global. Eles estão localizados de modo diferenciado dentro das mais amplas geometrias de poder. O Mali e o Chade, com toda a certeza, podem ser compreendidos como ocupando posições de relativa falta de poder. Porém, e quanto a Londres ou os Estados Unidos ou o Reino Unido? Esses são os lugares dentro e através dos quais a globalização é *produzida*: os momentos através dos quais o global é constituído, inventado, coordenado. Eles são "agentes" *na* globalização. Isto não quer dizer que "lugares inteiros" sejam, de certa forma, atores (ver adiante), mas que é urgente uma política que leve em conta e se dirija à produção *local* do *global* capitalista neoliberal.

Há uma série de implicações imediatas. Para começar, este fato da inevitabilidade da produção local do global significa que há, potencialmente, algum ponto de apoio através da política "local" nos mais amplos mecanismos globais. Não simplesmente defendendo o local contra o global, mas buscando alterar os efetivos mecanismos do próprio global. Isto levanta a questão da "responsabilidade" local pelo global — que será tratada na Parte *Cinco*. Diferentes lugares ocupam distintas posições dentro das geometrias de poder mais amplas do global. Em conseqüência, tanto as possibilidades para a intervenção sobre (o grau de aceitação de) quanto a natureza do potencial de relacionamento político para com (incluindo o grau e a natureza da responsabilidade sobre) essas mais amplas relações constitutivas, também irão variar. Não é por acaso que grande parte da literatura a respeito da defesa do lugar seja proveniente ou do Sul ou, por exemplo, de lugares em desindustrialização do Norte. De tal perspectiva, a globalização capitalista parece, sem dúvida, chegar como uma força externa ameaçadora. Mas em outros lugares pode muito bem acontecer que uma construção particular do lugar *não* seja politicamente defensável como parte de uma política contra a globalização neoliberal — e isto não por causa da impraticabilidade de tal estratégia, mas porque a construção daquele lugar, as teias de relações de poder através das quais ele é construído e o modo como seus recursos são mobilizados é, precisamente, o que deve ser mudado.

Isso, então, seria uma política local que levaria a sério a construção relacional de espaço e lugar, e que, como tal, seria altamente diferenciada, através da altamente desigual articulação dessas relações. A relação local com o global irá variar e, em conseqüência, também irão variar as coordenadas de qualquer política local com potencial de desafiar a globalização. Sem dúvida, argumentar pela defesa do lugar, de uma maneira indiferenciada, significa, de fato, manter aquela associação do local com o bom e o vulnerável, a qual tanto Escobar quanto Gibson-Graham, com razão, corretamente contestam.

O que, no final, preocupa aqui, é uma persistente tendência a descartar o local. Bruce Robbins (1999), ponderando sobre formas de nacionalismo "americano" que adquiriram respeitabilidade, argumenta que:

> Um aspecto característico é que o capitalismo é atacado apenas, ou principalmente, quando pode ser identificado com o global. O capitalismo é tratado como se viesse de algum outro lugar, como se os americanos não usufruíssem nenhum benefício dele — como se ... a sociedade e o nacionalismo americanos estivessem entre suas lamentáveis vítimas ... Recusando-se a reconhecer que essas entranhas mornas são aquecidas e abastecidas pelo frio mundo exterior, esses críticos, reconhecidamente anticapitalistas, permitem que as conseqüências do capitalismo desapareçam do sentimento de responsabilidade nacional (p. 154).

Exatamente o mesmo argumento poderia ser feito sobre muitos outros lugares construídos como um nó de poder dentro das geometrias globais. O que é problemático, politicamente, é que uma defesa persistente do local, *enquanto* local, sem atenção às relações sociais constitutivas, pode conduzir a uma falta de consideração com a *constituição* do próprio local.

Uma linha importante nesse argumento é a de que conceituar o espaço em termos de práticas e relações faz surgir a questão da *implicação*. O local está implicado na produção do global. Além do mais, levar isto a sério contesta, fundamentalmente, algumas das mais persistentes "geografias da resistência" metafóricas. A discussão da conceituação de espaço e tempo de De Certeau, na Parte *Dois*, já levantou esta questão. Ali a formulação era em termos das pequenas táticas mais simples resistindo, de alguma forma, ao "lugar próprio" do poder. Desta forma, "poder" e "resistência", na própria imaginação de sua separação espacial, também são constituídos separadamente. Não há possibilidade, nessa estrutura, para examinar as relações entre eles (ver também sobre isto Sharp et al., 2000). Da mesma maneira, as imaginações de "resistência" em termos de uma espacialidade das "margens" ou "interstícios" bloqueiam um compromisso político mais sério. São todas elas, de algum modo, formas de fetichismo espacial, supondo uma política a partir de uma geografia. Elas representam um romantismo de imparcialidade que se recusa a reconhecer qualquer implicação nesse "poder" ou de assumir responsabilidade por ele. E, ao assim fazê-lo, perdem um possível ponto de apoio para uma política efetiva.

Finalmente, tal entendimento da natureza do espaço globalizado indica uma política de *especificidade*. Como foi argumentado acima, uma política local-global seria estruturada de maneira diferente, de um lugar para outro. Além disso, esse reconhecimento da especificidade é necessário, também, mesmo diante das instituições globais. Este argumento é claramente contra a atual corrente de pensamento. Assim, a Organização Mundial do Comércio opera através da implementação de regras (as regras de livre-comércio etc.) que alegam justiça em termos de sua aplicação universal. Ainda assim, evidentemente, a aplicação de regras iguais, abstratas, em um mundo de infindável especificidade, para não mencionar a enorme desigualdade, não é de fato "justa". Esta espécie de aparente imparcialidade jamais produzirá os resultados igualitários que dela são esperados. Segue-se que o argumento de que as regras do "livre-comércio" deveriam ser aplicadas com mais justiça (que a União Européia deveria abandonar as cotas sobre os têxteis; os Estados Unidos, os subsídios sobre a produção de algodão etc.) é correto (porque no momento as regras se inclinam a favor dos poderosos), mas não é suficiente. Os argumentos contra o livre-comércio são, da mesma forma, inadequados — o protecionismo pode ser justificável ou não, dependendo das relações de poder que constroem cada situação específica ("protecionismo" é outra dessas palavras, como globalização, que foi capturada pela direita política). Para poder responder à especificidade, no entanto, é preciso um acordo (sempre condicional) sobre objetivos, e isto requer foros globais que possam debater propósitos e argumentar sobre a *forma* de globalização em relação a esses propósitos (Massey, 2000a, 2000b), e responder a casos individuais de uma forma situada dentro daquelas premissas mais amplas. A objeção a essa sugestão seria, sem dúvida, que isto levaria a infindável debate e discordância. E isto, sem dúvida, ocorreria. Mas infindável debate e discordância são, precisamente, a essência da política e da democracia (o efeito da aplicação de "regras" é que, tal como com a afirmação da inevitabilidade da globalização, ele retira a política do debate. Trata o processo de globalização como um assunto técnico). Compreender a globalização através do específico das geometrias do poder reforça sua politização para além dos termos de a favor ou contra ela e em torno dos termos de para que ela serve e qual a forma que irá tomar.

© Ann Bowker

Parte *Quatro*
Reorientações

Quer observando cuidadosamente mapas, tomando o trem num fim de semana de volta para casa, descobrindo os últimos movimentos intelectuais ou talvez andando pelas montanhas... nos envolvemos, de incontáveis maneiras, em nossas conceituações implícitas de espaço. Elas são um elemento crucial em nossa ordenação do mundo, posicionando-nos e a outros humanos e não-humanos em relação a nós mesmos. Esta parte explora uma mescla de todas essas coisas: práticas materiais rotineiras, certas figuras de linguagem e atitudes e um ou dois textos particulares. O que o espaço nos proporciona é a heterogeneidade simultânea; ele retém a possibilidade da surpresa, é a condição do social em seu mais amplo sentido e o prazer e o desafio de tudo isso.

11
recortes através do espaço

Caindo nas armadilhas do mapa

Amo mapas — eles são uma das razões por que me tornei "geógrafa". Eles nos transportam para longe, fazem com que sonhemos. No entanto, pode bem ter sido que, apesar disso, nossa noção de mapa tenha ajudado a apaziguar, a retirar a vida do modo como muitos de nós, mais comumente, pensamos sobre o espaço. Talvez nossos atuais mapas ocidentais, "normais", tenham sido mais um elemento naquele longo esforço de subjugar o espacial.

Frente a uma necessidade de conhecermos (onde, exatamente, é o Uzbequistão? Qual é o desenho desta cidade? Como *vou* daqui até Ardwick?), apanhamos um mapa e o abrimos sobre a mesa. Aqui o "espaço" é uma superfície plana, uma superfície contínua. O espaço como o produto acabado. Como um sistema fechado coerente. Aqui o espaço está completa e instantaneamente interconectado, espaço que se pode atravessar. O mapa funciona ao modo das sincronias dos estruturalistas. Fala de uma ordem nas coisas. Com o mapa podemos nos localizar e encontrar nosso caminho. E sabermos, também, onde os outros estão. Portanto, sim, este mapa pode me fazer sonhar, fazer minha imaginação divagar. Mas também me oferece ordem, deixa-me tomar as rédeas do mundo.

Seriam os mapas um arquétipo de representação? "Mapeamos as coisas" para conseguir perceber sua estrutura, precisamos de "mapas cognitivos",[1] "estamos" (eu li isso em fonte segura), atualmente, "mapeando" o DNA. Mapas como uma representação de uma estrutura essencial. A representação ordenadora.

Mas nossa noção do significado original do termo "mapa", o termo em seu uso ocidental atual mais comum, está ligada à geografia e, portanto, ao espaço. Portanto, todas as combinações estão juntas e são, por sua vez, combinadas. Mapas dizem respeito a espaço, são formas de representação, certamente formas icônicas; representação é compreendida como espacialização. Mas um mapa de uma geografia não é aquela geografia — ou aquele espaço — mais do que uma pintura de um cachimbo é um cachimbo.

Obviamente, mapas são "representações". E o são, no sentido criativo e sofisticado em que aprendemos a significar aquela palavra. Obvia e inevitavelmente, também, eles são seletivos (como o é qualquer forma de representação). Esta é a velha questão de Borges. Além disso, através de seus códigos, convenções e seus procedimentos de organização e taxonomia, os mapas operam como uma "tecnologia do poder" (Harley, 1988, 1992). Mas não são essas coisas que são importantes para mim aqui. Não é nem mesmo — quando estendemos o mapa (o país que iremos visitar, a cidade, a região a ser conquistada) na mesa à nossa frente — a tão difamada noção de "visão do alto". Nem todas as visões do alto são problemáticas — são apenas outra forma de ver o mundo (ver a discordância com De Certeau no Capítulo 3). O problema aparece apenas se começamos a pensar que aquela distância vertical nos traz a verdade. A forma dominante de mapeamento, porém, coloca o observador, ele mesmo não observado, fora e acima do objeto do olhar. Porém, o que me preocupa aqui é outro e menos reconhecido aspecto da tecnologia do poder: que mapas (mapas atuais do tipo ocidental) dão a impressão de que o espaço é uma superfície — que é a esfera de uma completa horizontalidade.

Mas e se — relembrando os argumentos da Parte *Dois* — abandonarmos a suposição de que espaço e tempo são opostos que se excluem mutuamente? E se o espaço for a esfera não de uma multiplicidade discreta de *coisas* inertes, ainda que completamente inter-relacionada? E se, ao contrário, ele nos apresentar uma heterogeneidade de práticas e *processos*? Então ele não será um todo já-interconectado, mas um produto contínuo de interconexões e não-conexões. Assim, ele será sempre inacabado e aberto. Esta arena do espaço não é um terreno firme para ficar. Não é, de forma alguma, uma superfície.

Trata-se do espaço como a esfera de uma simultaneidade dinâmica, constantemente desconectada por novas chegadas, constantemente esperando por ser determinada (e, portanto, sempre indeterminada) pela construção de novas relações. Está sempre sendo feito e sempre, portanto, em certo sentido, inacabado (contanto que "acabado" não esteja na agenda). Se, realmente, tomássemos um recorte através do tempo, seria cheio de buracos, de desconexões, de primeiros encontros provisórios malformados. "Tudo está conectado com tudo" pode ser um lembrete político salutar para que o que quer que façamos tenha implicações mais amplas do que aquilo que provavelmente comumente reconhecíamos. Mas não ajuda em nada se nos conduzir à visão de um holismo sempre-já constituído. "Sempre" significa, em vez disso, que há sempre conexões *ainda a fazer*, justaposições ainda a florescer em interações, ou não, elos potenciais que podem jamais ser estabelecidos. Resultados imprevisíveis e histórias em curso. "Espaço", então, não pode ser, jamais, aquela simultaneidade completa na qual todas as interconexões já tenham sido estabelecidas, na qual cada lugar já está (e nesse momento imutavelmente) ligado a todos os outros.

Finalizações em aberto e estórias em curso são verdadeiros desafios para a cartografia. Mapas, naturalmente, variam. Em ambos os

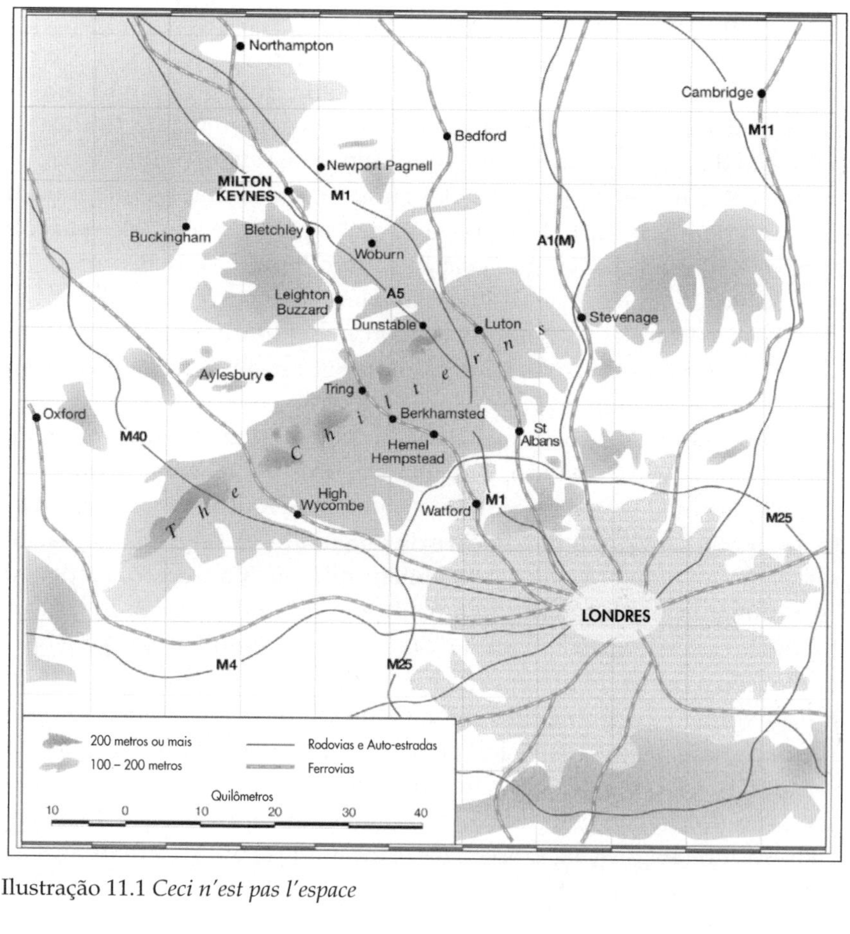

Ilustração 11.1 *Ceci n'est pas l'espace*

lados do Atlântico, antes do encontro de Colombo, os mapas integravam tempo e espaço. Eles contavam estórias. E, ao mesmo tempo em que apresentavam um tipo de panorama do mundo "em um determinado momento" (supostamente), também contavam a estória de suas origens. *O Mappae mundi* apregoava o mundo como tendo rotas cristãs e produzia uma cartografia que contava a estória cristã. Do outro lado do Atlântico, no que se tornariam as Américas, toltecas, mixteca-Pueblos e outros grupos traçavam cartografias que consideravam as origens de seu cosmo. No *Códice Xolotl*, mencionado na Parte *Um*, "acontecimentos são coreografados" (Harley, 1990, p. 101). São mapas que recontam histórias, que integram tempo e espaço. Aqui há uma ironia. Esta transformação de uma migração em uma linha num mapa, a linha dos passos no *Códice Xolotl*, é um dos muitos caminhos pelos quais a representação começou a se chamar espacialização. Um movimento transforma-se em uma linha estática. Apesar de os capítulos 2 e 3 terem explorado este aspecto, é bom acrescentar aqui que parte do argumento de De Certeau a respeito de sua decisão de não usar o termo trajetória está nitidamente desmentido pelo mapa do Códice — a direção das pegadas torna claro que ali não há reversibilidade: não se pode voltar no espaço-tempo. No entanto, esses mapas relembram mais um ponto da Parte *Dois*. Trata-se de "representações" de espaço *e* tempo. Não é o espacial que está fixando o temporal, mas o mapa (a representação) que está estabilizando o tempo-espaço.

E estabilização, ou pelo menos conseguir (ou dar) nossa própria posição em um universo e, em muitos casos, reclamar a sua posse, era tudo o que esses mapas proporcionavam. Tratava-se dos mapas cognitivos hegemônicos de 500 anos atrás. Eram tentativas de apreender, de inventar uma visão do todo, dominar a confusão e a complexidade.

Alguns mapeamentos, por outro lado, induzem a provocar o oposto, romper o sentido de coerência e de totalidade. Cartografias situacionistas, na medida em que ainda tentam retratar o universo, mapeiam esse universo como não sendo uma ordem única. Por um lado, as cartografias situacionistas buscam *des*orientar, desfamiliarizar, provocar uma visão a partir de um ângulo inusitado. Por outro lado, e mais significativo para o argumento aqui, buscam expor as incoerências e fragmentações do próprio espacial (nesse caso, primeiramente, o espaço da cidade). Isto é o oposto das sincronias dos estruturalistas: uma representação do espaço geográfico, não uma estrutura conceitual a-espacial. Aqui há exposição, em vez de oclusão, das rupturas inerentes ao espacial. Aqui o espacial é uma arena de possibilidades. Tal cartografia tenta o que Levin chamou de um mimetismo de incoerência (Levin, 1989, citado em Pinder, 1994). É um mapa (e um espaço) que deixa aberturas para algo novo.

Portanto, com toda a certeza, o espaço não é um mapa e um mapa não é o espaço, mas mesmo mapas não devem pretender impor sincronias coerentes.

Mais recentemente houve outras experiências. "A figura da cartografia é recorrente na teoria cultural contemporânea", escreve Elizabeth Ferrier (1990, p. 35) "... mapear parece ser crucial para a pós-modernidade." A figura do mapa tem sido usada em certa literatura pós-colonial e feminista como uma forma que pode, por um lado, representar atitudes rígidas do passado, mas, também, por outro lado, ser retrabalhada a partir de dentro (Huggan, 1989). Nesses projetos, mapas podem ao mesmo tempo ser desconstruídos, e então reconstruídos, sob uma forma que desafie a reivindicação de singularidade, estabilidade e fechamento que caracterizam nossa noção (e, certamente, na maioria dos casos, a intenção) usual de representação cartográfica.

Aqui, a abertura derrideana de representação é aplicada para salientar a forma clássica do mapa ocidental moderno. A produção de tais mapas é uma "atividade estruturalista exemplar", escreve Huggan (1989, p. 119). São conceituais e atemporais — mas, ironicamente, dado que são mapas, não são estruturas —, espaciais. Huggan usa a noção de coerência contraditória de Derrida para argumentar que mapas desse tipo, necessariamente, "seguem 'o passado até um ponto de presença' cuja estabilidade não pode ser garantida" (p. 119). O "essencialismo sincrônico" de tais mapas pode, assim, ser aberto, e, portanto, o fechamento ao qual eles — e seus autores — aspiram pode, assim, ser contestado a partir de dentro. É uma objeção que tem como objetivo desorganizar "o mapa ocidental clássico" de vários modos. Por outro lado, ele contesta a coerência interna, a uniformidade singular que o mapa clássico reivindica — aponta os "pontos cegos", o "esquecimento de configurações espaciais precedentes" (Rabasa, 1993), as "discrepâncias e aproximações" (Huggan, 1989) que não podem ser obliteradas. Em outras palavras, as indicações de multiplicidade. Por outro lado, a objeção desconstrutiva reconhece uma provisionalidade e transitoriedade necessárias que minam as reivindicações por fixidez, por obrigar as coisas a serem precisas, o que caracteriza o mapa moderno ocidental clássico. O que acontece aqui, então — nessas re-imaginações feministas e pós-coloniais das possibilidades da cartografia —, é um avanço da crítica dos mapas como "tecnologias de poder" para forçar nossa compreensão da própria forma do mapa.

E mais ainda... "pontos cegos", o "esquecimento das configurações espaciais precedentes". E, de Spivak, a "necessária, porém contraditória, suposição de uma terra não inscrita" (1985, p. 133), todos, no contexto pós-colonial, baseados na noção do texto colonial como escritura sobre, desse modo, um outro obliterado. Eles supõem a multiplicidade sob a forma de um palimpsesto. Isto pode capturar a estratégia de dominação, bem como indicar a possibilidade de ruptura. Assim, de acordo com Rabasa, "a imagem do palimpsesto torna-se uma metáfora esclarecedora para entender a geografia como uma série de apagamentos e sobre-escrituras que transformaram o mundo. Os apagamentos imperfeitos são, por sua vez, uma fonte de esperança para a reconstituição ou reinvenção do mundo de pontos de vista nativos e não eurocêntricos (1993, p. 181). É esse apagamento imperfeito que pode ser "provavelmente, também, um meio de delinear uma série de pontos cegos a partir dos quais contradiscursos ao eurocentrismo podem tomar forma" (p. 183). Sim, mas embora essa estratégia desconstrutiva possa possibilitar uma crítica dos discursos coloniais e apontar em direção a outras vozes, outras estórias, no momento suprimidas, sua imagem não é do tipo que possa, facilmente, fornecer recursos para fazer emergirem essas vozes. Esta é uma das restrições de Rajchman (1998) em sua crítica retrospectiva da colagem e superposição (Parte *Dois*, Capítulo 4). Pois, embora criticando a camada de aparente coerência colocada sobre as vozes alternativas pelo poder dominante (em termos pós-coloniais, o poder da Europa; em termos mais gerais, o poder de quem faz os mapas dessa forma), continua a imaginar a multiplicidade heterogênea em termos de camadas. No entanto, "camadas" (como em "acréscimo de camadas") pareciam referir-se, antes, à história de um espaço do que à sua contemporaneidade radical. Coetaneidade pode ser apontada, mas não estabelecida, através da metáfora do palimpsesto. Palimpsesto é também arqueológico. Nessa estória, as coisas que estão faltando (que foram apagadas) nos mapas são, de alguma forma, sempre, coisas de "antes". As lacunas na representação (os apagamentos, os pontos cegos) não são o mesmo que as descontinuidades da multiplicidade no espaço contemporâneo; estas últimas são a marca da coexistência do coetâneo. A desconstrução, deste modo, parece prejudicada por seu foco primário no "texto", por mais amplamente imaginado que ele seja. Ilustrar este argumento através da figura do palimpsesto é ficar dentro da imaginação de superfícies — ele falha em dar vida às trajetórias que co-formam esse espaço.

Assim, Rabasa escreve sobre "os estratos de palimpsestos subjacentes à cartografia" (p. 182). Mas isto significa imaginar o espaço sendo mapeado — que é um espaço como uma simultaneidade — como o produto de estruturas horizontais sobrepostas, em vez de uma coexistência contemporânea plena e em devir.

Cartografias situacionistas, desconstruções mais recentes tentam pensar em termos rizomáticos, todas lutando para abrir completamente a ordem do mapa. Deleuze e Guattari, em combate contra as pretensões, tanto da representação quanto do autofechamento, distinguem entre um traçado (uma tentativa para os dois) e "o mapa"que "é inteiramente orientado para uma experimentação em contato com o real. ... Ele próprio é parte do rizoma" (1987, p. 12). Mas dentro do entendimento dominante de espaço do mapa "comum" no Ocidente, hoje, o pressuposto é, precisamente, de que não há espaço para surpresas. Exatamente como quando o espaço é compreendido *como* uma representação (fechada/estável) (a "espacialização" através da qual "surpresas são evitadas", De Certeau, 1984, p. 89); assim, nessa representação *de* espaço nunca perdemos o caminho, não somos, jamais, surpreendidos por um encontro com o inesperado, nunca enfrentamos o desconhecido (como quando o corajoso Cortés e todos os seus homens, segundo Keats, lançaram um perturbado olhar de suspeição sobre o Pacífico).[2] Em sua discussão sobre o *Atlas* de Mercator (1636), José Rabasa salienta que, apesar de "regiões correspondendo à *terra incognita* possam não ter contornos precisos", elas são, contudo, apresentadas nesse livro de mapas dentro de uma moldura já compreendida (neste caso, na leitura de Rabasa, um complexo palimpsesto de alegorias): "O *Atlas*, assim, constitui um mundo em que todas as 'surpresas' possíveis foram pré-codificadas" (1993, p. 194).[3] Não percebemos as rupturas do espaço, o encontro com a diferença. No mapa rodoviário não dirigimos fora dos limites do mundo conhecido. No espaço, como eu quero imaginá-lo, poderíamos.

O acaso* do espaço

Pois tal espaço implica o inesperado. O especificamente espacial dentro do tempo-espaço é produzido por isso — algumas vezes por um

*Preferimos aqui traduzir "*chance*" como "acaso" tendo em vista a interpretação majoritária defendida pela autora, mas reconhecemos que, em algumas passagens, sentidos ligados a "oportunidade" e "possibilidade" também são pertinentes. (N.T.)

acaso circunstancial, outras não: arranjos-em-relação-um-com-o-outro, que é o resultado da existência de uma multiplicidade de trajetórias. Em configurações espaciais, narrativas de outra forma não conectadas podem ser conduzidas a entrar em contato, ou outras, previamente conectadas, podem ser descartadas. Há sempre um elemento de "caos". Este é o acaso do espaço; o vizinho acidental é emblemático a este respeito. O espaço como o sistema fechado do corte essencial pressupõe (garante) o universal singular. Mas, nessa outra espacialidade, diferentes temporalidades e diferentes vozes precisam descobrir meios de acomodação. O acaso do espaço tem de ser correspondido.

Assim, uma argumentação em torno de um elemento de acaso no espaço combina com o atual *Zeitgeist*. Que, em si, no entanto, pode ser mais problemático do que esclarecedor. Hoje em dia é popular deleitar-se com a gloriosa mescla aleatória de tudo. Isto é tomado como uma forma de rebelião contra o excesso de racionalização e o domínio de estruturas fechadas. Uma reação contra os excessos e a parcialidade "do moderno". Muito freqüentemente, porém, trata-se de uma fraca e confusa rebelião. Pois algo que pode parecer a você aleatoriedade e caos, para outra pessoa pode ser ordem. A feira livre e o conjunto habitacional [*council estate*] são clássicas figuras de contraste aqui: o último é burocrático, ordenado, uniforme (para ser desprezado), a primeira vibra com espontaneidade. Ou é isto, então, o que nos é, constantemente, dito. *The death and life of great American cities* (1961), de Jane Jacobs, deu o tom. Jonathan Glancey, refletindo a respeito do enigma da ordem/desordem, oferece a idéia de que "A desordem pode, naturalmente, produzir variedade, excitação, e sua própria beleza do acerte-ou-erre ... aqueles entre nós que não suportam supermercados ... adoram a desorganizada vitalidade das feiras livres" (1996, p. 20). Meu sentimento está com eles, mas, no entanto... feiras livres urbanas são, de fato, como reconheceu Jane Jacobs, sistemas ordenados, construções intricadas de múltiplas rotinas, ritmos e muito usados caminhos. (Vê-las de outra maneira pode soar como os pressupostos elitistas sobre a espontaneidade da vida das categorias mais baixas. E por que é que, de qualquer forma, enquanto a uniformidade dos conjuntos habitacionais é sempre "uniformidade monótona", a uniformidade burguesa de Bath é universalmente celebrada? Poderia ser que a questão não fosse, de modo algum, uniformidade? Há todo tipo de questões aqui, entre elas classe e política.) O que, para mim, parece desordem caótica, imposta à cidade pela desregulação e privatização, é, provavelmente, para aqueles que construíram suas fortunas através dela, um jogo cujas regras eles conhecem extremamente bem. É a "ordem do mercado". E, novamente, há política aqui. Pois enquanto a ordem e a uniformidade, rejeitadas através de tanta crítica fácil, estão, freqüentemente, associadas a "planejamento" ou "Estado", a ordem disciplinadora do mercado ou de outras forças sociais não-estatais está mais raramente sujeita à mesma atenção, escondendo seu poder por trás do novo caso de amor com o caos (Wilson, 1991, chegou perto desse perigo; para uma correção, ver Glancey, 1996). O uso do adjetivo "estatal" como termo icônico de insulta em uma era de poder corporativo pode ser perigosamente enganoso. Como Lyotard (1989) argumenta, há muito no capitalismo pós-moderno que coincide muito bem com indeterminação e o sublime vanguardista. Ou, ainda, Sadler (1998), escrevendo sobre os situacionistas, defende que o tipo de arquitetura que eles apóiam "existiu por acaso e não por design: ruelas, tecido urbano acumulado em camadas no tempo, guetos" (p. 159). Este último é que é particularmente estranho. O que os sistemáticos e poderosos mecanismos de ordenamento de mercado e discriminação encadearam? Assim, a linguagem da ordem e do acaso tornou-se frouxa e problemática. E ainda assim é importante enfatizar que o elemento surpresa, o inesperado, o outro, é crucial para o que o espaço nos proporciona.

Uma maneira pela qual o "acaso" tornou-se integrante do pensamento sobre o espaço foi através da arquitetura. Os primeiros situacionistas jogaram com idéias nas quais edifícios poderiam ser espaços que permitissem o inesperado e o não planejado. A Children's Home [Casa da Criança], de Amsterdã, de Aldo van Eyck, foi planejada como "um lugar de encontros casuais e da imaginação" (Glancey e Brandolini, 1999, p. 16), e seu pavilhão-escultura, em Arnhem, deveria ter o efeito de "Batida! — Desculpe. O que é isto? Oh, alô!" (Van Eyck, citado em Jencks, 1973, p. 316; Sadler, 1998, p. 171) que capta lindamente a surpresa potencial do espaço. É o vizinho acidental, o encontro com o imprevisto. O que Van Eyck estava almejando era uma mistura de ordem e casualidade que ele chamou "claridade labiríntica" (Sadler, 1998, p. 30).[4]

Tais explorações continuam, em particular, talvez, naquela arquitetura que está, algumas vezes, reunida sob a (freqüentemente questionada) rubrica de *desconstrução* (ver, por exemplo, *Architectural Design*, 1988) e aproximando-se também de uma ressonância do situacionismo. Na introdução do *Architectural Design* ao Fórum sobre Desconstrução na Tate Gallery, em 1988, a arquitetura de Bernard Tschumi foi descrita como valendo-se de "novos conceitos de espaço e tempo ... O objetivo de Tschumi é desafiar ícones e noções de cidade há muito celebrados e mostrar que a cidade em que vivemos é um espaço fraturado de contingências" (p. 7). E, mais tarde, no mesmo número, o próprio Tschumi, discutindo seu projeto *Folies* para o Parc de la Villette, escreveu: "Acima de tudo, o projeto dirigiu um ataque contra relações de causa e efeito ... substituindo essas oposições pelos novos conceitos de contigüidade e superposição" (Tschumi, 1988, p. 38). O que devia ter sido produzido era "algo *undecidable*,* algo que fosse o oposto de uma totalidade" (p. 38). Além do mais, essa *undecidability*** resultava não de uma falta de plano geral, mas da sobreposição de três estruturas separadas (um sistema de ponto, eixos de coordenadas e uma curva), cada uma das quais, em si mesma, era coerentemente lógica. O argumento de Tschumi era o de que a sobreposição dessas estruturas levava a um questionamento de seu "status conceitual como máquinas ordenadoras: a sobreposição de três estruturas coerentes nunca pode resultar em uma megaestrutura supercoerente" (p. 38). É o fato da justaposição espacial que produz a abertura, a impossibilidade do fechamento em uma totalidade sincrônica. Ou, colocando isso ao contrário, esse elemento de acaso/abertura do espaço resulta da coexistência de estruturas que não são, cada qual em si mesma, de modo algum, caóticas — é o fato da multiplicidade que produz a indeterminação. Tschumi trabalha com uma arquitetura que se esforça por possibilitar eventualidades (Tschumi, 2000a, 2000b). Ele escreve sobre combinações "de termos heterogêneos e incompatíveis", sobre as justaposições de diferenças, sobre "eventualidade, aquele lugar de distúrbio ou aquele lugar da invenção de nós mesmos" (2000a, pp. 174, 176). Isto, certamente, capta alguma coisa da abertura da espacialidade. A imagem, no entanto, é infeliz. Pois a indeterminação de Tschumi é produzida através de uma horizontalidade em camadas. É uma indeterminação, que tem suas origens na superposição de três estruturas planas. O problema, aí, é que não há temporalidade. O espaço ali é formado pela união de três superfícies horizontais fechadas.

Quero discutir algo diferente. O espaço é, certamente, "algo *undecidable*", no sentido de Tschumi, mas essa característica não resulta da superposição de superfícies, mas da configuração espacial de trajetórias múltiplas (certamente complexas e estruturadas). Não da interferência mútua de estruturas fechadas (horizontais), mas de trajetórias

* "Que não pode ser decidido." (N.T.)
** "Caráter daquilo que não pode ser decidido." (N.T.)

entrelaçadas de resultados imprevisíveis. Em "Six concepts" (2000a), Tschumi reflete sobre o surgimento da superposição como um artifício, dentro de sua abordagem da arquitetura. Era, ele argumenta, um meio de desafiar o dualismo da forma e função, estrutura e ornamento e as hierarquias contidas dentro deles. Em um movimento que sugere um afastamento daquela horizontalidade de perspectiva que acompanha um enfoque no discursivo, ele continua:

> No entanto, se eu fosse examinar tanto meu próprio trabalho dessa época quanto o dos meus colegas, diria que ambos foram o resultado de uma crítica sobre arquitetura, da natureza da arquitetura. Ela desmantelou conceitos e tornou-se um notável instrumento conceitual, mas não conseguiu tratar da única coisa que faz o trabalho dos arquitetos, fundamentalmente, diferente do trabalho dos filósofos: a materialidade.
>
> Assim como há uma lógica das palavras ou do desenho, há uma lógica dos materiais e elas não são as mesmas. E, no entanto, não obstante o quanto elas sejam subvertidas, algo, fundamentalmente, resiste. *Ceci n'est pas une pipe.* Uma palavra não é um bloco de concreto. O conceito de cão não ladra. Para citar Gilles Deleuze, "Os conceitos do filme não são dados no filme" (p. 173).

Esta é uma virada que tem uma relação íntima com a mudança de perspectiva que está vinculada ao se mudar de um enfoque em horizontalidades para um enfoque em trajetórias coetâneas.

Mas há outras fontes, também, para o pressuposto da importância do acaso. Uma delas é "Ciência". A literatura sobre a teoria do caos, complexidade e incerteza que emana das ciências naturais (inicialmente a meteorologia — ver Gleick, 1988) e, mais freqüentemente, com rotas interpretativas que passaram através de uma ou outra compreensão da física quântica, é agora usada para autorizar, também, uma celebração da *undecidability* em questões sociais.

É nesse contexto que John Lechte (1995) refletiu sobre Breton e Tschumi em sua relação com o espaço. Sua preocupação é explorar a natureza do "espaço pós-moderno", especialmente em relação às cidades: "a arquitetura e a cidade são nossas preocupações" (p. 100) e "desejamos saber que tipo de espaço constitui a cidade pós-moderna" (p. 102). E, em seu repensar da espacialidade da cidade pós-moderna, Lechte realça que o elemento mais crucial é a *undecidability*: incerteza, o elemento do acaso. O surrealismo e a desconstrução de Derrida em arquitetura são explorados, e — inevitavelmente — o *flâneur*. E quase no fim de seu artigo Lechte argumenta que, através da indeterminação, o elemento do acaso torna o espaço irrepresentável. É um argumento interessante, e a minha tão lida cópia do artigo carrega as marcas: este pensamento é sublinhado com aprovação definitiva.

E mais, a maneira de chegar a essa conclusão levanta outras questões. Lechte começa com a "Ciência": "desenvolvimentos na ciência são fundamentais para nos ajudar a compreender o que aconteceu na cidade moderna (ou pós-moderna) e, em particular, o que aconteceu na arquitetura" (p. 100). Sua discussão de ciência segue contornos familiares: que, enquanto a ciência do século XIX se preocupava, acima de tudo, em eliminar o acaso (esta foi a ciência do equilíbrio e da estase), no fim daquele século e pelo século XX a emergência de conceitos de sistemas abertos e tempo irreversível levaram a própria ciência a considerar e aceitar o fato da indeterminação.[5] E essa noção de indeterminação, por sua vez, nos leva a um entendimento diferente da cidade. A pós-modernidade, eu devo sugerir, é, em parte, esse novo entendimento" (p. 102).

A primeira questão se refere à natureza geral da confiança de Lechte na Ciência. Ele discute, de maneira muito interessante, a conexão entre certos desenvolvimentos nas ciências naturais e o trabalho de Lyotard, Derrida e Tschumi. Aqui ele escreve sobre *A condição pós-moderna,* de Lyotard: "nesta passagem Lyotard fala sobre ciência. Ele não está falando sobre política ou filosofia — muito menos sobre teoria literária. Penso que isto é importante, porque se limitando (mas é um limite?) à ciência, Lyotard permanece dentro de uma área onde ainda há consenso sobre a natureza e a importância das evoluções, mesmo que estas sejam pouco compreendidas. Poucas pessoas, por exemplo, gostariam de argumentar que a teoria quântica ou a teoria da relatividade tem carga ideológica" (1995, p. 99). Bem, ideológica em contraste com...? (Pense sobre os debates atuais em biologia.) Grandes mudanças em pontos de vista da ciência são, freqüentemente, imbricados com mudanças (e conflitos) em sociedades dentro das quais a prática científica está embutida em enormes debates sobre o que "significa" a teoria quântica, sobre como deveria ser interpretada (ver, entre muitos outros, Bohm, 1998, e Stengers, 1997). Sem dúvida, a interpretação de Lechte parece uma visão, antes de tudo, irrefletida dentro de um artigo que insiste na *undecidability* e nos limites do conhecimento.[6] Talvez a confiança na ciência pudesse, ela própria, explorar uma certa *undecidability.*

No entanto, há, também, a questão de que *tipo* de acaso está sendo tratado. Ela pode ser imaginada em termos da miríade de minúsculas causas que podem contribuir para qualquer acontecimento — e isso pode ser o que Lechte quis dizer quando escreveu sobre a jornada de Bloom no *Ulysses*: "detalhe empilhado sobre detalhe ... até parecer impossível considerar mais algum" (1995, p. 103). Então, a questão é: trata-se de um problema de nossa falta de conhecimento (nossa incapacidade de analisar) em tal nível de minúcias? Ou melhor, isso poderia ser interpretado como a indeterminação real do processo? Em outro ponto Lechte retoma uma compreensão desconstrucionista palimpséstica do acaso (como em Tschumi): uma "imagem de palimpsesto", em que "vários níveis ... apareceriam debaixo da superfície da versão padrão. Essa qualidade de palimpsesto torna a determinação frágil" (p. 106; aqui há referência a uma noção de linguagem de Wittgenstein). Ou, mais uma vez, em uma reinterpretação do *flâneur* de Baudelaire que se afasta de uma leitura estritamente modernista, Lechte escreve:

> A trajetória do *flâneur** não leva a lugar algum e provém de lugar nenhum. É uma trajetória sem coordenadas espaciais fixas; resumindo, não há nenhum ponto de referência a partir do qual fazer predições sobre o futuro do *flâneur*. Pois o *flâneur* é uma entidade sem passado ou futuro, sem identidade: uma entidade de contingência e indeterminação (p. 103).

Como isso se relaciona com a ciência pós-moderna, com a complexidade e a teoria do caos — as ciências com as quais o artigo começou? A conexão, certamente, parece ser importante para Lechte, que retira seu argumento através de perambulações aleatórias de fumaça e vapor nas pinturas de Turner (ver Serres, 1982). "E nas pinturas de Turner no que ... está a aleatoriedade ...? Na fumaça (navios a vapor, locomotivas, nas fundições de ferro e aço) ... Assim, os próprios emblemas da cidade industrial moderna dariam lugar à indeterminação que ... torna possível uma compreensão diferente da cidade" (p. 102). De fato, suas referências não recorrem a analogias específicas com as dinâmicas dos sistemas abertos ou se referem a todas essas questões de pontos de bifurcação, não-linearidade e assim por diante. Em geral ele passa, bem ligeiramente, sobre um vocabulário generalizado de contingência, imprevisibilidade, efeitos do acaso e indeterminação. É um *Zeitgeist*

---

* Baudelaire afirmou que o novo artista precisava submergir na metrópole e se tornar "um botânico das calçadas", um *connaisseur* analítico do tecido urbano. Ele se referia aos parisienses, e o *flâneur* (o que passeia para se distrair) está associado a Paris e ao tipo de ambiente pedestre que permite uma exploração prazerosa. (N.T.)

que ele aclama, e não qualquer formulação "científica" específica; e isso é uma estratégia legítima. Por outro lado, *Zeitgeists* não emanam apenas das ciências naturais, e a adesão de Lechte a essa versão dos acontecimentos deveria, talvez, ser questionada.

Além do mais, esse tipo de incerteza ontológica geral não é, exatamente, o que está em pauta na noção de acaso do espaço. Assim, apesar de isso fazer parte do mesmo fenômeno mais amplo, é mais específico. O acaso do espaço está dentro da formação constante de configurações espaciais, essas misturas complexas de espacialidade pré-planejada e posicionamentos-em-relação-um-com-o-outro circunstanciais que Tschumi estava tentando alcançar. É na justaposição do circunstancial, no imprevisível despedaçar, na irrupção interna, na impossibilidade de fechamento, no encontrar-se lado a lado com a alteridade, precisamente naquela possibilidade de ser surpreendido (a surpresa que De Certeau defende ser eliminada pela espacialização), que o acaso do espaço deve ser encontrado. A surpresa do espaço. Lechte também evoca este aspecto: "encontro casual sobre encontro casual"(p. 103). Mas isto não é exclusivo da cidade pós-moderna ou peculiar aos espaços heterotópicos: todos os espaços são, pelo menos um pouco, acidentais, e todos têm um elemento de heterotopia. Esta é a instabilidade e o potencial do espacial, ou, pelo menos, o modo como poderíamos imaginá-lo, mais produtivamente, nesses nossos espaços-tempos.

Foi algo desse componente de acaso que os mapas situacionistas tentavam evocar. Para eles, entre as características de espaço (urbano) estava a resistência que ele, necessariamente, oferece à homogeneização do espetáculo. O fechamento do espaço. Mas, talvez, a própria impossibilidade de fechar o espaço, de reduzi-lo à ordem (ou, mesmo, de "conquistá-lo") traz a esperança de que haja, sempre, uma oportunidade de evitar a recuperação — que haja sempre rachaduras na carapaça.

No entanto, o acaso por si só também é insuficiente; o *flâneur* não é suficiente para captar a cidade. Tais imagens alcançam apenas um lado das coisas e há mais do que isso no espaço. Pois "acaso", como o próprio Lechte salienta, relembrando a definição de Cournot, pode também ser definido como "a interseção de duas ou mais cadeias de causalidade"(p. 110). Há caos *e* ordem aqui. (Certamente, como Hacking [1990] salienta, esta "idéia antiga de linhas causais em interseção" é uma "idéia salva-aparência, salva-necessidade" que está dentro de uma compreensão determinista mais ampla [p. 12]). Os situacionistas desprezavam a confiança dos surrealistas apenas no acaso. Comentando o que via como completo fracasso da perambulação surrealista sem rumo, Guy Debord acusou-os severamente de "Uma percepção insuficiente das limitações do acaso e de seu uso, inevitavelmente, reacionário" (Debord, 1956/1981, citado em Sadler, 1998, p. 78), a respeito do que Sadler comenta que "enquanto os situacionistas se encarregaram de desorganizar a visão de mundo burguesa, não desejavam problematizar todo o conhecimento instrumental e ação" (p. 78). Ou, mais uma vez, a claridade labiríntica de Van Eyck que, embora, como os situacionistas, rejeitasse a fixidez e o fechamento determinista, não desmoronou na total indeterminação. Sadler capta isso com habilidade, como "uma ordem mais multifária" (p. 30). (E para adotar, novamente, a figura icônica — ainda que problemática — do *flâneur*, Sadler registra que, apesar de toda sua rejeição do universalismo de pretensão racionalista, para os situacionistas e os membros do Team 10* não se tratava ainda de "que a errância do pedestre confundisse toda a lógica" [1998, p. 30]). Nem são, certamente, o acaso e a indeterminação os únicos focos de toda nova ciência. Ao contrário, há a mutualidade entre acaso e necessidade, e o Santo Graal que muitos dos mais ardorosos proponentes da complexidade estão atualmente buscando é a "ordem profunda" (Lewin, 1993), ordem e desordem como dobradas uma dentro da outra (Hayles, 1990; ver também Watson, 1998).

Imaginações viajantes

Em que consiste viajar? Como podemos pensar melhor nisso em termos de tempo e espaço? Fernão Cortés atravessando com dificuldade o estreito do (que se tornaria) México. Os "Descobridores" partindo através dos oceanos. Minha própria, habitual viagem para o trabalho: sentada em um trem de Londres até Milton Keynes, olhando pela janela a paisagem que cruzamos — fora da bacia de Londres, através do profundo corte esculpido nas colinas de greda, emergindo finalmente na amplidão de argila do East Midlands. Viajando através do espaço? É isso? Pensando desta forma, a própria superfície, de terra ou oceano, equipara-se ao próprio espaço.

---

* *Team 10* — Grupo internacional de arquitetos que emergiu do Ciam (Congrès Internationaux de l'Architecture Moderne) nos anos 50. (N.T.)

Diferente do tempo, parece, pode-se ver o espaço estender-se ao nosso redor. Tempo é ou passado ou por vir, ou o tão minimamente instantâneo *agora*, que é impossível apreender. O espaço, por outro lado, está *aí*.

Um efeito imediato e evidente disso é que o espaço parece ser muito mais *material* do que o tempo. A temporalidade parece fácil de imaginar de forma abstrata, como uma dimensão, como a dimensão da mudança. O espaço, em contraste, tem sido comparado com "extensão" e, através disso, com o material. É uma distinção que reflete, também (como foi visto no Capítulo 5), aquele entendimento de tempo como interior, como um produto da experiência (humana), em contraste com o espaço como material *por oposição à* incorporeidade do tempo: é a paisagem fora da janela, a superfície da Terra, um dado.

Muitos tentaram perfurar aquela superfície lisa. Os eventos de arte de Clive van den Berg (1997) propõem romper a superfície complacente da África do Sul branca com lembretes da história na qual ela se baseia. As *dérives* de Iain Sinclair (1997) através do leste de Londres evocam, através da superfície, passados (e presentes) normalmente não observados. A provocativa noção de "espaço anacrônico" de Anne McClintock — um tempo permanentemente anterior dentro do espaço do moderno — está captando algo semelhante (McClintock, 1995). No caminho entre Londres e Milton Keynes atravessamos Berkhamsted. Logo ao lado da estação estão as reminiscências de um castelo normando, o *motte and bailey,** o fosso ao seu redor, ainda claramente definido, os muros de pedra cinzenta, agora caídos e descontínuos, com a aparência de velhos dentes cinzentos. Sabemos, então, que a "*presentness*"** da horizontalidade do espaço é produto de uma quantidade de histórias cujas repercussões ainda estão lá, se pudermos, pelo menos, vê-las, e que muitas vezes nos pegam, completamente, de surpresa.

No entanto, não são apenas histórias enterradas que estão em questão aqui, mas histórias ainda sendo feitas, agora. Algo mais móvel do que o que está envolvido em escavações arqueológicas através das superfícies do espaço contemporâneo. Alguma coisa mais temporal do

---

* *Motte and bailey* — Monte de terra, como uma pequena colina, feito com terra removida de um fosso que o rodeava e reforçado com barro, no topo do qual era construída uma estrutura de madeira com uma torre no centro (*bailey*). Tipo de fortaleza medieval francesa e inglesa, dos séculos XI e XII, rápida de ser erigida. Um castelo podia ter mais de um *motte and bailey*. (N.T.)

** "Caráter" ou "qualidade" de se fazer ou estar presente. (N.T.)

Ilustração 11.2 *Castelo de Berkhamsted: passado ou presente? (A ponte à direita é o aterro da estrada de ferro.)* © Tim Parfitt

que a noção de espaço como uma colagem de períodos históricos (castelo do século XI contíguo a uma estação ferroviária do século XIX).

Tome então, novamente, o trem de Londres para Milton Keynes.[7] Mas, desta vez, você não está apenas viajando através ou cruzando o espaço (de um lugar — Londres — para outro — Milton Keynes). Na medida em que o espaço é o produto de relações sociais, você também está ajudando, embora, neste caso, de maneira bem mais sutil, a *alterar* o espaço. Você é parte do processo constante de estabelecer e quebrar elos, que é um elemento na constituição de você mesmo, de Londres (que não terá o prazer de sua companhia naquele dia), de Milton Keynes (que o terá e cuja existência como um nó independente de comutação,* em função disso, é reforçado), e, assim, do próprio espaço. Você não está apenas viajando *através* do espaço ou cruzando-o, você o está modificando um pouco. Espaço e lugar emergem através de práticas materiais ativas. Além disso, este movimento seu não é apenas espacial, é também temporal. A Londres que você deixou para trás há apenas meia hora (enquanto você passa, velozmente, através de Cheddington) não é a Londres de agora. Já se alterou. Vidas foram impulsionadas para a frente, investimentos e desinvestimentos foram feitos na City, começou a chover muito fortemente (disseram que iria), uma reunião decisiva foi interrompida causticamente, alguém apanhou um peixe no canal Grand Union. E você está em vias de encontrar

* *"Node of commuting"* refere-se a *commuters*, pessoas que viajam diariamente entre a casa e o trabalho. (N.T.)

uma Milton Keynes que também está em movimento. Chegar a um novo lugar quer dizer associar-se, de alguma forma ligar-se à coleção de estórias entrelaçadas das quais aquele lugar é feito. Chegando ao escritório, reunindo a correspondência, pegando o fio das discussões, lembrando de perguntar como foi a reunião da noite anterior, notando, agradecido, que sua sala foi limpa. Pegando os fios e tecendo-os em um sentimento mais ou menos coerente de estar "aqui", "agora". Unindo-se novamente a trajetórias que encontrou na última vez que esteve no escritório. Movimento, e construção de relações, toma/leva tempo.

Em cada extremidade de sua viagem, assim, uma cidade grande ou pequena (um lugar) que, ela própria, consiste em um feixe de trajetórias. E, da mesma forma, os lugares entre elas. Você está, naquele trem, viajando, não através do espaço-como-superfície (isto seria a paisagem — e, de qualquer forma, o que para os humanos pode ser uma superfície não o é para a chuva e pode também não ser para um milhão de microinsetos que tecem seu caminho através dela —, essa "superfície" é uma produção relacional específica), você está viajando *através de trajetórias*. Aquela árvore que agora balança ao vento lá fora, além da janela do trem, foi uma vez uma fruta em outra árvore, e um dia, conseqüentemente, estará extinta. Aquele campo de flores amarelas de oleaginosas, produtos de fertilizante e subsídio europeu, é um momento — significativo, mas passageiro — em uma cadeia de produção agrícola industrializada.

Há uma passagem famosa, creio que de Raymond Williams... Ele, também, está em um trem e capta um quadro, uma mulher de avental, curvada para limpar uma vala com um bastão. Para o passageiro do trem ela estará fazendo isso para sempre. Ela é apanhada naquele instante, quase imobilizada. Talvez ela esteja fazendo isso ("*tenho de* limpar esta vala antes de ir embora") assim que acabou de trancar sua casa para partir para visitar sua irmã, meio mundo distante, a qual ela não vê há anos. A partir do trem ela não está indo a lugar nenhum, está presa no instante sem tempo.

Pensando o espaço como a esfera de uma multiplicidade de trajetórias, imaginando uma viagem de trem (por exemplo) como se fosse dirigir em alta velocidade através de estórias em processo, significa trazer a mulher de avental à vida, reconhecê-la como outra vida em processo. Do mesmo modo que ocorria com o castelo de Berkhamsted. O trem não corre, argumentam alguns, através de diferentes zonas no tempo, dos tempos normandos para o século XX. Isso seria trabalhar com uma forma de teatro de memória que compreende o espaço como um tipo de composição de instantes de diferentes tempos, um ângulo da imaginação que é a-histórico, trabalhando por oposição a um sentido de desenvolvimento temporal. Espaço como uma colagem do estático. Porém, tanto o castelo quanto a estação continuam suas histórias enquanto eu passo por eles. (Posso contribuir para essas histórias.) De fortaleza normanda o castelo tornou-se um palácio, passou por reis e outras realezas, serviu como prisão e foi, subseqüentemente, canibalizado para a construção de uma mansão. Hoje sua estória continua como uma importante atração turística. (Por mais que as diligências de herança possam desejar, por vezes, preservar as coisas como se estivessem em conserva, elas não podem, realmente, jamais, mantê-las imóveis. O presente mercantilizado, sem profundidade, que Jameson, tão efetivamente, aponta, nega, precisamente, tudo isto. Mas o faz não apenas, como é geralmente argumentado, mercantilizando "o passado", mas também recusando-se a reconhecer as histórias que estão em processo através do presente.) "A única imagem adequada é aquela que inclui um sentido de movimento em si mesmo" (Rodowick, 1997, p. 88). O trem cruza a história em processo do castelo.

Como Jameson argumentou (Capítulo 7), reconhecer tudo isso é impossível. Cada viagem de trem (e isto seria o mínimo) iria se tornar um pesadelo de confissão de culpa por todas as estórias, cuja plenitude de existência coetânea não conseguimos reconhecer... enquanto o trem corre. A questão aqui não é esta, mas a mudança de perspectiva... o abrir imaginativo do espaço. Trata-se de recusar a ligeireza do olhar imaginativo que se estende da temporalidade modernista singular até a falta de profundidade pós-moderna; trata-se de, pelo menos, reter algum sentido dos múltiplos devires contemporâneos.

Quando Fernão Cortés subiu no alto do passo entre os vulcões coroados de neve e olhou para baixo sobre a incrível cidade insular de pirâmides e passagens, o imenso vale central entre as cadeias de montanhas estendendo-se rumo às áreas mais quentes, ele não estava apenas "atravessando o espaço". O que estava para acontecer, enquanto ele e seu exército, e os grupos locais descontentes que eles tinham recrutado pelo caminho, marchavam sobre Tenochtitlán, era o encontro de duas estórias, cada qual já com seus próprios espaços e geografias, duas histórias imperiais: a asteca e a espanhola. Lemos, com muita freqüência, sobre a conquista do espaço, mas o que estava/está em pauta é também o encontro com outros que estão também em viagem, também fazendo histórias. E também fazendo geografias e imaginando o espaço: pois o olhar para trás coetâneo, mesmo você o desconsiderando, encontra-se em uma relação diferente com o seu "aqui e agora". Conquista, exploração, viagens de descoberta dizem respeito ao encontro de histórias, não a meros lançamentos "através do espaço". A mudança na designação, desde *la conquista* até *el encuentro*, fala também de uma imaginação mais ativa do envolvimento entre espaço e tempo. Como Eric Wolf (1982) tão bem nos lembrou, pensar de outro modo é imaginar "um povo sem história". É imobilizar — suspensos esperando nossa chegada — o lugar e o outro fim da própria jornada, e é também conceber a própria jornada como um movimento, simplesmente, através de alguma superfície estática imaginada.

Os argumentos de Wolf e as afirmações de outros, de tendência semelhante, são agora bem reconhecidos e amplamente citados. No entanto, suas implicações raramente são levadas em consideração e essa falha tem efeitos políticos. O envolvimento reconhecedor, mas crítico, de José Rabasa com o trabalho de Michel de Certeau fornece uma encantadora ilustração tanto de como maneiras de pensar opostas (que "outros" "lá longe" não têm história) estão ainda profundamente embutidas na maneira com que imaginamos o mundo, quanto de por que isto importa. Rabasa (1993) analisa particularmente o tratamento de De Certeau da *Histoire* de Jean de Léry de sua viagem ao Brasil (De Certeau, 1988; De Léry, 1578) e sublinha a oposição que De Certeau estabelece em De Léry entre dois "planos". Ele cita:

> No primeiro está escrita a crônica de fatos e feitos ... Esses acontecimentos são narrados em um *tempo*: uma *história* é composta com uma cronologia — muito detalhada — de ações empreendidas ou vividas por um *sujeito*. No segundo plano, *objetos* são dispostos em um espaço governado, não pela localização ou rotas geográficas — essas indicações são muito raras e sempre vagas —, mas por uma taxonomia de seres vivos, um inventário sistemático de questões filosóficas etc.; em suma, o *catalogue raisonné** de um conhecimento (De Certeau, 1988, pp. 225-6; citado em Rabasa, 1993, pp. 46-7; itálicos no original).

De Certeau está, aqui, estabelecendo um conjunto de oposições: entre uma Europa histórica ativa e uma passividade-a-ser-nomeada, entre um sujeito/"agenciamento"** e um objeto do olhar/conhecimen-

* "Catalogue raisonné", em francês no original — livro contendo todas as obras de um artista. (N.T.)

** "*Agency*" no original. (N.T.)

to, e (apesar de Rabasa não comentar este aspecto) entre tempo e espaço. O primeiro ponto de Rabasa reflete os argumentos já apresentados (Capítulo 3), que são uma crítica à "insistência no binarismo" de De Certeau (Rabasa, 1993, p. 46), e relaciona isso com as raízes de De Certeau no estruturalismo e "o perigo de repetir as categorias do método que está sendo criticado" (p. 43) — a dificuldade, mesmo na crítica, de escapar completamente desses termos.

Mas Rabasa, então, vai mais além. A "passividade" não era, de fato, simplesmente passiva, ele argumenta; o Brasil *não* era simplesmente um objeto de conhecimento. Como na América Latina, em sentido mais amplo, havia um *input* substancial para a interpretação colonial desse "novo mundo" de conhecimentos indígenas ativos. Não era um "desejo ocidental" avançando a passos largos numa página em branco do a ser conquistado/colonizado; antes, e por mais desiguais que fossem os termos, tratava-se de um encontro. (Na linguagem do argumento deste livro, havia mais de uma história neste caso.) Além disso, defende Rabasa, não é apenas em termos de uma interpretação do passado que tais leituras binárias têm efeito: mais usualmente elas estabelecem um fechamento tautológico que ignora um caráter de abertura potencial, é uma "inclinação ao fechamento" cuja abertura tem de ser forçada, precisamente, para permitir uma saída do atual eurocentrismo.

Nessas circunstâncias, o que Rabasa não faz (não era sua preocupação) é extrair o que, neste caso, está se passando em termos de tempo e espaço. Isso, também, é uma oposição embutida na citação de De Certeau (embora devesse ser reconhecido que também é sugerida a possibilidade de que o espaço pode ser traçado através de "caminhos" — que ele pode ser mais ativo, móvel?). Nessa formulação história/tempo é o termo ativo, atravessando a geografia/espaço passiva. E é assim que "outros" são tornados estáticos, sem história.

E é assim, também, que podem se transformar em uma "página em branco". Esta é uma expressão importante: disposta por De Certeau e analisada por Rabasa e nos liga, de volta, a outros temas. O argumento de Rabasa é de que a construção e interpretação desses discursos ativos/passivos do colonialismo (e, em minhas palavras, desses discursos de tempo e espaço) estão ligadas a outras mudanças históricas mais amplas. Em primeiro lugar, estão comprometidas com uma distinção mais usualmente emergente, entre um "sujeito" e um "objeto" de conhecimento (e, do ponto de vista de Rabasa, com 'a emergência da subjetividade ocidental como universal') (p. 47). Em segundo lugar, estão comprometidas com o surgimento da "economia escriturística do

Renascimento" e a estrita distinção entre escrita e oralidade, com a última designada como a forma primitiva: "foi apenas no Renascimento que a escrita se definiu como trabalho, em oposição à não produtiva oralidade. Essa economia escriturística reduziu os ameríndios a 'selvagens' sem cultura, portanto, a aprendizes da cultura ocidental" (pp. 51-2). A oralidade é banida para a espacialidade do objeto; a pessoa escreve *sobre* ela.(Assim como a pessoa, supostamente, viaja *através* do espaço.)

Assim, tanto a expressão "economia escriturística do Renascimento" quanto o elo de Rabasa entre oralidade e espacialidade são tirados de De Certeau (De Certeau, 1984, cap. 10; e 1988, cap. 5, respectivamente).[8] De Certeau escreve: "A 'diferença' envolvida na oralidade ... delimita uma *extensão de espaço*, um objeto de atividade científica. Para poder ser falada, a linguagem oral espera uma escrita para circunscrevê-la e para reconhecer o que ela está expressando" (De Certeau, 1988, p. 210; itálicos no original). Dois usos, assim, vêm juntos: a página em branco do que se tornaria, nesse caso, as Américas "nas quais o desejo ocidental será escrito" (1988, p. xxv) e a página em branco como "o lugar apropriado para 'escrever'" (Rabasa, 1993, p. 42). Para De Certeau, 'escrever' é "a atividade concreta que consiste em construir, em seu próprio espaço em branco (*un espace propre*) — a página — um texto que tem poder sobre a exterioridade da qual foi, antes, isolado" (De Certeau, 1984, p. 134). A noção de uma página em branco se relaciona tanto com "a conceituação do 'Outro' como ausência de cultura" (Rabasa, 1993, p. 42) — ou, em meus termos, e mais usualmente, como uma ausência de história/trajetória — *quanto com a* conexão entre escrita-como-representação e espaço. E, como pode ser lembrado do Capítulo 3, para De Certeau "O 'próprio' é uma vitória do espaço sobre o tempo" (1984, p. xix). Além disso, como Rabasa continua argumentando, em relação ao desenvolvimento da imprensa escrita em contraste com os "escribas da Idade Média", "livros e mapas ... não só tornaram a informação mais accessível, mas também traçaram o mundo como *superfícies* prontas para serem 'exploradas'" (1993, p. 52; itálico meu).[9]

Duas coisas funcionam juntas aqui, então, e uma reforça, poderosamente, a outra. Por um lado, a representação de espaço como uma superfície e, por outro, a imaginação da representação (aqui, novamente, na forma específica de escrita, como representação científica) em termos de espacialização. Juntas, elas conduzem à estabilização de outras, sua privação de uma história. É uma cosmologia política que nos permite visualizar, privar outros de suas histórias, mantê-los imóveis para nossos próprios propósitos, enquanto nós nos movemos. Crucial para essa operação é o domínio do espaço.

E aqui este argumento pode se ligar a outros. Pois fazemos tal mágica com nossas noções usuais de espaço. Não somente o imaginamos como uma superfície, de fato concebemos freqüentemente nossos percursos "através" dele, também, como temporais. Mas não da maneira como o concebo, em que nossa trajetória se encontrará com as de outros. Como foi argumentado, "o Ocidente", em suas travessias, em sua antropologia e em suas atuais imaginações da geografia da globalização, tem tantas vezes se imaginado partindo e encontrando não histórias contemporâneas, mas o passado. (Os que viajam para a Califórnia se imaginariam acelerando-se através da história?) Ou, novamente, há a maneira em que a estória das cidades é contada tão freqüentemente, como uma estória de mudança única de Atenas a Los Angeles. (Onde, nessa linha de desenvolvimento, colocamos Samarcanda ou São Paulo? Isto quer dizer que Calcutá será um dia como Los Angeles? E que dizer de Bangalore?) Espaço como superfície, assim, mas que se inclina no tempo.

Nós fazemos isso em nossas vidas cotidianas. Migrantes imaginam o "lar", o lugar em que costumavam estar, *como* costumava ser. Os Angry Young Men* britânicos dos anos 50 e 60 tornaram-se um ícone a este respeito; vindo para o sul para se tornarem famosos, ao mesmo tempo ridicularizando e, algumas vezes, quase sempre na figura da "Mãe", venerando os lugares do norte que eles haviam deixado. Mas o que eles tentavam fazer, quase sempre, era manter esses lugares como se estivessem em conserva; eles estacionavam as histórias desses lugares no ponto em que os migrantes partiam. A superfície espacial, de Londres para o norte, deslizava para trás no tempo.

Eu também sou uma nortista que vive atualmente "lá embaixo no sul" e tenho, muitas vezes, pensado nesse contexto de "voltar para casa". Quando o trem passa por Cloud Hill, depois de Congleton, quase chegamos lá. Eu guardo meus livros (é um ritual), as montanhas tornam-se mais altas, as pessoas menores e sei que, quando sair do trem, encontrarei novamente as animadas respostas malcriadas do sul de Lancashire. Estou "em casa", adoro isto. E parte do que amo, neste

---

*Autores de peças teatrais do pós-guerra, que expressaram seu desencanto e falta de raízes, entre eles John Osborne, cuja peça *Look Back in Anger* deu o nome ao grupo. (N.T.)

caso, é meu mais rico conjunto de conexões, mais precisamente sua familiaridade.

E o que há de errado nisto? Este tipo de saudade — do migrante, por exemplo — de um "lar" que se costumava conhecer? Wendy Wheeler (1994) tratou dessa questão em seu sério trabalho sobre as perdas que sofremos, como um preço pela nossa incorporação ao projeto da modernidade (ver também Wheeler, 1999). Como muitos outros, ela aponta para a proeminência, dentro do pós-moderno, de sentimentos e expressões de *nostalgia*, inclusive nostalgias de lugar e lar (uma seção tem o título "Pós-modernidade como saudade de casa"). Ao mesmo tempo que concorda com as afirmações de que a fixação da identidade dos lugares é sempre uma questão de poder e contestação, em vez de uma autenticidade efetivamente existente, e de que "o passado não era mais estático do que o presente" (ela cita e comenta, neste ponto, Massey, 1992b, p. 13), afirma também: "é, todavia, ainda, o caso, como defende Angelika Bammer (Bammer, 1992, p. xi), que esses gestos nostálgicos do pós-modernismo constituem "os gestos que recuperam nossas necessidades afetivas". Uma das questões que o pós-modernimo coloca para a política é a de uma resposta às necessidades afetivas" (Wheeler, 1994, p. 99). Seu argumento é o de que a modernidade do Iluminismo foi comprada a custo da exclusão radical de tudo o que possa ameaçar a consciência racional. Além disso:

> Essa exclusão radical do "outro" da Razão forma a base, tanto para as principais distinções sobre as quais a modernidade é fundada (razão/falta de razão; maturidade/infantilidade; masculinidade/feminilidade; ciência/arte; alta cultura/cultura de massa; crítica/afeto; política/estética etc.) quanto da própria subjetividade moderna (p. 96).

Este é um argumento importante e que, de muitas maneiras, vincula-se com as teses deste livro.[10] A nostalgia pós-moderna, nessa leitura, é, pelo menos parcialmente, explicável como um tipo de retorno da modernidade reprimida. Além disso, pode tomar várias formas, e um projeto político potencial consiste, precisamente, em articular uma forma politicamente progressista. O título do artigo de Wendy Wheeler é "Nostalgia isn't nasty" ("Nostalgia não é vergonhosa").

Assim, nostalgia aciona, constitutivamente, noções de espaço e tempo. E o que eu gostaria de defender é que penso, com simpatia, na tese de Wheeler em seu nível mais amplo, quando a nostalgia articula espaço e tempo de tal forma que priva os outros de suas histórias (suas estórias), e então, certamente, temos de reformular a nostalgia. Talvez, *nesses* casos, ela seja, de fato, "vergonhosa".

Minha questão é que a imaginação de voltar para casa (e não tenho nenhuma certeza, como Wheeler indica, de que se trata apenas de um fenômeno pós-moderno) significa, tantas vezes, "voltar" tanto no tempo quanto no espaço. Voltar para as antigas coisas familiares, para o modo com que as coisas costumavam ser. (Certamente, enquanto olho para Congleton pela janela, as coisas que seleciono são, muitas vezes, as coisas que relembro do passado. Signos da especificidade de Manchester que, muitas vezes, também se entrelaçam (se misturam) (dadas as tendências da modernidade *e* da pós-modernidade para a mesmice*) com signos herdados do passado — pensa-se obliquamente em *The Argentine writer and tradition* de Borges, 1970).

Um momento me assombra nesse aspecto. Minha irmã e eu tínhamos "voltado para casa" e estávamos sentadas, com nossos pais, na sala da frente, tomando chá. A festa em tais ocasiões era o bolo de chocolate. Era uma especialidade: consistente e com um tipo de mistura de manteiga, calda grossa e chocolate em pó no recheio. Uma receita dos tempos de guerra, creio, inventada pela necessidade, e um triunfo. Eu adorava. Nessa ocasião, porém, mamãe foi até a cozinha e voltou trazendo um bolo de chocolate que era completamente diferente. Todo leve e fofo e de um marrom pálido. Não a boa velha e pesada doçura que tanto adorávamos. Ela estava satisfeita: uma nova receita que tinha encontrado. Mas a uma só voz minha irmã e eu lançamos um lamento de protesto: "Oh, *mamãe*... mas nós gostamos do *antigo* bolo de chocolate."

Muitas vezes revivi e me arrependi daquele momento, apesar de pensar que ela havia entendido. Para mim, sem pensar, assim, nas suas implicações, parte da questão de voltar para casa era fazer as coisas como sempre as havíamos feito. Voltar para casa, como eu estava vivendo naquele momento, não queria dizer me encontrar com as vidas de Manchester. Certamente era tanto uma viagem no tempo quanto no espaço, mas eu vivia aquele momento como uma viagem ao passado. Entretanto, os lugares mudam, eles prosseguem sem você. A mãe inventa novas receitas. Uma nostalgia que nega tudo isso está, certamente, precisando ser reformulada.

Pois a verdade é que nunca se pode simplesmente "voltar", ir para casa ou para qualquer outro lugar. Quando você chega "lá", o lugar

---

* No original, "*sameness*". (N.T.)

terá prosseguido assim como você terá mudado. E essa é, naturalmente, a questão. Pois abrir "espaço" para esse tipo de imaginação significa pensar tempo e espaço como mutuamente imbricados e pensar em ambos como produto de inter-relações. Não se pode voltar no espaço-tempo. Pensar que se pode é privar os outros de suas estórias independentes em processo. Pode ser "voltar para casa" , ou imaginar regiões e países como atrasados, necessitando alcançar (outros), ou simplesmente passar aquele feriado em um local "não corrompido, fora do tempo". A questão é a mesma. Não se pode voltar (as trajetórias de De Certeau não são, de fato, reversíveis. Que se possa fazer um traço para trás em uma página/mapa não significa que se possa também fazê-lo em termos de espaço-tempo. Os indígenas mexicanos podiam retraçar seus passos, mas seu lugar de origem já não será o mesmo). Não se pode fazer com que os lugares parem. O que se *pode* fazer é encontrar os outros, alcançar onde a história do outro chegou "agora", mas onde esse "agora" (mais rigorosamente, esse "aqui e agora", esse *hic et nunc*) é ele próprio constituído por nada mais do que — precisamente — aquele encontro (mais uma vez).

(Confiar na ciência? 3)

Argumentei que há um tipo especial de mistura entre ordem e acaso que é parte integrante do processo contínuo de (re)configuração espacial em um espaço-tempo aberto, os resultados imprevisíveis, os componentes de caos, os encontros sem fusão.

Há razões estratégicas para proceder desta maneira particular. Tentar fundamentar esses argumentos em um movimento de idéias geral, por exemplo, da teoria do caos ou da teoria da complexidade, bem longe de comprometer-se com argumentos relacionados com os pressupostos ontológicos implícitos em tais asserções, significaria tanto depreciar o ponto que estou querendo defender quanto perder de vista a especificidade dos mecanismos que desejo indicar. Além disso, subsumindo as características especificamente espaciais de abertura e indeterminação dentro de alguma referência geral da (hoje geralmente aceita) complexidade e indeterminação sobre quase tudo, se perderia a capacidade, também, de apontar as implicações políticas e sociocientíficas de considerar seriamente a especificidade do acaso do espaço.

Porém, seria falso negar qualquer conexão entre os debates sobre a espacialidade e a mais ampla circulação de idéias sobre complexidade e indeterminação. Certamente, é defensável que o que vem acontecendo não *é simplesmente a adoção e utilização pelos cientistas sociais e filósofos das idéias que tiveram sua origem básica em uma ciência natural que esses teóricos sociais reverenciam. Assim, Nigel Thrift (1999) defende que idéias de complexidade vieram moldar "uma estrutura* trivial *de inteligibilidade"(p. 35; destaque no original) e que a* teoria *da complexidade "pode ser vista como* um *dos precursores da ... emergência de uma estrutura da percepção, em sociedades euro-americanas, que constrói o mundo como complexo, irredutível, anti-fechamento e, ao fazê-lo, está produzindo um sentido muito maior de abertura e possibilidade sobre o futuro" (p. 34; destaque meu). Para Thrift, "as metáforas da teoria da complexidade são tanto um chamado quanto uma resposta" (p. 53) a essa estrutura emergente de percepção.*[11] *Esta é uma útil reconfiguração do que está acontecendo. Os princípios da teoria da complexidade estão, eles próprios, incluídos em um* Zeitgeist *mais amplo.*

Essa recolocação levanta outras considerações. Primeiro, há o argumento (Parte Dois*) de que os caminhos percorridos pelas idéias são complexos e multidirecionais. O* Zeitgeist *não tem raízes singulares em um domínio par-*

ticular do pensamento, tal como a teoria da complexidade na ciência natural. As passagens dos conceitos e as translações e transformações que ocorrem no percurso são, provavelmente, multivariadas (Thrift, 1999). Zohar, certamente, inverte o que é, talvez, o pressuposto mais comum e argumenta que "como a ciência newtoniana antes, a ciência do século XX fortaleceu-se *a partir de uma profunda mudança da cultura geral, um afastamento da verdade absoluta e da perspectiva absoluta em direção à contextualização, um afastamento da certeza, em direção a um reconhecimento do pluralismo e da diversidade, em direção a uma aceitação da ambigüidade e do paradoxo, da complexidade, em vez de a simplicidade" (1997, p. 9; destaque meu). E, sem dúvida, de maneira bem diferente, Thrift apresenta a hipótese de que a teoria da complexidade poderia muito bem estar sendo difundida com maior sucesso fora do que dentro das ciências naturais. Essa natureza labiríntica do percurso de idéias é, naturalmente, um fenômeno mais geral. Prigogine e Stengers (1984, principalmente o Capítulo 1) colocam seu argumento, firmemente, no contexto de um longo* intercâmbio *histórico, entre as ciências naturais, por um lado, e a filosofia/ciências sociais, por outro. Stengers, cuja posição mais ampla consiste em defender* tanto *a maior comunicação entre ciência e filosofia* quanto *o maior ceticismo sobre a autoridade da ciência, produz uma consideração muito nuançada do potencial e dos perigos inerentes às trajetórias dessa idéia particular (Stengers, 1997, principalmente o Capítulo 1, que tem o título de "Complexity: a fad?"). Deleuze (1995), quando questionado sobre seu próprio uso de conceitos da física contemporânea, referiu-se, precisamente, a Prigogine e propôs que o conceito de bifurcação seria "um bom exemplo de um conceito que é, irredutivelmente, ao mesmo tempo, filosófico, científico e artístico" (pp. 29-30). Filósofos podem criar conceitos que são úteis em ciência e, o que é mais importante, "nenhum status devia ser dado a qualquer campo em particular, seja filosofia, ciência, arte ou literatura" (p. 30).*

Pode ser mais apropriado, então, interpretar referências à teoria da complexidade, mesmo quando, como no caso de Lechte, elas apelam, de forma muito explícita, para a ciência natural como um campo de legitimização para seu argumento, de preferência como elementos particulares em uma estrutura de inteligibilidade mais ampla e multiplamente interconectada, que está emergindo como própria da nossa época, pelo menos em alguns países ocidentais. Eu sustentaria, contudo, que estamos ainda compelidos pelo dever de tratar de um número de perguntas mais específicas. Assim, eu defenderia, ainda temos de especificar, cada um em seu próprio campo de estudo, exatamente o que queremos dizer ao acolher essa referência geral para nossa área particular, e exatamente que função ela tem, em que questões nos proporciona aquisições mais efe-

tivas. Esta questão emerge como uma tendência fascinante de debate em Lewin (1993).

Além disso, e este é o ponto mais importante, há, de qualquer forma, a necessidade de seguir de acordo com o Zeitgeist. *De cada* Zeitgeist, *de cada estrutura de percepção que acolhemos e empregamos, certamente é necessário perguntar: está de acordo não apenas com "a época" (e daí?), mas com o modo como desejamos (socialmente,* politicamente) *nos* dirigir *a essa época? Pode ser que desejemos, precisamente, subverter as tendências culturais dominantes do momento.*

No entanto, há, talvez, uma conexão mais precisa, que vai além de uma correspondência, entre conceitos de complexidade, por um lado, e uma reavaliação do significado do espaço, por outro. Argumenta-se freqüentemente, por exemplo, que, em termos mais gerais, a teoria da complexidade evoca "o espacial", que tudo ao que ela se refere diz respeito ao tipo de configurações espaciais que são desafiadas pela canalização de energias. Certamente, toda a noção de sistemas distributivos, as práticas de processamentos paralelos e mesmo a própria idéia de emergência, levam, necessariamente, dentro de si, implicações de multiplicidade por oposição a uma linearidade singular. Elas dependem, precisamente, de uma inter-relacionalidade complexa. E a multiplicidade e a inter-relacionalidade, por sua vez, no argumento aqui apresentado, implicam espacialidade (isto não quer dizer, ainda assim, que deveríamos nos voltar para a teoria da complexidade para justificar tais pontos de vista. As feministas, trabalhando por um pensamento relacional, chegaram até aí por caminhos diferentes; aqueles que imaginam o surgimento da identidade através da multiplicidade o fizeram da mesma forma ... e eu argumentaria o mesmo sobre nosso pensamento acerca da espacialidade). Em relação à conexão específica entre complexidade e espacialidade, Thrift escreve: "Enquanto vários corpos da teoria científica anteriores estavam preocupados, principalmente, com a progressão temporal, a teoria da complexidade está preocupada, igualmente, com o espaço. Toda a sua estrutura depende de propriedades emergentes surgindo de excitantes ordens espaciais sobre o tempo" (1999, p. 32). Mas, mais uma vez, temos de ser cuidadosos, pois há inúmeros passos diferentes aqui. Como a Parte Dois *esforçou-se para mostrar, e como esses teóricos (Stengers, Prigogine), mais preocupados em propagar as implicações da teoria da complexidade, insistentemente, argumentam, "corpos de teoria científica anteriores" estavam de fato, precisamente,* em suas próprias leituras, *abstraindo da confusão histórica verdades eternas, confortavelmente estáveis ("espaciais", para eles). Eu argumentaria, então, de modo bem diferente: que se há essa conexão geral entre a teoria da complexidade e a espacialidade é também porque a primeira tem o potencial de forçar a segunda a significar algo diferente. O "espaço" não pode mais ser o concretizador final e o estabilizador, através da representação científica das leis fundamentais do mundo. Sem dúvida, a configuração espacial é interpretada, agora, como um fator significativo no surgimento do novo. Não quer dizer assim que o espaço, num significado imutável, de repente se encontra sobre o palco, mas que o que queremos dizer com espaço também foi (ou potencialmente é) revolucionado.*

Há, no entanto, aspectos particulares da teoria da complexidade que combinam com essa, potencialmente, revolucionada imaginação de espaço. Há uma ênfase na justaposição, no encontro e imbricação e em seus, nem sempre previsíveis, efeitos: isto é, no configuracional. E, acima de tudo, há, em algumas leituras da teoria da complexidade, pelo menos, uma insistência na compreensão da temporalidade como sendo aberta. Portanto, se tais conexões existem, se as indeterminações da complexidade combinam com as indeterminações que surgem quando uma espacialidade (reimaginada) é integrada, mais plenamente, em nossas análises, então isso poderia ser outro elemento no Zeitgeist *contemporâneo, que é responsável pelo que foi chamado de "virada espacial" na teorização social.*

E, mais, as dimensões dessa conexão permanecem altamente irreconhecíveis ou, pelo menos, estão, freqüentemente, implícitas. Há mais um elemento nas implicações que se mantém firme pelas florescentes redes da metáfora da complexidade. Pois poucos dos que escrevem sobre a complexidade, e que se engajam nessa conversação cruzada entre ciência natural e ciência social, levam o argumento até as implicações que ele sustenta sobre o modo como pensamos o espaço. Isabelle Stengers, por exemplo, um dos pontos de referência fundamentais nessa questão, é meticulosa e provocativa em relação ao tempo, mas não menciona o espaço. Em sua coleção Power and invention: situating science *(1997) há 19 entradas para tempo no índice, com uma série de subtítulos e uma referência cruzada; não há uma única entrada para espaço. A idéia de complexidade, ela defende, está intimamente ligada com "aquela categoria singular de objetos que têm de ser chamados históricos" (p. 13). Muitos caminhos, então, são seguidos numa elaboração de mecanismos que constituem essa natureza histórica (isto é, a irreversibilidade temporal) de tais objetos. Um desses caminhos se relaciona com a memória e a possibilidade correlata de aprendizagem. E Stengers evoca "a memória de todos os passados" (p. 17) que tornou possível tais processos de aprendizagem e que, por sua vez, significa que o futuro não será, simplesmente, uma reiteração do passado. Da mesma forma, ela evoca, como outro caminho, a noção de contexto, e isto é comentado como "sendo produzido pela história e capaz de história" (p. 17). "Passados" e "histórias". Ambos temporais. Mas memórias e contextos são também espaciais.*

Portanto, eu acrescentaria, a passados e histórias, mas a "alhures" e "geografias" também.

Assim, naturalmente, é possível replicar que o passado é tido *como localizado e que "história",* naturalmente, *significa incluir a geografia. Está implícito. Óbvio demais para ser mencionado. Mas esta é, justamente, minha questão: deixando o espaço implícito, falha-se em extrair tanto a conseqüência desse formidável argumento sobre irreversibilidade para a forma como pensamos sobre o próprio espaço quanto o aspecto particular, em nossa imaginação do espaço-tempo, que essa espacialidade reconceitualizada pode evidenciar. Pois no contexto (pelo menos até recentemente) de interpretações hegemônicas de memória, as mais prováveis conotações são para o individual internalizado e a noção de história pode muito bem ser a história singular. Realçar a espacialidade de nossos passados e a geografia de nossas histórias — a dispersão de nossos próprios* selves *— inclui uma interpretação com mentalidade mais aberta, na qual todas essas coisas são, necessariamente, constituídas por e através de contatos, relações e interconexões com outros.*

Tal mentalidade aberta, relacional, é, naturalmente, básica para o modo com que Stengers pensa. Toda a noção de contexto, no sentido que ela utiliza, implica multiplicidade, que é essencial para a historicidade. Assim,

> *um pássaro, um chimpanzé, ou um ser humano,* aprendem. *O comportamento do indivíduo não repete a espécie, pois cada um constitui uma construção singular que integra limitações genéticas e as circunstâncias de uma vida. Além disso, as pressões seletivas não se relacionam com um indivíduo, mas com o indivíduo em seu* grupo, *no sentido forte ... O grupo tornou-se a condição de possibilidade para o indivíduo, cujo desenvolvimento envolve proteção, aprendizagem e relações (p. 16; destaques no original; Marx aprovaria).*

E ela continua: "O indivíduo agora aparece como um feixe de temporalidades *unidas" (p. 16; destaque da autora). Isto é algo maravilhoso. A lógica, porém, poderia ser levada apenas um passo além. Porque o que Stengers está defendendo é o reconhecimento, pela prática científica, desse elemento essencial de historicidade (tal como aparece nos processos de aprendizagem). No entanto, não apenas para ter tal historicidade aberta é necessário um espaço aberto e relacional, mas também tal noção de espaço é exatamente o oposto daquela linguagem de espacialidade (onde espaço = representação estática = a obliteração da temporalidade) que envolveu a física da reversibilidade. Não é apenas o entendimento do tempo que esta argumentação desafia, mas, potencialmente, também o entendimento de espaço.*

12
o caráter elusivo* do lugar

Rochas migrantes

Uma forma de ver "lugares" é através da superfície dos mapas: Samarcanda está *lá*, os Estados Unidos da América estão (o dedo indicando um limite) *aqui*. Mas escapar de uma imaginação de espaço como superfície é abandonar, também, essa visão de lugar. Se o espaço é, sem dúvida, uma simultaneidade de estórias-até-então, lugares são, portanto, coleções dessas estórias, articulações dentro das mais amplas geometrias do poder do espaço. Seu caráter será um produto dessas interseções, dentro desse cenário mais amplo, e aquilo que delas é feito. Mas também dos não-encontros, das desconexões, das relações não estabelecidas, das exclusões. Tudo isso contribui para a especificidade do lugar.

Viajar entre lugares é mover-se entre coleções de trajetórias e reinserir-se naquelas com as quais nos relacionamos. Tendo chegado ao trabalho, em Milton Keynes, retomo debates, encontros do grupo para discutir ensino, toda uma cartografia de correspondências, conversas em curso, recomeço onde deixei da última vez que estive "aqui". De volta a Londres, à noite, mergulho no tumulto energizante da estação de Euston e sigo, novamente, através do mesmo processo. Outro lugar, outro conjunto de estórias. Dou uma olhada nas manchetes do *Evening Standard* (o que anda acontecendo?). Deixando a estação, dou uma olhada para o céu e para as calçadas, imaginando como esteve o tempo (meu jardim estará implorando água?). Finalmente, chegando de volta ao meu apartamento, verifico a correspondência, as mensagens telefônicas e descubro "o que andou acontecendo aqui" enquanto estive fora. Aos pouquinhos eu mergulho novamente em (apenas umas poucas) estórias

* "*Elusiveness*": "elusividade", o caráter de ser elusivo (furtivo, esquivo, evasivo, vago, de difícil compreensão). (N.T.)

de Londres. Junto as estórias que fazem esse "aqui e agora" para mim (outros irão juntar estórias diferentes). Algumas vezes há tentativas de traçar limites, mas mesmo esses não se referem, geralmente, a tudo: são sistemas seletivos de filtragem, seus significado e efeito são constantemente renegociados. E eles são, constantemente, transgredidos.[12] Lugares não como pontos ou áreas em mapas, mas como integrações de espaço e tempo, como *eventualidades* espaço-temporais.*

Este é um entendimento de lugar — como aberto ("um sentido global de lugar"), como um tecer de estórias em processo, como um momento dentro das geometrias de poder, como uma constelação particular, dentro de topografias mais amplas de espaço, e como em processo, uma tarefa inacabada — sobre o que já escrevi muitas vezes (Massey, 1991a, 1997a, 2001a). A todas elas um amigo respondeu, persistentemente, durante anos: "Tudo bem quando você fala sobre a atividade humana e as relações humanas. Consigo assim compreender e me relacionar com tudo isso: a interconectividade, a efemeridade essencial ... mas eu moro em Snowdonia e meu sentido de lugar está limitado às montanhas."[13]

Algumas de nossas evocações mais fortes de lugar (no mundo ocidental, mas não apenas aí) sem dúvida estão ligadas às colinas, ao "selvagem" (categoria dúbia, de qualquer forma), ao mar. Fugimos da cidade provavelmente para reabastecer nossas almas pela contemplação da intemporalidade das montanhas, para nos basear novamente na "natureza". Usamos tais lugares para nos situar, para nos convencer de que existe, realmente, um fundamento. Isso nos lembra, talvez, no entanto, aquela insustentável disjunção entre a celebração do fluxo cultural e a mistura e a excitação frente ao mundo natural, que não vai ficar parado, como foi comentado no Capítulo 9. Como, então, pensar essa noção de lugar como uma constelação temporária, como uma eventualidade espaço-temporal, em relação a essa outra "arena", "o mundo natural"?[14]

Minha imaginação foi reformulada, há alguns invernos, enquanto estava no Lake District setentrional, no noroeste da Inglaterra. Seria fácil escrever sobre o Lake District ou sobre Keswick, a cidade onde eu estava com minha irmã, como uma série de diferentes estórias sociais com diferentes alcances espaciais e distintas temporalidades. Antigos fazendeiros, as casas de campo de pedra cinzenta dos aristocratas que

* Aqui o termo "events" perde sua dupla significação em inglês, ao mesmo tempo como "acontecimento" e "eventualidade". (N.T.)

chegaram nos séculos XVIII e XIX, poetas e o romantismo, minerações antigas, proprietários de *cottages* de classe média, ruínas romanas, um comércio turístico internacional, um foco no discurso do sublime... Mas, logo saindo da cidade, surge Skiddaw, um bloco maciço de montanhas, com quase 1.000 metros de altura, cinzento e pedregoso, não bonito, mas impressionante, imóvel, fora do tempo. Era impossível não considerar sua relação com esse lugar. Através de toda aquela história que, parecia, ele tinha presidido.

É evidente, é claro, que muito da paisagem ali foi esboçada e moldada em sua forma básica atual pelas geleiras das eras glaciais, a última das quais retrocedida mais ou menos 10 mil anos atrás. As marcas estão por toda a parte: nos vales em forma de U herdados e reutilizados no último avanço do gelo, nas acidentadas paisagens de morainas (matéria descarregada pelo gelo ao passar), nas chamadas *roches moutonnées* (rochas que foram raspadas e estriadas quando o gelo se depositou sobre elas, e então arrancadas em formas denteadas pela corrente — para baixo em relação à geleira) e em *drumlins,** que são muitos nessas áreas, colinas ovais depositadas sob o gelo à medida que a geleira passava, do que é agora o vale de Derwentwater para Bassenthwaite, ao norte. O hotel em que estávamos ficava em uma estrada que serpenteava graciosamente, tomando sua forma não apenas pela preferência de um projetista por avenidas curvilíneas, mas por seguir o sopé de um *drumlin*. Antigas eras glaciais claramente legíveis na paisagem humana. Uma coisa que isso poderia evocar é a antigüidade das coisas. Mas outra é quase o oposto: que a Skiddaw de hoje é bem recente.

Eu sabia, também, que as rochas que formam Skiddaw foram depositadas por um oceano que existiu uns 500 milhões de anos atrás. (São compostas pela erosão de terras ainda mais antigas.) E "não muito" depois (no mesmo período geológico, Ordoviciano, havia atividade vulcânica. Há resquícios dessa era tumultuada, também, na paisagem contemporânea. As montanhas de hoje não têm relação com os antigos vulcões, mas essas rochas vulcânicas mais resistentes, ao sul, fizeram surgir um cenário marcadamente diferente de penhascos e cachoeiras. E para aqueles que sabem como encontrá-los, há afloramentos de lava e tufos.** Algumas rochas vulcânicas formam o cerne

---

* "*Drumlins*", como explica a autora, consistem em pequenas colinas ou outeiros de forma oval, suavemente arredondadas, estreitas e alongadas, formadas pelos depósitos glaciais. (N.T.)

** "Tufos" são rochas formadas de fragmentos vulcânicos compactados, de composição variada. (N.T.)

(a)

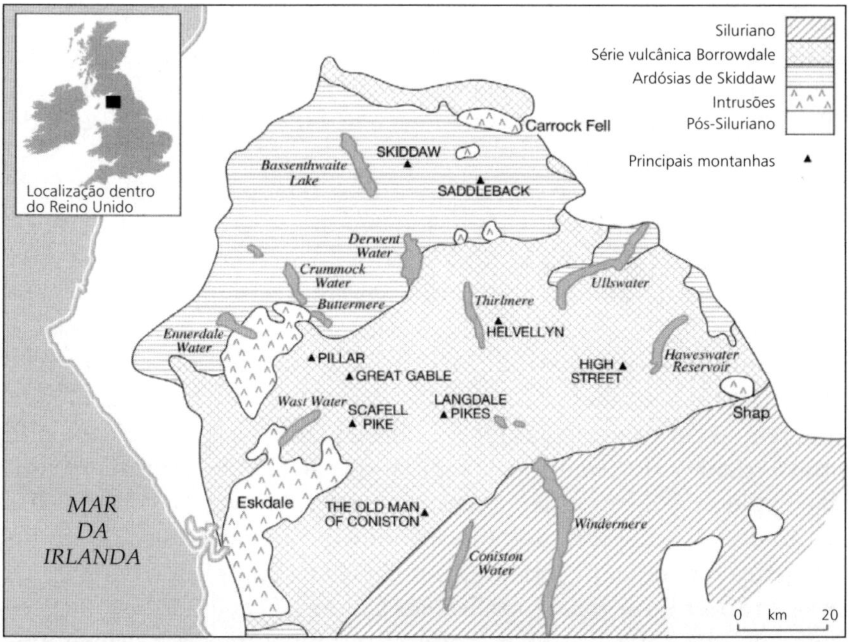

Ilustração 12.1a *Geologia simplificada do Lake District (segundo Goudie e Sparks)*

(b)

Escala de tempo geológica

ERA	PERÍODO	IDADE EM MILHÕES DE ANOS
Quaternária	Recente	0,01
	Pleistoceno	2
Cenozóica / *Terciária*	Plioceno	7
	Mioceno	26
	Oligoceno	38
	Eoceno	54
	Paleoceno	65
Mesozóica	Cretáceo	136
	Jurássico	195
	Triássico	225
Paleozóica	Permiano	280
	Carbonífero	345
	Devoniano	395
	Siluriano	440
	Ordoviciano	500
	Cambriano	570
	Pré-cambriano	
Origem da Terra		4.500

Ilustração 12.1b *Série de tempo geológico*

das colinas de *drumlins*: os remanescentes de atividade vulcânica de mais de 400 milhões de anos atrás, cobertos, milhões de anos mais tarde, por fragmentos depositados pela geleira que se retirava (Boardman, 1996). Uma história longa e turbulenta, portanto. Basta de "intemporalidade".

Tais observações não são tão espantosas. (Há 200 anos, antes de geólogos como Charles Lyell, teriam sido chocantes, se não incompreensíveis. A abertura daquela história profunda, através da geologia e da paleontologia, desafiou as noções prevalecentes de tempo, sacudiu pensamentos religiosos judaico-cristãos estabelecidos... e tornou possível uma leitura diferente de paisagem e de lugar.) Ler a história nas rochas, hoje, não é tão revelador. Mesmo Baudrillard se referiu à "eternidade sem remorsos" da geologia (1988, p. 3), enquanto viajava, rapidamente, através do deserto "americano" (apesar de não ter feito muito com isso, não explorar o quanto isso poderia contestar (em vez de confirmar) a noção de falta de profundidade, exatamente como seu uso do termo "América" ignora a história desse nome e sua cumplicidade na apropriação do termo apenas pelos Estados Unidos). O que essa história geológica nos diz é que esse lugar "natural" que invocamos para a intemporalidade tem sido, é claro (e ainda o é), constantemente mudado.

Mas não se trata, meramente, de uma questão de tempo: aquela história também tem uma geografia. Sentados em nossos quartos, à noite, cercados pela aparente inalterabilidade da natureza na escuridão lá fora, examinando a geologia local, o ângulo de visão se altera. Pois *quando* as rochas de Skiddaw surgiram, há cerca de 500 milhões de anos, elas não estavam "ali" de forma alguma. Aquele oceano estava no hemisfério Sul, a cerca de um terço do caminho para o sul do equador, em direção ao pólo Sul (violento choque este, pois Skiddaw é uma montanha que, na imaginação inglesa, está, inextricavelmente, ao "norte". Cresci cantando "Hills of the North rejoice"*).

As imaginações geológicas também têm suas histórias, naturalmente; o que se segue é como eu compreendo as imaginações atualmente hegemônicas.[15] No planeta em que esse oceano existiu, onde as ardósias foram depositadas, vagavam diversos pequenos pedaços e partes dos continentes que temos hoje. O oceano é chamado agora (isto é, por geólogos, tectonistas e outros) Iapetus, e ficava entre dois desses antigos continentes (a atividade vulcânica era provocada enquanto

* "Rejubilem-se, montanhas do norte". (N.T.)

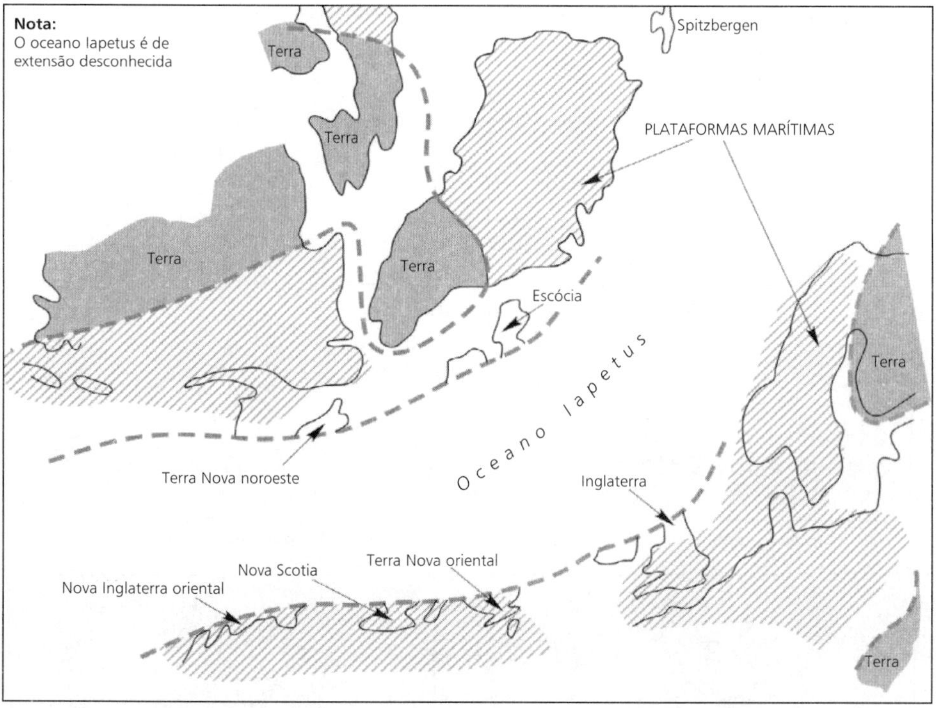

Ilustração 12.2 O oceano Iapetus, onde as ardósias de Skiddaw foram colocadas (segundo Windley e Cowey)

eles se moviam). Tudo isso, subseqüentemente, vagou pelo planeta enquanto os continentes se formavam. O pouco que sabemos hoje sobre como as ardósias de Skiddaw, há aproximadamente 300 milhões de anos, cruzaram o equador (e isto, por sua vez, foi muito antes de as "Américas", embora, obviamente, elas não tivessem então esse nome — teriam de se passar, ainda, aproximadamente, 450 milhões de anos antes que Fernão Cortés atravessasse o Atlântico e Américo Vespúcio nascesse —, se desprenderem do velho platô rochoso que agora chamamos Sul da África. De qualquer forma, foi apenas relativamente recentemente que começou a haver um Atlântico para Cortés cruzar). E foi há meros 10 milhões de anos que as rochas das montanhas atuais emergiram do oceano. A "história" representada na série geológica da Figura 12.1b apaga uma geografia móvel. E não foi como se eu não tivesse "conhecido" tudo isso; o que espantou foi a mudança na imaginação — o verdadeiro *reconhecimento* disso tudo.

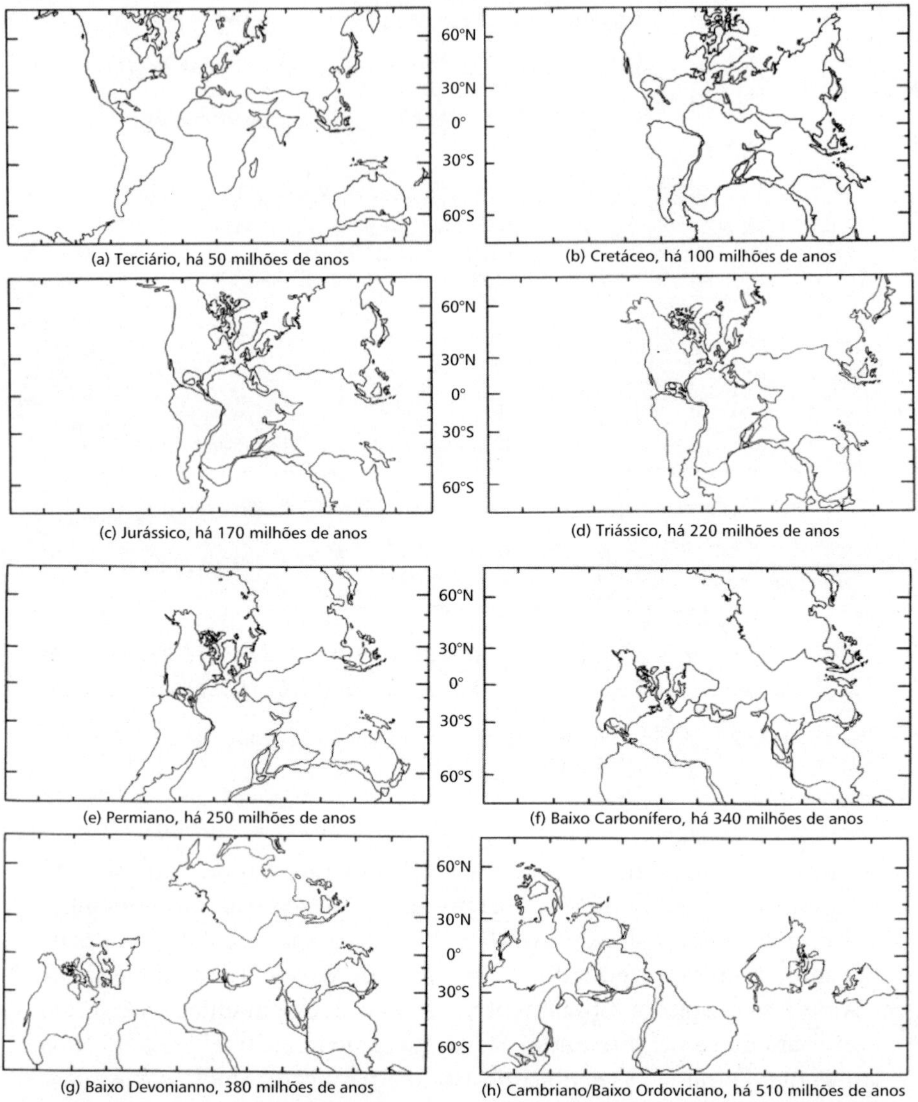

Ilustração 12.3 *Sedimentação continental da Era Cambriana para a Terciária (segundo Smith Briden e Drewry, 1973)*

Fonte: © Palaeontological Association

E tudo isso não estava ainda na forma do que poderíamos propor como "uma montanha" (Latour, 2004), muito menos uma montanha chamada Skiddaw. Esta, enquanto as rochas se moviam em direção ao

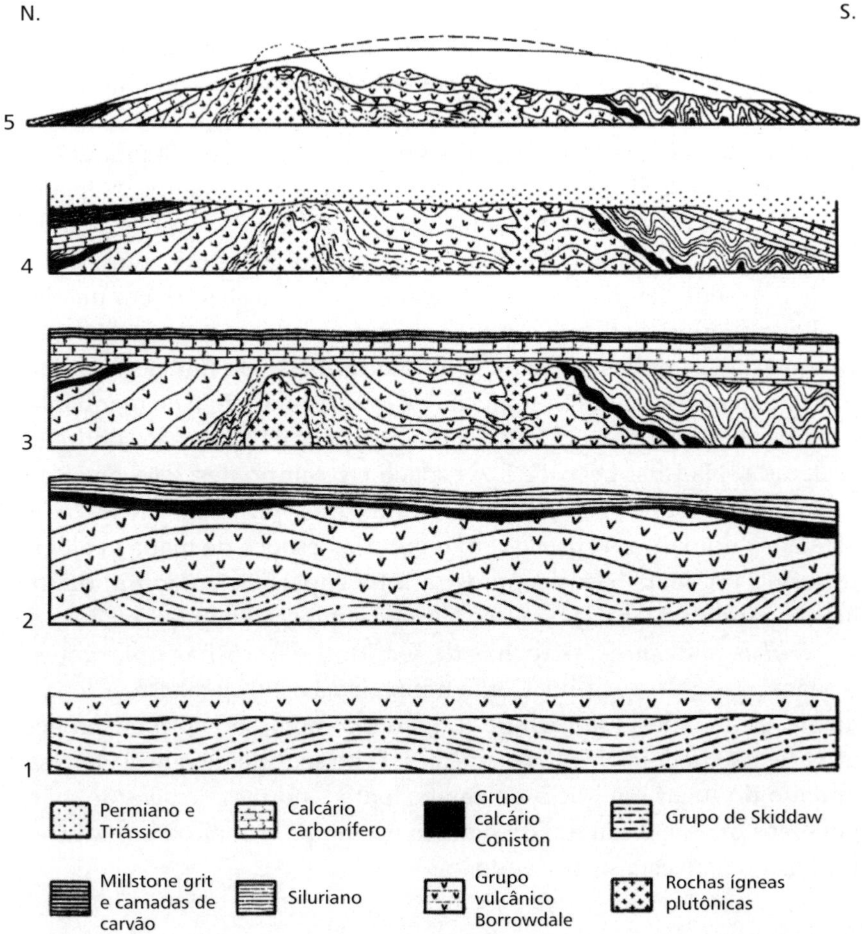

1= deposição do grupo de Skiddaw; dobramentos e erosão; deposição do Grupo vulcânico Borrowdale
2= dobramentos e erosão; deposição do Grupo calcário Coniston e rochas silurianas
3= fortes dobramentos e grande erosão; intrusão de rochas ígneas plutônicas; deposição de rochas carboníferas
4= suaves dobramentos e considerável erosão; deposição de rochas permianas e triássicas
5= suave soerguimento, produzindo um domo alongado e resultando em drenagem radial; erosão até a forma atual

Ilustração 12.4 The travails en route. *Seções diagramáticas para ilustrar a construção do Lake District (segundo Taylor et al., 1971).*

Fonte: Goudie, A. (1990)

norte, sofreu grandes períodos de dobramentos e contorções, intrusões de rochas ígneas do fundo, períodos de erosão diferencial, sobreposição por outros estratos e suas dobras e desnudamentos, mudanças em altitude.

Quando chegou a manhã, eu só poderia olhar para Skiddaw sob uma perspectiva diferente. Não se trata de uma forma eterna. Nem ela esteve "ali" para sempre. Nem, mais uma vez, trata-se apenas de uma questão de história passada. Pois o movimento dos continentes, naturalmente (o presente não é uma espécie de fim acabado), em média, deslizam alguns centímetros por ano: aproximadamente na proporção em que nossas unhas crescem. E todo o noroeste da Inglaterra ainda está se elevando depois da remoção do grande peso do gelo (enquanto o sudoeste inclina-se para baixo, para compensar). A erosão continua, acelerada. Na Ilustração 12.1, o espaço e o tempo desse lugar estão separados. As séries geológicas mostram o "tempo", mas não há indicação das mudanças espaciais envolvidas. O esboço de mapa geológico, como um mapa clássico, mostra uma superfície como um dado, mas não indica o fato de que isso é uma conjunção em movimento.

Rochas imigrantes: as rochas de Skiddaw são rochas imigrantes. Apenas passando por aqui. Como minha irmã e eu, apenas mais lentamente, e mudando todo tempo. Lugares como associações heterogêneas. Se não podemos voltar para "casa", no sentido de que ela terá se movido do lugar em que a deixamos, então, no mesmo sentido, não podemos mais, em um fim de semana no campo, voltar para a natureza. Ela também está se movendo.

A "natureza" e a "paisagem natural" são fundamentos clássicos para o reconhecimento do lugar. A literatura sobre isso é demasiado extensa para ser mencionada, mas levanta questões importantes. Arif Dirlik (2001) escreveu, seriamente, sobre a conexão, argumentando que "lugar é o local ... em que o social e o natural se encontram" (p. 18). Para ele, uma das implicações importantes é que isso concede uma fixidez ao lugar. Reagindo, com simpatia, à minha própria conceituação de lugar e às de outros, ele, não obstante, argumenta que pode ser "excessivamente esmerado, penso, dissociar o lugar de sua locação física.

É onde as concepções ecológicas de lugar, que estão quase totalmente ausentes desses debates (e marginalizadas por eles com a "construção social do espaço"), contêm alguns *insights* cruciais para contribuir no sentido de, mais uma vez, trazer a natureza ... para dentro da conceituação de lugar" (p. 22). A questão do enfoque exclusivo sobre a construção social humana é bem colocada e coincide com minha intenção neste caso. No entanto, a razão que faz Dirlik trazer de volta a natureza consiste em enfatizar "a fixidez" dos lugares (p. 22), fornecer um alicerce. E mesmo quando ele defende que isso "não é a mesma coisa que fixidez imutável" (p. 22), a ênfase *é*, no entanto, na fixidez. Há, mais uma vez, uma questão séria aqui — as enormes diferenças de temporalidade dessas trajetórias heterogêneas que aparecem juntas no lugar são cruciais para a dinâmica e a apreciação dos lugares. Mas, no final, não há base, no sentido de uma posição estável, e concluir que haja é cair nessas imaginações criticadas no Capítulo 9 por celebrarem uma cultura móvel, enquanto mantêm (ou tentam manter) a natureza silenciada.

O lugar como eventualidade*

E, no entanto, se tudo se move, onde está o aqui?

Naturalmente, não são apenas os seres humanos e os continentes que estão se movendo. Sarah Whatmore escreveu sobre as "vidas móveis" de animais e plantas — "em escalas que variam das viagens liliputianas de um estercorário às navegações globais das baleias e às rotas dos pássaros migratórios ... [a] sementes de plantas viajando nas entranhas dos animais" (1999, p. 33; ver também Clark, 2002; Deleuze e Guattari, 1987). O Lake District tem sido repovoado através dos movimentos de animais, plantas e seres humanos, nos poucos milhares de anos desde a última era glacial (assim, o que é nativo aqui?). As andorinhas-do-mar árticas migram cada ano entre as regiões polares; os andorinhões que fazem ninho todos os anos em minha rua em Kilburn (chegando durante o período entre 1º de maio e o final do Campeonato**) estão agora, enquanto escrevo (em janeiro, em Londres), a mais de 7.000 milhas de distância, no Sul da África. E a

* "*The event of place*" no original. (N.T.)

** *Cup Final:* final da Copa da Inglaterra, da Football Association.

longa evolução dos padrões de migração dos pássaros é influenciada pela deriva dos continentes e pelo avanço e recuo periódicos da sucessão de eras glaciais (Elphick, 1995). É comum, agora, compreender "terra e vida" mudando e evoluindo uma em relação à outra (ver Open University, 1997) para contestar, de certa forma, a separação causal entre biologia e geologia. Que o orgânico pode afetar o tectônico e assim por diante. Barbara Bender (*Comunicação Pessoal*) reflete, considerando Lesternick, no sudoeste da Inglaterra, que "As paisagens se recusam a ser disciplinadas. Elas zombam da oposição que criamos entre natureza (Ciência) e cultura (Antropologia Social)". "A história não é mais simplesmente a história das pessoas, ela se torna, também, a história das coisas naturais" (Latour, 1993, p. 82). A leitura de Bruno Latour indica como os cientistas sociais podem prescindir de nossa reverência pela "verdade" da ciência natural, mesmo quando (talvez mesmo em conseqüência disso) integram Skiddaw e o turismo de fim de semana como histórias/trajetórias cuja co-formação participa da eventualidade de Keswick. Enquanto o trem atravessa as colinas calcárias (calcário depositado há cerca de 100 milhões de anos e um pouco mais para o sul — ver a Ilustração 12.3), no caminho de Londres para Milton Keynes, é algo minúsculo em um planeta que gira em torno de seu eixo e ao redor do Sol. Este canto do país penetrando o passado sobre milênios, desde a última era glacial. E subindo e descendo, suavemente, algumas vezes por dia, enquanto a maré avança e recua. A Cornualha, a oeste, sobe e desce 10 centímetros a cada maré. Não existe ponto estável.

Há marés na terra firme, assim como no oceano — cada dia, por exemplo, o interior do continente norte-americano sobe e desce aproximadamente 20cm (Open University, 1997, vol. 1, p. 78).

Os pólos, mutáveis, também vagaram e trocaram posições. A estrela Polar é a estrela do pólo Norte hoje, mas não o era quando as pirâmides foram construídas, entre quatro e cinco mil anos atrás. (Sei que todos "sabemos" disso; a questão é sentir, viver isso na imaginação.) Apenas um movimento relativo.

Os andorinhões que deixam Kilburn em agosto fazem uma viagem de ida e volta de aproximadamente 15 mil milhas, e a maioria deles não pousa nenhuma vez durante os nove meses em que estão longe.

Se não há pontos fixos, então onde é aqui? Uma coisa que podemos chamar agora de Skiddaw (o próprio nome não permanece imutável. Macpherson, tão recentemente quanto em 1901, referiu-se a ele como "Skiddaw" (ou Skidda) (p. 2), tomando forma lentamente (do meu ponto de vista), ainda se elevando, ainda sendo desgastado (a constante marca das botas dos andarilhos, para não falar das *mountain bikes*, é uma importante forma de erosão no Lake District), ainda se movendo; minha irmã e eu, aqui, apenas para um longo fim de semana, mas também sendo mudadas por esse fato. "Todas as essências tornam-se eventualidades';* o lugar como "real como a natureza, narrado como o discurso, coletivo como a Sociedade, existencial como o Ser" (Latour, 1993, pp. 82, 90). Espaço e tempo, juntos, resultado desse múltiplo devir. Então, o "aqui" é nada mais (e nada menos) do que o nosso encontro e o que é feito dele. É, irremediavelmente, aqui *e* agora. Não será o mesmo "aqui" quando não for mais agora.

Há "o consenso de que o ângulo de inclinação [do eixo da Terra] mudou significativamente durante o tempo geológico, mas de uma forma um tanto caótica" (Open University, 1997, vol. 1, p. 80).

"Aqui" é onde as narrativas espaciais se encontram ou formam configurações, conjunturas de trajetórias que têm suas próprias temporalidades (portanto, "agora" é tão problemático quanto "aqui"). Mas onde as sucessões de encontros, as acumulações das tramas e encontros formam uma história. São os retornos (o meu, o dos pássaros) e a própria diferenciação de temporalidades que proporcionam continui-

* Aqui, como em algumas outras passagens, o termo "*event*" em inglês pode incorporar uma dupla conotação, como "eventualidade" e como "acontecimento". (N.T.)

Fonte: © Peter Pedley Postcards

dade. Mas os retornos são sempre para um lugar que se transformou, as camadas de nosso encontro interceptando e afetando um ao outro, a tessitura de um processo de espaço-tempo.[16] Camadas como adição de encontros. Assim, algo que poderia ser chamado de "lá" e que desse modo está implicado no aqui e agora. "Aqui" é um imbricar de histórias no qual a espacialidade dessas histórias (seu então tanto quanto seu aqui) está, inescapavelmente, entrelaçada. As próprias interconexões são parte da construção de identidade, o que Gupta e Ferguson (1992) chamam de "um processo histórico compartilhado que diferencia o mundo ao concectá-lo".[17]

Devo insistir aqui, veementemente, em uma coisa. Não se trata, como algumas vezes foi considerado, de uma posição que seja hostil a lugar ou que trabalhe apenas por sua dissolução em um espaço mais amplo. Nem é um movimento desconstrutivo expondo, meramente, uma incoerência dentro de uma suposta essência (nem, certamente, uma proposta de que o que está em questão situa-se, simplesmente, dentro do discursivo). Trata-se de uma compreensão alternativa positiva (DeLanda, 2002). Não estou, certamente, argumentando contra "a diferenciação daquilo que está baseado no lugar" nem — e mais especificamente — declarando "que não há nada especial, finalmente, sobre lugar" (Dirlik, 2001, pp. 21 e 22). Pelo contrário, mas o que é especial a respeito do lugar não é algum romantismo de uma identidade coletiva preconcebida ou de uma eternidade das montanhas. Ao contrário, o que é especial sobre o lugar é, precisamente, esse acabar juntos, o inevitável desafio de negociar um aqui-e-agora (ele mesmo extraído de uma história e de uma geografia de "entãos" e "lás"), e a negociação que deve acontecer dentro e entre ambos, o humano e o não-humano. Isto de modo algum nega um sentido de deslumbramento: o que pode ser mais inspirador do que andar pelas montanhas conhecendo a história e a geografia que as fizeram estar aqui, hoje?

Isso é a eventualidade do lugar. Não se trata apenas de que velhas indústrias morrerão e de que outras novas poderão tomar seus lugares. Não se trata apenas de que os fazendeiros das montanhas ao redor possam, um dia, abandonar sua longa batalha, nem que aquela encantadora velha quitanda esteja agora transformada em uma butique vendendo quinquilharias para turistas. Nem, evidentemente, que minha irmã e eu e uma centena de outros turistas devamos partir brevemente. Trata-se, também, de que as montanhas estão surgindo, de que a paisagem está sofrendo erosão e recebendo depósitos de sedimentos, de que o clima está mudando, que as próprias rochas continuam a se mover. Os elementos deste "lugar" serão novamente dispersos, em diferentes tempos e velocidades.

(E, ainda mais, em sua constelação temporária, nós fazemos [devemos fazer] alguma coisa disso tudo.)

Isto é a eventualidade do lugar, em parte, no simples sentido de reunir o que previamente não estava relacionado, uma constelação de processos, em vez de uma coisa. Este é o lugar enquanto aberto e enquanto internamente múltiplo, não capturável como um recorte através do tempo no sentido de um corte essencial. Não intrinsecamente coerente. Como Low e Barnett (2000) argumentam, muitos conceitos de lugar são subscritos por "uma noção de tempo uniforme", como se tais lugares fossem concebidos como "sítios onde inúmeros processos sociais diferentes são reunidos em um todo inteligível" (p. 58).[18] É um pressuposto de coerência reforçado por aquela imaginação modernista de espaço como sempre-já territorializado, que foi discutida no Capítulo 8. Para prevenir contra o pressuposto de coerência (o pressuposto de que todos esses diferentes processos constituintes estarão, de alguma forma, coordenados), eles defendem que se trabalhe com o termo "conjuntura". "Pensar conjunturalmente sugere um ir-e-vir entre diferentes molduras temporais ou escalas, para captar o caráter diferenciador dos processos que parecem habitar o 'mesmo momento no tempo" (p. 59; para uma tentativa de trabalhar neste sentido no contexto de definição de lugar, ver Allen et al., 1998). Da mesma forma, Dodgshon (1999) escreve sobre "a falsa sincronicidade do 'momento em ser', sua ilusória horizontalidade" (p. 615). Também não se trata de uma desestruturação (exceto — o que é uma questão do pós-estruturalismo — para algumas imaginações atuais). Trata-se, simplesmente, de um encontro de trajetórias.

Mas se trata de uma unicidade [*uniqueness*], de um lócus de geração de novas trajetórias e novas configurações. Tentativas de escrever sobre a unicidade do lugar foram, algumas vezes, punidas pela despolitização. Unicidade significa que não podemos alcançar regras eternas. Mas "política", em parte, repousa precisamente no fato de não sermos capazes de alcançar tal tipo de regra, um mundo que exige a ética e a responsabilidade de encarar a eventualidade, onde a situação não tem precedentes e o futuro é aberto. Lugar é uma eventualidade também neste sentido.

Reconceituar o lugar dessa maneira coloca em pauta um grupo diferente de questões políticas. Não pode haver suposição de coerência preconcebida ou de comunidade ou identidade coletiva. Em vez disso, o acabar juntos [*throwntogetherness*] do lugar exige negociação. Em flagrante contraste com a visão de lugar como estabelecido e preconcebido. Com uma coerência a ser perturbada por forças "externas", lugares tal como apresentados aqui, de certo modo, precisam de invenção, colocam um desafio. Eles nos envolvem, forçosamente, nas vidas de outros seres humanos e, em nossas relações com não-humanos, indagam como responderemos ao nosso encontro temporário com essas rochas, pedras e árvores particulares. Eles exigem que, de uma forma ou de outra, confrontemos o desafio da negociação da multiplicidade. O mero fato de termos de continuar juntos, o fato de não podermos (mesmo que queiramos, e isso, em si mesmo, não deve, de forma alguma, ser presumido) "purificar" espaços/lugares. Neste acabar juntos, o que está em questão são os termos do compromisso dessas trajetórias (tanto "sociais" quanto "naturais"), essas estórias-até-agora, dentro (e não apenas dentro) daquela conjunturabilidade. Como

Donald (1999) escreve, em sua consideração mais específica das cidades como lugares, a política é a (sempre-contestada) questão de nosso estar-juntos. Esta é uma parte das "responsabilidades" do lugar para as quais estará voltada a Parte *Cinco*.

(Geografias da produção do conhecimento 2: lugares da produção do conhecimento)

Os tecnopolos estão entre os mais poderosos ícones da economia do conhecimento que, nos dizem constantemente, caracterizam o capitalismo global de hoje e de amanhã. Estão entre os mais cuidadosamente escolhidos e planejados locais de produção de um mundo eletronicamente conectado (Capítulo 9). São, também, elementos de uma geografia emergente, violentamente desigual, do século XXI: a geografia de (uma forma particular de) conhecimento. Redutos cercados* [enclosures]*, demarcados, ajardinados, dedicados à produção da ciência (geralmente, de forma mais específica, ciência comercializável), esses são "lugares" de um determinado tipo, lugares construídos, coerentes, planejados (irônico, não é mesmo, nesta era dita antiplanejamento).*

Facilmente reconhecíveis, reproduzidos muitas e muitas vezes, estão espalhados pelo planeta como bandeiras em um mapa, cada qual testemunhando um furor local/regional/nacional por criar um outro vale do Silício, dar partida a outro tecnopolo de Cambridge, ou, pelo menos, atrair um pouquinho de "alta tecnologia". Os requisitos para que se entre nesse jogo de localização industrial são: um espaço fechado e separado, um ambiente paisagístico no seu interior, a fim de emitir uma evocação de "qualidade", um folheto publicitário destacando a universidade próxima (em um tom tão elitista quanto possível) e uma descrição da mais ampla área ambientalmente atraente na qual esteja incluído (em que "ambientalmente atraente" representa uma estética muito específica, favorecendo uma "ruralidade" suburbana domesticada e uma completa ausência das ruínas da industrialização dos séculos XIX e XX). De preferência, uma vez que esses setores de conhecimento intensivo têm uma tendência a se agrupar, também seria necessário ser capaz de demonstrar aos investidores em potencial que outros como eles já fizeram essa escolha (eles não vão querer ser pioneiros ou se arriscar). Esses são alguns dos "fatores de localização" que terão de exibir, a fim de atrair essa parte da nova economia de conhecimento (Massey et al., 1992).

Tudo isto é bem conhecido, e algumas das suas contradições são, imediatamente, evidentes. O caráter muito classista de tudo isso e o, inevitavelmen-

* Tecnopolos, *Science parks* no original, são parques industriais e de serviços "geralmente de companhias de alta tecnologia, localizados em área próxima ou anexa a universidades". (N.T.)

te, maior sucesso precisamente em áreas não "prejudicadas" pelo declínio de eras anteriores significa que esses agentes da regeneração econômica produzem a "regeneração" precisamente onde ela é menos necessária. E assim por diante.[19]

Há uma outra maneira de ler esses lugares construídos. Entrelaçada e envolvida dentro deles há uma multiplicidade de trajetórias, cada uma das quais com sua própria espacialidade e temporalidade, cada uma das quais foi e ainda é contestada, cada uma das quais poderia ter-se tornado muito diferente (e mais, onde a interseção dessas histórias serviu, muitas vezes, para reforçar as linhas de dominância existentes).

A forma particular de proliferação da divisão do trabalho dentro da indústria que resultou naquela (tão conhecida que se torna natural) separação entre "concepção" e "execução" foi impulsionada por forças tanto de classe quanto de uma noção particular de conhecimento. Conhecimento como que removível dos locais de produção, por exemplo. Conhecimento como separável, em vez de tácito, distanciado, em vez de embutido e corporificado. Isto lembra as abstrações discutidas na Parte Três: "a maneira pela qual a ciência, ou uma concepção de ciência, participa na organização do campo social, e em particular induz uma divisão do trabalho, é parte daquela própria ciência" (Deleuze e Guattari, 1988, pp. 368-9). A separação e a natureza de classe dessa divisão do trabalho foram fortemente reforçadas pela divisão geográfica e pela distância: uma dispersão de sítios industriais emergiu, com características claramente distintas (uma divisão espacial específica do trabalho), a espacialidade sendo integrante da proliferação das divisões entre trabalhadores e reforçando suas características diferenciadas.[20] É a recapitulação de uma velha estória da história ocidental: a reclusão espacial do deserto para os primeiros pensadores cristãos, o surgimento de mosteiros como lugares de elite da produção do conhecimento, as universidades medievais. Todos eles lugares que cristalizaram, através da espacialização, uma separação entre mente e corpo. Uma noção de ciência como afastamento do mundo. Uma espacialização material da colocação de Stengers sobre a rejeição da ciência frente ao mero fenômeno, e da consideração de Fabian sobre o distanciamento entre o sujeito conhecedor e o objeto de conhecimento. No caso dos lugares de alta tecnologia, essas estruturações da relação de conhecimento são profundamente entrelaçadas com as de classe, e as duas juntas são reforçadas através da forma espacial.

Esta é uma linha das histórias espaciais que esses lugares envolvem. Outra é que, através da história ocidental, eles fizeram parte e compuseram uma parcela da luta em torno da criação de gêneros inteligíveis, de certas formas do "masculino" e do "feminino". Inúmeras vezes, o estabelecimento desses lugares estava ligado com a distinção de gênero e a expulsão das mulheres.

Brown, escrevendo a respeito dos primeiros desses espaços, afirma que "O temor das mulheres caiu como uma sombra sobre os caminhos que levavam de volta do deserto para as cidades e vilas" (1989, p. 242), e David Noble, em seu maravilhoso relato dessa intricada história de mais de dois milênios, escreve sobre "a fuga monástica dos homens em relação às mulheres" (1992, p. 77) e documenta em detalhes a ferrenha continuação dessa fuga para dentro das universidades e da ciência moderna.[21] *(Somos levados a refletir sobre o retorno pós-moderno para o deserto, ou, pelo menos, para a* imagem *do deserto — o espaço de uma ausência de mulheres?) Uma longa história, de fato, não apenas da exclusão das mulheres, mas da contestada constituição do que iria* significar *ser (um certo tipo de) homem ou mulher. A "masculinidade" dos tecnopolos do mundo, hoje, não é apenas um produto de nem pode ser medido pelo fato da esmagadora dominância, nele, de empregados homens. É um resultado de uma história mais longa e mais profunda da construção do gênero que, ela própria, foi/é incluída espacialmente na construção de "lugares do conhecimento" defensivos, especializados.*

E, finalmente (para nossos propósitos aqui), uma terceira trajetória: esses lugares da produção de conhecimento são, também, lugares de elite *da produção de conhecimento legítimo, reconhecido, autorizado. Pois sempre houve e ainda há outras formas de conhecimento: na sociedade que está para além dos muros, nos vilarejos das fronteiras do deserto, no pavimento da loja dos lugares de produção material banidos para a "periferia" geográfica. Os tempo-espaços dos mosteiros medievais, as velhas universidades e os tecnopolos de hoje são todos momentos no entrelaçar das histórias da legitimação de uma certa forma de produção de conhecimento, a geração e manutenção de uma casta masculinizada que se especializa na definição e produção de tal conhecimento e no próprio moldar de tal tipo de masculinidade.*

Essas trajetórias, juntas, propulsionaram as exclusões pelas quais os tecnopolos foram constituídos. Elas são, além disso, histórias entrelaçadas, cada uma das quais foi discutida. Nesse sentido, esses espaços são tanto uma realização quanto permanecem ainda abertos a contestações (ver Capítulo 5). Noble (1992) reconta em detalhe a batalha sobre gênero e a luta para manter uma elite legitimada, que pode ser traçada a partir das batalhas dentro dos primórdios da cristandade, através de Paracelso, através dos distúrbios da dissidência durante séculos na Europa (lolardos, anabatistas, muggletonianos, antigos sueco-borgianos, brownistas, batistas, quakers, ranters...) até os trabalhadores do Lucas Aerospace das últimas décadas do século XX.[22] *Os tempos desses lugares são muitos. Os tecnopolos incorporam não apenas recentes cálculos econômicos, mas também longas histórias de luta social. Sobre a natureza e a propriedade do conhecimento, sobre os significados e delineamentos de gênero, sobre a instituição material nas relações vividas da postulação filosófica de uma oposição entre corpo e mente. Essas coisas são construídas dentro do próprio tecido desses lugares enquanto precipitados físicos e sociais de interseções específicas de uma multiplicidade de trajetórias. E, apesar de sua cuidadosamente manicurada aparência, as histórias que eles incorporam eclodem em diferentes momentos, deslocando-se de diferentes maneiras.*

Essas são formações espaciais específicas e particularmente poderosas. Elas articulam, de forma física, tanto a espacialidade social da produção do conhecimento quanto uma espacialidade imaginada da relação do conhecimento. É uma história mais múltipla e mais longa do que a que foi contada por Stengers; uma história na qual a escolha entre Einstein e Kepler foi apenas um episódio, e trata-se de uma história na qual a geografia foi crucial.

Esses são, assim, mais uma vez, lugares como constelações temporárias em que as repercussões de uma multiplicidade de histórias foram tecidas juntas. A produção e a legitimação do conhecimento funcionam, aqui, como práticas que geram espaço-tempos (assim como conceitos de espaço-tempo). Lugar como eventualidade. Ironicamente, esses lugares high-tech *são eventualidades controladas e planejadas. Seus componentes são disciplinados, até a inserção do não-humano, em formas domesticadas, convenientes (paisagem de "bom gosto", gramados irrigados), a fim de sustentar seu prestígio. "Ironicamente" porque esses "'lugares de inovação" parecem planejados para limitar seu caráter potencial como lugares de inovação. E ainda assim, naturalmente, no final, a eventualidade potencial do lugar permanece. O refreamento é impossível.*

Design © Steffan Böhle; usado com a gentil permissão de Ulla Neumann

Parte *Cinco* Uma política relacional do espacial

Na proposta política de Bruno Latour para "Uma plataforma (filosófica) para um partido de esquerda europeu" (1999a) o terceiro dos 10 pontos começa por: "Sinto que estamos mudando, lentamente, de uma obsessão com o tempo para uma obsessão com o espaço" (p. 14). E, um pouco adiante, ele reflete que: "Se, como os filósofos argumentam, o tempo é definido como a 'série de sucessão' e o espaço como a 'série de simultaneidade', ou o que coexiste, em um instante, poderíamos estar deixando o tempo do tempo — sucessões e revoluções — e entrando em um tempo/espaço muito diferente, aquele das coexistências" (p. 15). Tenho reservas em relação a esta formulação. Ela própria, de certa forma, contraditoriamente, tem o sabor da linearidade temporal e movimento único; sua consideração sobre o surgimento do espacial se apóia no temporal, precisamente na maneira que Grossberg critica (ver Parte *Dois*), e não tenho certeza se, de fato, tal mudança está ocorrendo. Certamente, também, eu não desejaria defender uma obsessão com o espaço, nem uma substituição de tempo por espaço, nem estou, simplesmente, abandonando toda a política anterior da esquerda.

Porém, igualmente, quero defender, de acordo com a visão de Latour, uma política ou, talvez, melhor, um ponto de vista *sobre* política que possa, dessa forma, se abrir para uma apreciação do espacial e dos envolvimentos que aí nos desafiam. Quer dizer, uma política menos dominada por uma imaginação moduladora de progressão linear (e, com certeza, não uma progressão linear única) e, ainda mais, uma política de negociação de relações, configurações, uma política que coloque ênfase naqueles elementos expostos no Capítulo 10: práticas de relacionalidade, um reconhecimento da implicação e uma modéstia de julgamento em face da inevitabilidade da especificidade.

Latour escreve sobre "as novas obrigações da coexistência (isto é, a produção de espaço) de entidades heterogêneas que nada* pode simplificar ou eliminar para sempre" (p. 15). Mais uma vez, o termo coexistência, provavelmente, é inadequado: deve-se também enfatizar a conformação e a inevitabilidade de conflito. O que está em questão é o processo constante e conflituoso da constituição do social tanto humano quanto não-humano. Tal visão não elimina um ímpeto do movimento para a frente, mas, certamente, enriquece-o com o reconhecimento de que tal movimento é, em si mesmo, produzido *através* da atenção às configurações; está fora de questão que novas heterogeneidades e novas configurações serão conjuradas. Essa é uma temporalidade que não é linear nem singular, nem preconcebida, mas é integrante do espacial. É uma política que presta atenção ao fato de que entidades e identidades (sejam lugares, clientelas políticas ou montanhas) são produzidas, coletivamente, através de práticas que formam relações, e são essas práticas e relações que a política deve focalizar. Mas isto também significa insistir no espaço *como* a esfera de relações, da multiplicidade contemporânea e, como sempre, em construção. Significa não cair de novo nessas estratégias de evasão, que falham ao enfrentar, inteiramente, o desafio do espaço.

Esta é uma mudança de ponto de vista, diferente da versão modernista (uma temporalidade, nenhum espaço), mas não em direção a uma visão pós-moderna (tudo é espaço, sem tempo) (ver Capítulo 7). Em vez disso, em direção aos entrelaçamentos e configurações de trajetórias múltiplas, de histórias múltiplas. Além do mais, o que isto significa, por sua vez, é que a própria política poderia requerer uma geografia diferente: uma geografia que reflita a geografia dessas relações. Esta parte dá conta de algumas dessas geografias: das negociações no interior do lugar, do desafio de ligar lutas locais à possibilidade de uma política local com mentalidade aberta, de alcance para além do lugar.

---

* A autora faz um jogo de palavras através da expressão *"no-one"* (*"no one"*, ninguém, e *"none"*, nenhum, nada). (N.T.)

13
acabar juntos:* a política do lugar como eventualidade

No outono de 1999, operários trabalhando no leito do rio Elba, onde ele começa a se abrir para o mar, em Hamburgo, depararam-se com uma grande rocha maciça arredondada. Foi um acontecimento notável, que se transformou em notícia. A rocha tornou-se popular, e a população de Hamburgo começou a visitá-la. Mas essa famosa moradora da cidade acabou sendo uma imigrante. Errática, empurrada para o sul pelo gelo há milhares de anos e deixada lá quando o gelo se retirou. Não era, de modo algum, uma rocha "local".

Ou era? Quanto tempo precisaria estar ali para ser local?

Em 1º de janeiro de 2000, as leis de cidadania alemãs foram, de certo modo, relaxadas, e Ulla Neumann, a criativa responsável por imigrantes estrangeiros em Hamburgo, apropriou-se da rocha imigrante e dos hábitos que ela tinha engendrado para fazer questionamentos, para estimular uma reimaginação da cidade como aberta, com o objetivo de ser vivida mais abertamente. O pôster na ilustração 13.1, criado por Steffan Böhle, foi o resultado. Alguns imigrantes estabelecidos deviam receber a cidadania, ser aceitos como "nativos do lugar" — como a rocha. O design do pôster reforçava o argumento. Hamburgo, como grande porto e, muito visivelmente, aberto a navios, trabalhadores e capital de todas as partes do mundo, há muito evocava a imagem de cidade cosmopolita. Havia um logotipo tradicional e muito popular: "Hamburgo, porta de entrada para o mundo!" O pôster com o portão de entrada recortado na rocha imigrante e com a cidade visível através dele estabelecia um desafio aos cidadãos alemães para fazer

* *"Throwntogetherness"*, no original: a partir de sugestões de tradução propostas pela autora, optamos ora pela expressão "acabar juntos", ora por "encontrar-se ao acaso", conforme melhor adaptação ao texto. (N.T.)

com que esse logotipo (essa auto-imagem já existente) ganhasse outro significado, fosse levado ao pé da letra e dele se tirasse toda a vantagem oferecendo aos imigrantes um convite para descobrir ainda mais.[1]

Era uma tentativa de instigar um entendimento desse lugar como permeável, de provocar um viver do lugar como uma constelação de trajetórias, tanto "natural" quanto "cultural", onde, se até mesmo as rochas se movem, a questão que deve ser colocada é o que se pode reivindicar como sendo o pertencimento, onde, pelo menos, a questão de

Ilustração 13.1 *"O Mais Antigo Imigrante de Hamburgo!"*
Fonte: Design © Steffan Böhle; usada com a gentil permissão de Ulla Neumann

pertencimento precisa ser formulada de uma nova maneira. A porta de entrada através da rocha fala de abertura e de migrantes e coloca o desafio da possibilidade de viverem juntos.

O pôster lida com o modo como as pessoas vivem a cidade, experimentam-na em toda uma variedade de meios, enquanto, constantemente, criam espaço-lugar. Pretende ser um agente ativo naquela reconfiguração, reconstituindo a história de Hamburgo, de seu passado, para provocar a reimaginação da natureza do presente. Sua intenção é mobilizar uma cosmologia política, nos termos de Fabian (1983), mas uma cosmologia política que, de certo modo, não existia antes, mas que é uma parte e parcela do modo como vivemos e produzimos tempo-espaço. Como escreve Ingold, "as formas que as pessoas constroem, seja na imaginação ou no concreto, surgem dentro do fluxo das atividades em que estão envolvidas, nos contextos relacionais específicos de seus envolvimentos práticos com aquilo que as rodeia" (1995, p. 76). Um conhecimento da cidade, produzido através do envolvimento. Nós, hamburgueses, amamos essa rocha e a aceitamos dentro da cidade; um elemento importante em nossa relação com a cidade, sem dúvida um de seus emblemas icônicos, é um migrante.[2] Uma prática já instituída poderia mudar nossa imaginação, o que poderia provocar a reconsideração (ou pelo menos mais discussão sobre) outras práticas.

Lugar como uma sempre-mutante constelação de trajetórias coloca a questão de nosso permanecer juntos. Este é o ponto de Kevin Robins ao insistir na importância do lugar material (Capítulo 9). O acaso do espaço pode nos colocar junto ao vizinho inesperado. A multiplicidade e o acaso do espaço aqui, na constituição do lugar, nos fornecem (um elemento de) aquela inevitável contingência que é a base da necessidade da instituição do social e que, num momento de antagonismo, é revelada em fraturas específicas, que colocam a questão do político. James Donald (1999), discutindo a natureza do social e do político na cidade, escreve: "Experimentamos nosso mundo social como, simplesmente, o modo em que as coisas são, como presença objetiva, porque essa contingência é, sistematicamente, esquecida" (p. 168). Baseando-se em Laclau, ele argumenta que, apesar de não podermos esperar capturar a totalidade dessa contingência, ela, em certos momentos, se apresenta diante de nós.[3] É a indecidibilidade [*undecidability*] da contingência essencial que torna possível a abertura do campo do político: "O momento de antagonismo em que a natureza indecidível [*undecidable*] das alternativas e sua resolução através de relações de poder se tornam completamente visíveis constitui o campo do 'político'" (Laclau, 1990, p. 35, apud Donald, 1999, p. 168). *Hamburgs ältester Einwanderer!*, o pôster coloca naquele momento, perturbando o que é estabelecido como um dado.

Os lugares colocam, de forma particular, a questão de nosso viver juntos. E esta questão, como Donald também argumenta, através de referência a Mouffe (1991), Nancy (1991) e Rajchman (1991, 1998), é a questão central do político. A combinação da ordem e do acaso, intrínseca ao espaço e, aqui, encapsulada no lugar material, é crucial. "Caos é, ao mesmo tempo, um risco e uma oportunidade", escreveu Derrida (1996). E Laclau argumenta que o componente de desarticulação [dislocation] abre a genuína possibilidade da política. Sennett (1970) nos impele a usar a desordem, e Levin (1989) evoca "incoerência produtiva". A passagem de Derrida é a seguinte:

> Esse caos-e-instabilidade, que é fundamental, determinante e irredutível, é, ao mesmo tempo, naturalmente, o pior contra o qual lutamos com leis, regras, convenções, política e hegemonia provisória, mas ao mesmo tempo é uma oportunidade, uma oportunidade de mudar, de desestabilizar. Se houvesse estabilidade contínua, não haveria necessidade de política e isso vai até o ponto em que a estabilidade não é natural, essencial ou substancial, que a política existe e a ética é possível. O caos é, ao mesmo tempo, um risco e uma oportunidade (p. 84).

A relação com a espacialidade é dupla: *primeiro*, essa irredutibilidade da instabilidade está ligada e, certamente, condicionada a espaço/espacialidade e, *segundo*, muita "política espacial" preocupa-se com o modo como tal caos pode ser organizado, como as justaposições podem ser reguladas, como o espaço poderia ser codificado, como os termos de conectividade poderiam ser negociados. Assim como tantos, muitos de nossos habituais modos de imaginar o espaço foram tentativas de dominá-lo.

O espaço que chamamos de "espaço público" levanta, mais acentuadamente, esses debates. Existe uma preocupação, muito difundida, com o "declínio do espaço público" na cidade neoliberal: a privatização comercial do espaço, o advento dos novos redutos fechados [*enclosures*], tais como, iconicamente, os shopping centers, e assim por diante. Esses são, claramente, processos que podemos testemunhar com alarme e por inúmeras boas razões. Eles envolvem a investidura do controle sobre os espaços nas mãos de proprietários não democraticamente eleitos, podem envolver a exclusão, de muitos desses espaços, de grupos que, seria esperado (por exemplo, se o espaço fosse de propriedade pública), teriam permissão de estar ali (a exclusão dos desempregados "ociosos" — condenados a não presumíveis compradores — aparece, provavelmente, como o exemplo mais citado). Essas questões são sérias. Mas a tendência a romantizar o espaço público como um vazio que permite livre e igual expressão não leva consigo a necessidade de teorizar espaço e lugar como produto de relações sociais que são, mais provavelmente, conflitivas e desiguais. O brado de Richard Rogers, em seu relatório *Towards an urban renaissance* (Urban Task Force, 1999), por mais espaços públicos na cidade considera-os praças, *piazzas*, abertas a todos, sem problemas. Embora pudéssemos compartilhar de seu desejo de uma presença maior desse elemento no tecido urbano, sua natureza "pública" precisa ser levada a um exame minucioso que raramente lhe é devotado. Desde a maior praça pública até o menor parque público, esses lugares são um produto de, e internamente deslocados por, identidades/relações sociais heterogêneas e, algumas vezes, conflitantes. Os shopping centers ("públicos") de Bea Campbell in *Goliath* (1993), dominados por diferentes grupos em horas diferentes do dia e da noite (e dominados de formas explicitamente excludentes), são um bom exemplo (Massey, 1996b). Em Londres vêm acontecendo as mais acirradas discussões sobre a presença de pombos em lugares públicos, em Trafalgar Square (uma atração turística, amada por todos, animais com direitos *versus* pombos como voadoras, emplumadas ameaças à saúde). O estudo *Comedia* (1995), sobre parques públicos, apontou, claramente, as negociações diárias contínuas e as lutas, muitas vezes silenciosas e persistentes, às vezes mais poderosas, através das quais dia após dia esses espaços são produzidos. Tais espaços "públicos", desregulamentados, permitem que uma população urbana heterogênea decida, por si mesma, quem, realmente, vai ter o direito de estar ali. Todos os espaços são, de algum modo, regulados socialmente, se não por regras explícitas (são proibidos jogos de bola, vagabundagem), então pelas regulações, potencialmente mais competitivas (mais semelhantes ao mercado?), que existem na ausência de controles explícitos (coletivos? públicos? democráticos? autocráticos?). O "espaço aberto", nesse sentido específico, é um conceito dúbio. Da mesma forma que contestamos as novas privatizações e as novas exclusões, deveríamos nos voltar para a questão das relações sociais que poderiam construir uma nova e melhor noção de espaço público. E isto deveria incluir, algumas vezes, enfrentar as necessidades de exclusão negociada.

Há ainda outro ponto. Rogers reflete sobre Walzer (1995) ao trabalhar com a noção de espaços receptivos [*open-minded spaces*]. Mas isto deve ser visto como um processo assintótico. Pode haver aqui paralelos com Derrida e com os teóricos da democracia radical, e noções de democracia-por-vir, de um horizonte que recua, continuamente, do espaço-receptivo-por-vir que jamais será alcançado, mas que deve, constantemente, ser buscado. Como na "esfera pública fantasma" de Robbins: uma fantasia, mas uma fantasia que é imperativo que continuemos a perseguir. Nas palavras de Rosalyn Deutsche: "Se 'a dissolução dos marcadores de certeza' nos convoca para o espaço público, então o espaço público é crucial para a democracia, não apesar de ser, mas porque é, um fantasma" (1996, p. 324). Como prova do que digo e, precisamente, por causa dos componentes de caos, abertura e incerteza que ambos incorporam, espaço e aqui, especificamente lugar, são potencialmente cadinhos criativos para a esfera democrática. O desafio é ter a confiança para tratá-los desta forma. Pois instituir espaços públicos democráticos (e certamente, de forma mais geral, os espaços de lugares) exige operar com um conceito de espacialidade que mantenha sob exame minucioso, sempre, o jogo das relações sociais que os constroem. "Em vez de tentar apagar os traços de poder e exclusão, a política democrática requer que sejam trazidos à frente, fazendo-os visíveis para que possam entrar no terreno da contestação" (Mouffe, 1993, p. 149).

A discussão não é que esses lugares não sejam públicos. O próprio fato de que eles sejam, necessariamente, negociados, muitas vezes rachados por antagonismo, sempre cercados pelo jogo das relações sociais desiguais, é que os torna *genuinamente* públicos. Deutsche, em sua exploração do possível significado da arte pública, baseia-se em Claude Lefort: "A marca da legitimidade da democracia", diz Lefort, "é o desaparecimento da certeza sobre os fundamentos da vida social" (p. 272). "O espaço público, no relato de Lefort, é o espaço social onde, na ausência de um fundamento, o significado e a unidade do social são negociados — ao mesmo tempo constituídos e colocados em risco. O que é reconhecido no espaço público é a legitimidade do debate sobre o que é legítimo e o que é ilegítimo" (p. 273). Na reflexão de Deutsche:

"O conflito não é algo que acontece a um espaço urbano, potencial ou originalmente harmonioso. O espaço urbano é o produto do conflito" (p. 278).

O que se aplica ao espaço público se aplica *a fortiori** a lugares mais comuns. Essas constelações temporárias de trajetórias, essas eventualidades que são lugares, requerem negociação. Ash Amin (2002) escreve sobre tal política de lugar sugerindo um vocabulário diferente: de ajustamento local, um vocabulário que se dirija diretamente aos direitos de presença e confronte o fato da diferença. Seria um vocabulário irredutível a uma política de comunidade e articularia uma política sem garantias. Além disso, lugares variam, e assim também varia a natureza da negociação interna que eles demandam. "Negociação" aqui quer dizer o uso dos meios através dos quais o ajustamento, de qualquer forma sempre provisório, pode ou não ser alcançado.

Chantal Mouffe define o jogo político como sendo dependente da "construção sempre-a-ser-alcançada de um 'nós' delimitado, porém heterogêneo, instável e necessariamente antagonístico" (citado em Donald, 1999, p. 100). Alguns tipos de lugares, em certas ocasiões, requerem, certamente, a construção de um "nós" como esse, mas a maioria dos "lugares", de modo mais cotidiano, é de um tipo muito mais vago. Eles não requerem a construção de um "nós" único, hegemônico (embora possa existir uma multiplicidade de "nós" implícitos sendo exercida nas práticas cotidianas que fazem o lugar).[4] Jean-Luc Nancy oferece a noção do político como "uma comunidade sofrendo, conscientemente, a experiência de seu compartilhamento" (1991, p. 40). A negociação e a contestação cotidianas de um lugar não requerem exatamente, neste sentido, a contestação coletiva consciente de sua identidade (não importa quão temporariamente estabelecida) nem encontram-se aí os mecanismos para isso. Mas, à medida que "funcionem" em todos os lugares, não são, todavia, consideradas insignificantes. São formadas através de uma miríade de práticas de negociação e contestação cotidianas, práticas, além do mais, através das quais as "identidades" constituintes são, também, elas mesmas, continuamente moldadas. O lugar, em outras palavras — como muitos argumentam —,

* Do latim, "com tanto mais (razão)". (N.T.)

nos modifica não através de um pertencimento visceral (alguns apenas mudando o desenraizamento, como tantos concluiriam), mas através *da prática* do lugar, da negociação das trajetórias que se intersectam, lugar como uma arena onde a negociação nos é imposta. Os termos em que isso se dá podem ser a indiferença da alteridade não assimilada de Young ou a mais consciente plena interação que Sennett procura, ou um antagonismo mais plenamente politizado.

Donald cita *Politics of friendship*, de Derrida, na distinção entre respeito e responsabilidade. É uma distinção que Derrida alinha com sua interpretação da diferença entre espaço e tempo. Respeito, diz ele, refere-se à distância, ao espaço, ao olhar, enquanto responsabilidade refere-se ao tempo, à voz e ao escutar (ver Donald, 1999, p. 166). Derrida escreve: "Não há respeito ... sem a visão e a distância de um *espaçamento*. Não há responsabilidade sem resposta, sem o que o falar e o ouvir dizem, *invisivelmente*, ao ouvido, e isso leva *tempo*" (1997, p. 60, itálicos no original, apud Donald, 1999, p. 166). Poderíamos ter cautela com os componentes dessa formulação, inclusive com essa maneira específica de diferenciar espaço e tempo, apesar de que o aspecto do espaço como o social está claro. Não obstante, o que "lugares" — de todos os tipos — colocam como um desafio e uma responsabilidade é, exatamente, o que Derrida procura, a co-implicação entre sua "responsabilidade" e "respeito" — poderíamos dizer tempo-espaço? —, o reconhecimento da coetaneidade (e, no "lugar", da co-presença) de uma multiplicidade de trajetórias.

"Lugar", aqui, poderia significar a condição geral de nosso estar juntos (apesar de aqui ter um significado mais específico do que este). No entanto, a espacialidade do social está implicada, também, em um nível mais profundo. Em primeiro lugar, como um princípio formal, trata-se do espacial dentro do tempo-espaço e, nesse ponto, mais especificamente, o seu aspecto como a esfera da multiplicidade e opacidade mútua que isso, necessariamente, acarreta, e que requer a constituição do social e do político. Em segundo lugar, na prática política, muito dessa constituição é articulado através da negociação de lugares em seu mais amplo sentido. Imaginações de espaço e lugar são, ambos, um componente de uma aposta *nessas* negociações. O pôster de Hamburgo alcança, precisamente, este aspecto.

Esta abordagem de lugar é mais freqüentemente evocada quando as discussões se voltam para aquela preocupação metropolitano-acadêmica: *cidades*. O cuidadoso e estimulante debate de Donald diz respeito, especificamente, a cidades. Ele menciona a inevitabilidade do conflito nas cidades, o desafio de viver junto em tais lugares-espaços (e a pergunta relevante é a que é, menos freqüentemente, feita — não como viver na cidade, mas como vivermos juntos nela — p. 139); ele cita a questão de Rajchman de "estar em casa" em um "mundo em que nossa identidade não é dada, nosso estar-juntos é questionado. Esse é o sentido específico no qual a vida na cidade é, inescapavelmente, política" (1999, p. 155). Cidades são, talvez, os lugares que constituem o maior desafio para a democracia (Amin et al., 2000). São peculiarmente grandes, intensas e heterogêneas constelações de trajetórias, exigindo uma negociação complexa.[5] Esta imaginação (geralmente ocidental) da cidade, no entanto, tem focalizado, mais freqüentemente, a mistura cultural e étnica — que é, certamente, um tipo de encontro de trajetórias resultantes da globalização neoliberal. Mas há outros meios, também, nos quais tais cidades e, talvez, principalmente, as chamadas "cidades mundiais" ocidentais têm sido o sítio das trajetórias conflitantes da globalização.

Tomemos Londres. Londres é uma cidade mundial para o capital, assim como para a migração internacional. As trajetórias do capital, tanto quanto da etnicidade, entram em colisão aqui. Tirando partido de sua longa história como eixo mercantil do Império, Londres reuniu, em si, uma imensa constelação de funções financeiras e outras a ela associadas. A City financeira representa a cidade (a impossibilidade de distinguir entre elas pelas palavras* provoca divagações derrideanas). A trajetória da City é sólida e poderosa (mesmo admitindo reconhecidas fraquezas e vulnerabilidades). É também uma trajetória de olhar para fora [*outwardlooking*], seu olhar varre o planeta. Até a recente abertura de "oportunidades de investimento imobiliário" ali, a City sabia mais sobre mercados em continentes distantes do que sobre o que estava acontecendo logo do outro lado do rio. Além do mais, essa é uma trajetória que colide aqui, em Londres, com outras histórias econômicas que têm sido feitas, continuamente, até agora, neste lugar. Há os remanescentes do comércio físico, grande número de indústrias de serviço

* "City" nos dois casos, no original. (N.T.)

nacionais, locais e internacionais, uma considerável base de manufatura e uma sucateada infra-estrutura do setor público. Essas são trajetórias com diferentes recursos, dinâmicas distintas (e forças no mercado) e temporalidades que têm suas próprias direções no espaço-tempo e que se encontram diferenciadamente inseridas dentro da "globalização".

É um verdadeiro impacto. O domínio de Londres pelas indústrias financeiras globais muda o caráter e as condições de existência de todo o resto.[6] A interferência desse impacto sobre os preços do solo é o seu efeito mais evidente. A indústria manufatureira, que de outra forma poderia ter sobrevivido, tornou-se antieconômica pelo preço que tem de pagar pelo solo/pelo local. A continuada rentabilidade dos processos de produção, antes de tais custos serem levados em conta, é anulada pela incapacidade de encontrar ou conservar um sítio frente à voraz demanda e à maior capacidade de pagar, da parte dessas indústrias da "cidade mundial". Colocando de outra maneira, o crescimento da City é um componente na produção de desemprego entre os operários das manufaturas. Coloca restrições e apresenta obstáculos ao crescimento, algumas vezes mesmo à sobrevivência, de outras partes da economia de Londres. A infra-estrutura está sendo forçada até o limite, sua eficiência declinando, e problemas de capacidade são vistos por toda parte. Os absurdamente altos salários da City têm efeito dominó sobre os preços em geral e em particular nos custos de moradia. Torna-se impossível sustentar um setor público porque trabalhadores dos setores públicos (graças à política do governo central) não conseguem viver aqui. Mesmo no meu cantinho, nos arredores, do outro lado de Londres, da City, um "policial da comunidade local" tem de viajar desde Leicester. E colocaram uma carta sob minha porta (e em todas as caixas de correio da área) interpelando-me e ao resto dessa área, através de um pedacinho específico de nossa identidade (ao "Proprietário da Casa", dizia): e seguia convidando-me a tirar proveito do fato de que vivo na mesma metrópole que as superpagas coortes das finanças globais. Suas gratificações anuais elevariam os preços das casas — talvez eu quisesse vender.

Isto, então, é um confronto de trajetórias em que a dominância de uma delas reverbera através de toda Londres: mudando as condições para outras indústrias, minando o setor público, produzindo um maior grau de desigualdade econômica em Londres do que em qualquer outra cidade no Reino Unido (e esse último fato em si tem efeitos na vida de todas as pessoas). Os salários "médios" mais altos de Londres escondem uma enorme desigualdade — mas os custos adicionais que a extremidade superior dessa distribuição produz têm de ser suportados por todos.

Londres é uma cidade "bem-sucedida". É incessantemente caracterizada dessa forma. (As outras regiões do país são problemas, dizem-nos, mas não Londres e o Sudeste). Ainda assim, as mesmas provas, então, quase que invariavelmente, são seguidas para indicar uma dificuldade com essa caracterização. Londres é uma cidade bem-sucedida, asseguram, "mas ainda há grandes áreas de pobreza e exclusão". Porta-vozes de Londres apontam para esse fato evidente em reivindicações por uma maior partilha do bolo nacional. O Primeiro-Ministro Tony Blair lamenta isto, constantemente, em sua tentativa de fugir da questão da desigualdade entre as regiões (há pobreza em Londres também, vocês sabem...). (O que é preciso, naturalmente, é a redistribuição *dentro de Londres* — ver Amin et al., 2003.)

O problema está na conjunção. Primeiro, na conjunção "mas". A frase deveria, em vez disso, dizer: "Londres é uma cidade bem-sucedida e, *parcialmente, como um resultado dos termos desse sucesso* há, ainda, grandes áreas de pobreza e exclusão." E, segundo, a conjunção de trajetórias da economia: a imensa concentração de indústrias de cidades globais (especialmente financeiras) é um dos elementos da constelação de forças que *produzem* essa pobreza e exclusão.[7]

Este é um impacto material que, além disso, força escolhas políticas. Qual deve ser a estratégia econômica da cidade? No momento, é simplesmente priorizar as finanças como a chave para o sucesso como cidade mundial. Mas o fato de que o "sucesso" de Londres seja uma das dinâmicas que produzem pobreza e exclusão implica, pelo menos, uma indagação em relação ao significado deste termo, "bem-sucedida", e deveria levantar um questionamento sobre o modelo de crescimento. Não faz sentido continuar promovendo "crescimento" na mesma maneira antiga (isto é, não se o objetivo, como constantemente declarado, é *reduzir* a pobreza e a exclusão). Claramente, então, tem de haver uma decisão: reduzir a pobreza ou promover a City. É uma verdadeira escolha política. A própria sugestão gera ansiedade: tirar o pé do acelerador pode significar que as finanças fugiriam para Frankfurt. Essa é a resposta que é incessantemente oferecida. E quem sabe o quanto de verdade pode haver nesse medo/ameaça? A questão é que se existe *qualquer* verdade nisso, então há, à nossa frente, opções que são mutuamente exclusivas (antagônicas): por um lado, políticas que favorecem a City e, pelo outro, políticas que objetivam, diretamente, a redistribuição. Esse impacto de trajetórias no próprio local realça um conflito que requer uma postura política.[8]

É um conflito que se encontra, geralmente, oculto. Certamente, a verdadeira dificuldade *é* esta falta de reconhecimento. Há uma recusa em reconhecer o antagonismo. Para aqueles que indicam a necessidade de lidar com o problema da pobreza, a resposta começa com o acordo político. *É claro,* eles querem lidar com a pobreza e a exclusão (a real redistribuição é menos facilmente aceita). Isto será feito por efeitos multiplicadores da City (mas sabemos que esse vazamento não acontece), ou, uma versão mais recente, em breve, virtualmente, todos serão englobados nessa nova economia (então, assim, quem vai esvaziar as latas de lixo, cuidar dos doentes, ser o nosso policial local...?).

Neste ponto, o debate sobre meios de realização pode tornar-se, aparentemente, técnico. Mas o que realmente aconteceu é que o antagonismo foi deslocado. Em vez de um conflito explícito sobre objetivos políticos, o que temos agora é uma confrontação entre imaginações da cidade. A visão pró-finanças apóia-se, freqüentemente, sobre um contraste entre a "nova economia" e a "velha", sustentada pelo mito da nova economia como panacéia. (A City financeira, com séculos de idade, é aqui — ironicamente — considerada "nova", em contraste com as manufaturas, consideradas "velhas"!) Neste imaginário a economia tem um ponto central de classe, com o resto da população procurando um papel para servi-la. É essa estrutura que produz dividendos e multiplicadores para todos. É uma unidade. E uma unidade retoricamente apoiada através do recurso ao estabelecimento de inimigos externos: as outras regiões do país (acusadas de receber um quinhão grande demais através da redistribuição do imposto sobre a renda) e Frankfurt (retratada como sempre estável e pronta para se tornar a capital financeira da Europa). O imaginário alternativo recusa esta proclamada unidade e, em vez disto, enfatiza a multiplicidade e interdependência das diversas partes da economia urbana, junto com o reconhecimento das desarticulações [*dislocations*] e dos confrontos de diversidade dentro dela. Uma imaginação de uma identidade absolutamente coerente, com as finanças como brilhante pináculo, a locomotiva do crescimento puxando todo o resto, mas com alguns problemas de desenvolvimento interno desigual ainda a serem nivelados, confronta-se com uma imaginação deste lugar como um confronto de trajetórias de força diferencial e onde esta força diferencial é parte daquilo que tem de ser negociado. O que está em debate é o que

Rajchman chamou de "princípio das disposições espaciais do estar juntos" (1998, p. 94). Algumas vezes temos de explodir a imaginação de espaço ou de lugar para encontrar dentro dela seu potencial, para revelar a "disparidade" "no que se apresenta como uma totalidade perceptual" (p. 19). Para desafiar a política de classes de Londres a própria cidade tem de ser reimaginada como um confronto de trajetórias.

Isto, em si mesmo, no entanto, torna a intervenção ainda mais complicada. Pois deve ser uma intervenção em uma constelação de trajetórias que, apesar de interagindo e, sem dúvida, afetando umas às outras, têm muitos ritmos diferentes. Não há um "agora" coerente para este lugar (ver Capítulo 12). Aquilo que é lugar não é a sincronia fechada do estruturalismo, nem o congelado corte através do tempo que, tão freqüentemente, têm sido caracterizados como espaço. Todos eles têm implicações mais amplas para a política. Isto significa que todas as negociações de lugar acontecem no movimento entre identidades que estão se movendo. Significa, também, e isto é mais importante para o nosso argumento, que qualquer política que apreenda as trajetórias em pontos diferentes está tentando articular ritmos que pulsam em diferentes compassos. Este é outro aspecto do caráter elusivo do lugar que torna a política tão difícil.

Assim, em Londres, pessoas progressistas desejam resolver, a curto prazo, a evidente necessidade de habitações a preços acessíveis, desejam mais amplos diferenciais regionais em termos de taxas salariais (o *London Weighting**), argumentam que o salário mínimo "nacional" deveria ser mais alto na capital: em outras palavras, eles querem diminuir alguns dos problemas causados pelo domínio da City. É difícil não simpatizar com elas. No entanto, tal reação apenas tornará mais intensa a dinâmica a longo prazo da trajetória financeira da cidade. (Sim, a City financeira pode continuar crescendo e, de alguma forma, tentaremos mantê-la em ordem.) Isto não é, apenas, uma tentativa de última hora para a economia de Londres; não só tais medidas se irão tornar inadequadas através das forças do mercado, quase tão logo sejam implementadas, como precisamente por reagir apenas aos processos imediatos perpetuam a dinâmica a longo prazo (o domínio das finanças, a desigualdade crescente no nível nacional, a exacerbação do desenvolvimento regional desigual) que está na raiz de tudo isso.

* *London Weighting* — "adicional londrino", é agregado ao salário de muitos trabalhadores (como professores), em função de residirem em Londres, devido aos valores muito elevados da habitação. (N.T.)

A longo prazo tal abordagem poderia tornar as coisas ainda piores (sob os próprios critérios dos redistribuidores).

Tudo isto diz respeito a cidades, e a uma cidade mundial, em particular. Mas multiplicidade, antagonismos e temporalidades contrastantes são a natureza de todos os lugares. John Rajchman (2001) refletiu sobre a grande obsessão atual (mais uma vez) pelas cidades: uma obsessão transdisciplinar. Há, ele argumenta, uma longa relação histórica entre a filosofia e a cidade, que tomou a forma tanto da cidade fornecendo as condições para o surgimento da filosofia quanto da filosofia sendo "a cidade no processo de pensamento" (p. 3) — a cidade é um estímulo para a filosofia, na qual "a cidade não é apenas um objeto sociológico, mas também uma máquina que desfaz e ultrapassa as definições sociológicas, colocando novos problemas para o pensamento e os pensadores, imagens e fabricantes de imagens" (p. 14). A cidade como produtora de momentos de absoluta desterritorialização e, continuando no viés deleuze-guattariano, produzindo, assim, também, uma contraposição entre as "desterritorializações históricas da cidade" e "as identidades dos estados e as estórias que eles contam sobre si mesmos" (Rajchman, 2001, p. 7) (um contraste que poderia refletir aquele entre lugares simplesmente como as justaposições indesignáveis de trajetórias que exigem negociação e lugares com identidades hegemonizadoras, com estórias que "eles" contam sobre si mesmos). Como Rajchman coloca, Benjamin e Simmel podem, ambos, ser lidos em formas muito diferentes, como pensadores "que viram nos espaços peculiares das metrópoles um meio de saírem da mais oficial filologia ou sociologia da universidade alemã para explorar uma zona que não podia mais ser encaixada dentro dos grandes esquemas da história e sociedade da época" (p. 12), uma idéia que Deleuze iria generalizar para a filosofia, da sociedade como estando sempre *en fuite*.* É um argumento maravilhosamente provocador. E leva Rajchman a perguntar que desterritorialização diferente é aberta pelas cidades hoje: que tipos de linhas de fuga de pensamento se desprendem "quando iniciamos a partida por caminhos que havíamos determinado como indo para um rumo diferente, que ainda não estamos certos qual é..." (p. 17).

* Em fuga (em francês no original). (N.T.)

Possivelmente as cidades, sem dúvida, foram tanto condição quanto provocação para um novo pensamento. Além do mais, parte do que essa provocação tem acarretado (apesar de, nem sempre, de forma explícita) é um repensar do *espaço* da cidade — como um acúmulo de camadas, justaposições inapreensíveis e assim por diante. Esse espaço não é, no entanto, exclusivo do espaço da cidade. Pode ser a situação aflitiva das cidades que incite em alguns uma reimaginação, mas a natureza em princípio da espacialidade não está confinada ao urbano.

O "campo" (surgem então visões inglesas de segurança e estabilidade) pode, também, desterritorializar a imaginação. A rocha errática em Hamburgo, as rochas migrantes que existem atualmente, como Skiddaw, falam da mesma "nova" espacialidade que a cidade e abrem, mais amplamente, um reconhecimento da natureza temporária da constelação do que é o lugar. Mudanças tectônicas, o fluxo e refluxo das calotas glaciais, a chegada dos migrantes não-humanos e humanos, esta diferença radical em temporalidades enfatiza, mais do que as cidades, um dia, poderão fazê-lo, que uma "constelação" não é um "agora" coerente. O enfoque persistente nas cidades como sítios que mais nos incitam perturbações é, talvez, parte do que dominou (certamente é dependente *do* domínio de) nossa visão do rural. No entanto, reimaginar o campo/a Natureza é mais desafiador ainda do que reagir à espacialidade mutável (costumeiramente representada como predominantemente humana) do urbano.

É surpreendente a freqüência com que isso é omitido, mesmo pelos mais autoproclamados pensadores nômades. Félix Guattari, cujas noções de mudança são de outro modo tão fortes, não obstante, em seu *The three ecologies** (1989-2000) escreve sobre os "equilíbrios naturais" (p. 66) e, de forma ainda mais estranha, mesmo em referência metafórica sobre fazer o deserto florir, trazer a vegetação de volta ao Saara (ver também a p. 66). A introdução do tradutor também reforça essa impressão de uma "natureza" que, se não sofresse intervenção dos humanos, estaria "equilibrada" (ver, por exemplo, pp. 4 e 5). Ou, novamente, Brian Massumi (1992) alega enfaticamente que: "O equilíbrio do meio ambiente físico tem de ser reestabelecido, a fim de que as culturas possam continuar vivendo e aprendam a viver mais intensamente, em um estado distante do equilíbrio" (p. 141). Tais dualismos, como defendido no Capítulo 9, são inerentes a muitas obras de autores como

* Edição brasileira: *As três ecologias* (Campinas, Ed. Papirus, 1990). (N.T.)

Giddens e Beck sobre a "sociedade de risco". Enquanto a mobilidade e a mutabilidade social são celebradas, "perturbações" do padrão da natureza são vistas com alarme:

> O que parece apoiar, basicamente, o novo ambientalismo cosmopolita ... é a premissa de que, deixada em paz, a natureza é dócil, mantém suas formas dadas e posições. A cultura, por outro lado, é vista como sendo, inerentemente, dinâmica, tanto autotransformadora quanto responsável pela mobilização e transmutação do mundo material — para melhor ou para pior. ... o mais impregnado dualismo do pensamento ocidental, poderiam nos perdoar por pensar, voltou para assombrar a sociedade cosmopolita de risco (Clark, 2002, p. 107).

É uma imaginação que falha, inteiramente, em considerar aquele "tráfego que é da própria natureza" (p. 104) ou em compreender o "aspecto nativo" de plantas e animais e de rochas e pedras como não menos enganoso do que o dos humanos.

Os não-humanos têm, também, suas trajetórias, e a contingência do lugar exige, não menos do que dos humanos, uma política de negociação. É tal conjunto de negociações e, talvez, num sentido sério, freqüentemente negociações fracassadas, dada a resposta da "natureza", que Mike Davis (2000) documenta em seu magnífico relato de Los Angeles (pois a cidade e a natureza não são geograficamente distintas; ver Whatmore e Hinchliffe, 2002-2003). A produção de Los Angeles, como ela é hoje, em seu acabar juntos conflitivo e, muitas vezes, perigoso, de humanos e não-humanos, envolveu choques culturais (com geomorfólogos e climatologistas de zona temperada interpretando, de maneira completamente errada, as forças naturais por meio das quais eles tinham se tornado famosos), relacionamentos de amor/ódio (um desejo de viver fora da cidade seguido por um choque e indignação quando confrontados com um coiote) e uma recusa em levar a sério (ou melhor, uma crença de que o dinheiro — "dinheiro público" — poderia e deveria ser usado para combater) uma enorme quantidade de dinâmicas não-humanas (de placas tectônicas a bacias fluviais e incêndios naturais). Isto foi uma negociação humana-não-humana de lugar, conduzida, pela parte humana, dentro de uma arrogante presunção da capacidade de vencer. Trata-se de uma negociação manifestadamente diferente daquela que caracterizou, durante a maior parte dos séculos passados, uma Amazônia onde, apesar de que, de fato, a interpenetração dos humanos e não-humanos seja encontrada em toda parte (Raffles, 2002), aquela interpenetração ocorreu, amplamente, dentro de uma imaginação do vangloriado poder da "*natureza*". Estes são exemplos extremos; a questão é, apenas, que em cada lugar haverá negociações e essas negociações irão variar. Além do mais, exatamente como no caso das negociações, em aparência mais puramente humanas, as conseqüências não estão restritas apenas a esses lugares. As conectividades não-humanas, tanto de Los Angeles quanto da Amazônia, são globais em seu alcance.

É útil, certamente, reconhecer a mais ampla relevância das questões sobre espaço que, para alguns, primeiro ocorrem nas ruas da cidade. Nesta interpretação, a importância da cidade é tanto aumentada quanto diminuída. Aumentada porque é, ou foi, esse tipo particular de espaço que tem, tão freqüentemente, se recusado a ser contido dentro de molduras de pensamento preestabelecidas e que, assim, se tornou o *espace provocateur* para um novo pensamento mais geral. Reduzida, porque, no final das contas, a cidade não é, tão absolutamente, especial. Outras questões podem ser apresentadas (e o são, para mim) em outros lugares. Isto é importante por questões políticas. Embora o foco nas cidades tenha sido produtivo, pode ser repetitivo, com seus insistentes mantras estimuladores, e é excludente — não apenas de outros lugares, não-urbanos, mas de espacialidades mais amplas de diferença global. Tem suas ironias dúbias também: enquanto a globalização, com tanta freqüência, é lida como um discurso de fechamento e inevitabilidade, muitas das novas narrativas da cidade são todas sobre abertura, virtualidade e perder-se. Nenhuma delas, em si, é uma estória adequada; elas são, em especial politicamente, inadequadas, sua coexistência nos permitindo brincar o quanto quisermos nas ruas urbanas, durante todo o tempo, apanhados, inexoravelmente, no complexo da necessidade global. Como King (2000) enfaticamente sugeriu, o enfoque dos acadêmicos ocidentais nas cidades mundiais do Ocidente, os reinos nos quais eles tendem a viver, pode ser outra forma de mentalidade fechada. O argumento de Clark gira, em parte, em torno das relações materiais entre a Europa e Aotearoa, na Nova Zelândia. No fim do século XIX o impacto biótico do colonialismo estava se tornando violento: "Embora as cidades do centro pudessem ter apresentado focos pulsando com 'o efêmero, o fugidio, o contingente', a formação do colono podia oferecer grandes extensões de terra sacudidas pelo choque do novo" (Clark, 2002, pp. 117-8). Talvez outras coisas pudessem ser aprendidas ao refletirmos sobre outros lugares.

Los Angeles e a Amazônia, como estavam se tornando, eram novas para os primeiros colonizadores europeus. Mas mesmo para os que não viajam tão longe, ou mesmo para os que permanecem "no lugar", o lugar é sempre diferente. Cada um é único e está constantemente produzindo o novo. As negociações serão sempre invenções, haverá necessidade de julgamento, aprendizagem, improvisação, não haverá regras meramente portáteis. Em vez disso, é o único [*unique*], a emergência do novo conflitivo, que faz surgir a necessidade do político.

14
não há regras de espaço e lugar

Voltemos, por um momento, ao pôster descrito no capítulo anterior que mostra a rocha imigrante encontrada no rio Elba. Quando o pôster foi afixado, Hamburgo era, em uma série de aspectos, uma das cidades mais ricas da Europa — uma cidade rica em um país rico e poderoso. A campanha para reconhecer seu hibridismo essencial, chegando até as rochas e a tentativa de usar isto para questionar os termos de debate (o que é local? não-local?), para derrubar os fundamentos daqueles que defenderiam, agora, o fechamento (não há apelo para uma autenticidade do solo), é uma campanha que a esquerda política, em geral, irá, provavelmente, aplaudir. Abertura é bom. "A esquerda", em sentido amplo, deplora os cercos da Fortaleza Europa e *la migra*.* Tudo certo. No entanto, é importante deixar claros os termos do debate subentendidos nesta posição.

Pois pelo menos parte da esquerda irá também, em outras ocasiões, argumentar da mesma forma, clamorosamente, *contra* a abertura. Embora grande parte da linguagem esclarecida dos estudos culturais e as mais amplas retóricas do hibridismo e da ausência de fronteiras ressoem (às vezes facilmente demais) com as formulações dominantes do neoliberalismo, muitos com o mesmo conteúdo são, igualmente, contra o livre-comércio descontrolado: eles se posicionam contra o nivelamento da abertura forçada das economias do Sul em relação aos produtos e serviços do Norte, opondo-se ao Gats** e MAI;*** defendem o direito dos povos indígenas a suas terras e sua relação ínti-

* Termo usado pelos imigrantes de língua espanhola nos Estados Unidos para se referir a entidades governamentais que aplicam as leis de imigração, especialmente a polícia. (N.T.)

** Gats — General Agreement on Trade in Services (Acordo Geral sobre o Comércio de Serviços). (N.T.)

*** MAI — Management Associates International. (N.T.)

ma com tudo isso (deplorando todo o tempo a reivindicação dos sérvios). Alguns contraporiam ao triunfalismo da globalização um romantismo do local. Assim, como a maioria da direita política é "inconsistente" em exaltar o livre movimento do capital, enquanto trabalha ativamente para impedir o livre movimento do trabalho e, logo que isso é alcançado, aclama a legitimização de duas imaginações geográficas contraditórias, da mesma forma a esquerda pode, muitas vezes, ver-se no espelho se opondo a ambas as posições (argumentando contra o livre-comércio e a favor da migração irrestrita) e em razão de princípios igualmente antinômicos.

Como, por exemplo, no contexto do caso de Hamburgo e do argumento mais amplo para relaxar as restrições da imigração dentro da União Européia. Deveríamos reagir à campanha do Greenpeace com

Demarcando o coração da Amazônia

O Greenpeace acabou de completar uma expedição de um mês às terras dos índios Deni, no oeste da Amazônia brasileira. O Greenpeace está trabalhando com os Deni para ajudá-los a conseguir o reconhecimento de seus territórios tradicionais através do processo legal de demarcação. A terra dos Deni está sob a ameaça da WTK, uma gigante madeireira da Malásia com uma lista de prisões por comercializar madeira ilegal. A WTK comprou mais de 313 mil hectares de floresta tropical nessa região do Amazonas. Aproximadamente metade dela coincide, em parte, com os territórios deles e foi vendida sem o conhecimento ou consentimento deles. Em 1999, o Greenpeace, primeiro, fez uma viagem de 10 dias de Manaus até a terra dos Deni, por navegação fluvial, para verificar o estado desse território.

As terras dos Deni são muito afastadas e cruciais para a sobrevivência dos restantes 800 índios. Os Deni querem a demarcação para ajudá-los a manter seu modo de vida. Eles vivem sem eletricidade, telefone, serviço postal ou uma língua escrita. No Brasil, uma vez que a terra dos índios é legalmente demarcada, ela é considerada posse perpétua dessas comunidades e nenhuma atividade industrial é permitida na área. Até que esse processo termine, a floresta permanece ameaçada.

O processo do governo é dolorosamente lento. O Governo Federal envia funcionários para determinar o alcance das terras da comunidade, escrever relatórios e fazer um mapa.

Contratam, então, uma companhia para abrir uma linha de fronteira de seis metros através da floresta. Os próprios Deni seriam envolvidos secundariamente no processo e isso pode levar anos.

Portanto, com o apoio do Greenpeace e duas organizações dos povos indígenas, os Deni estão seguindo o inusitado caminho de autodemarcação. Estamos ajudando-os a obter informação e habilidades práticas, tais como o uso de GPS (aparelho de localização por satélite) e outros equipamentos técnicos, para que eles possam definir seus próprios limites territoriais e tomar o controle direto do processo, a fim de forçar o governo a agir no interesse de seu povo e de sua floresta.
Fonte: www.greenpeace.org.uk/amazon.htm

Cortesia do Greenpeace (http://www.greenpeace.org)

os Deni da Amazônia? Há, naturalmente, neste caso, questões particulares. Uma delas diz respeito à falta de democracia no que se passou até agora (ver o box acima). Deveríamos, talvez, apoiar a participação dos Deni no futuro dessas terras. No entanto, como isso se encaixa com nossa reação política quando um populacho inglês saturado pelos tablóides clama por um fim da imigração estrangeira? A opinião da maioria local, em si mesma, está sempre "certa" ou não? Ou, novamente, poderíamos apontar para o fato de que a rejeição da invasão de suas terras é necessária para os Deni "para ajudá-los a manter seu modo de vida". Mas isso é, exatamente, o que já foi argumentado contra a imigração para o Reino Unido ou pelas cidadezinhas de classe média "ameaçadas" pela política de dispersão de refugiados. O que é certo é que não há princípios espaciais gerais aqui, pois eles sempre podem ser contrariados por argumentos políticos a partir de casos contrastantes. Os "locais" (mesmo que pudessem, ainda que provisoriamente, ser definidos) não estão sempre "certos" nem sempre é a opinião de sua maioria o caminho mais democrático a adotar. "Defesa de um modo de vida local" pode, da mesma forma, dividir os dois lados. A questão não pode ser se a demarcação (construção de limites) é, simplesmente, boa ou má. Talvez Hamburgo deva, sem dúvida, se abrir, enquanto aos Deni seja permitido terem suas terras delimitadas de proteção.

Manter tais posições aparentemente contraditórias pode ser perfeitamente legítimo. Tudo depende dos termos em que o argumento se baseia. Quando os que estão à direita do raio de ação político são *a favor*, digamos, do livre movimento do capital e *contra* o livre movimento do trabalho, isto não acarreta, necessariamente, uma contradição. Apenas se abre àquela exortação (e assim se abre àquele tipo de desafio político) quando cada argumento é legitimado por um apelo à imaginação geográfica aclamada como universal e quando (como neste caso) as duas imaginações legitimadoras se contradizem. A "inevitabilidade" de um mundo moderno sem fronteiras *versus* a "naturalidade" de um mundo em que (algumas) pessoas locais têm o direito de defender, com fronteiras, seu próprio lugar local. É perfeitamente coerente defender tanto um relaxamento significativo das regras européias sobre imigração (maior abertura) quanto o direito de países em desenvolvimento de erigir barreiras de proteção ao redor de, digamos, um setor vital de produção ou uma indústria nascente (maior fechamento) (ver Massey, 2000a). A questão não é o estabelecimento ou não de fronteiras em si, não é uma simples oposição entre abertura espacial e fechamento espacial. Não é um fetichismo espacial.

Laclau e Mouffe, em seu desenvolvimento de uma abordagem para a política democrática radical, argumentam que "não há política universal de categorias topográficas" (2001, p. 180). Exemplificando, eles trabalham através de debates acerca da forma de partido e acerca da questão do Estado. Salientam que, enquanto "o Estado", em algumas circunstâncias, encarna toda forma de dominação, em outras é um meio importante para efetuar o avanço social e político. Da mesma forma, a "sociedade civil", tão freqüentemente oposta ao Estado, pode, ao mesmo tempo, ser "a sede de numerosas relações de opressão e, em conseqüência, de antagonismos e contendas democráticas" (p. 179). Em outras palavras, não podemos assumir, *a priori,* que o Estado seja "bom", a sociedade civil "má" ou *vice-versa.* Assim, "não há *uma* política da esquerda cujo *conteúdo* possa ser determinado separado de toda referência de contexto ... todas as tentativas de agir para tal determinação *a priori* têm sido, necessariamente, unilaterais e arbitrárias, sem validade em um grande número de circunstâncias... jamais encontraremos uma que não apresente exceções" (p. 179, itálicos no original). O que os geógrafos há muito criticam como fetichismo espacial está, nessa esfera política, sujeito exatamente às mesmas dificuldades (e certamente Laclau e Mouffe dão uma rara, mas bem-vinda, mesmo que um tanto abstrata, indicação de reconhecimento do fato de que a impossibilidade de tal topografia universal seja, ela mesma, um produto da geografia quando escrevem: "A explosão da unicidade e [*uniqueness*] do significado político — *que está ligado aos fenômenos do desenvolvimento desigual e combinado* — anula toda possibilidade de fixar o significado em termos de uma divisão entre esquerda e direita" (p. 179, itálicos meus). A forma espacial abstrata como, simplesmente, uma categoria topográfica, nesse caso abertura/fechamento, não pode ser mobilizada como uma topografia universal distinguindo direita/esquerda políticas.

O debate sobre abertura/fechamento, em outras palavras, não deveria ser colocado em termos de formas espaciais abstratas, mas em termos das relações sociais através das quais os espaços e aquela abertura e fechamento são construídos, as sempre móveis geometrias de poder de espaço-tempo. Hamburgo e os Deni estão colocados dentro de geometrias de poder muito diferentes. A questão é aquela de poder e política enquanto refratados através de espaço e lugar e, freqüentemente, manipulando-os ativamente, e não aquela de "regras" gerais. Pois tais regras não existem, no sentido de uma política universal de formas espaciais abstratas de categorias topográficas. Antes, há práticas sociais espacializadas e relações e poder social. E é em posições políticas que se dirijam diretamente a questões desse (sempre já espacializado) poder social que as respostas têm de ser buscadas e serão, portanto, por necessidade, respostas específicas, para questões (específicas) de espaço e lugar. Trata-se de uma posição genuinamente política de tomada de posição, e não a aplicação de uma fórmula sobre espaço e lugar.

Limítrofes com e intimamente envolvidos nas trajetórias do capital que se entrechocam em Londres, há outros conflitos. Eles têm suas raízes naquele outro elemento da globalização que advém dos movimentos migratórios e misturas étnicas. A jusante do núcleo central da City financeira, o East End de Londres e, principalmente, sua Isle of Dogs* e distritos circunvizinhos foram apanhados no redemoinho que iria produzir Londres, como cidade mundial do século XXI. As docas, em torno das quais a área, por um século, havia se concentrado, estavam agora mortas. O desemprego era alto, a pobreza endêmica, vastas áreas de terra às margens do rio estavam arrasadas ou saqueadas. O setor imobiliário tinha visto a área e, através da London Docklands Development Corporation (LDDC)** e com enorme quantidade de subsídio

* Península no East End de Londres, parte do London Borough Tower Hamlets e parte das Docklands. (N.T.)

** Associação para o Desenvolvimento das Docklands. (N.T.)

público, conduziu um redesenvolvimento que recriou a área, em parte, como uma extensão da City para as indústrias da cidade mundial. A estória é bem conhecida, e os dramas da Canary Wharf,* bem documentados.

Não foi um processo não contestado. Especificamente, durante o período do Grande Conselho de Londres (London Great Council), de esquerda (1981-86), grupos de moradores da classe trabalhadora redigiram, com a ajuda e o estímulo do Conselho, um conjunto de propostas alternativas, incluindo um Plano do Povo para as Docklands (People's Plan for Docklands). Um dos pontos que as campanhas tentaram confrontar foi, precisamente, o do conflito entre a cidade financeira mundial e as outras Londres, que foi delineado no capítulo anterior. Houve um apelo por "empregos decentes para a classe trabalhadora", pois setores de produção que, tanto por causa da natureza mutável da economia em toda parte e, mais particularmente, por causa da inexorável pressão sobre esta parte específica do mercado imobiliário metropolitano, iriam ter grande dificuldade em sobreviver sem uma mudança dramática no comprometimento político e na direção dos planos de ação. Outra das questões que preocupavam os moradores locais era a dos novos residentes que chegavam. Um dos objetivos do LDDC era criar "uma comunidade mais equilibrada" (Holtam e Mayo, 1998, p. 2) (como sempre, eram apenas as áreas residenciais da classe trabalhadora que pareciam requerer dissolução). A ênfase tinha sido, portanto, em construir moradias pelo setor privado, para venda e a preços bem além do alcance das pessoas já ou recentemente residindo na área. Depois da oferta de consideráveis incentivos (como sempre, esses audaciosos apostadores de risco do capitalismo moderno que, na verdade, não gostam, realmente, de assumir riscos), o lugar adquiriu, lentamente, um certo prestígio. O que se seguiu foi descrito e contestado como uma invasão de *yuppies*. Um dos termos de contestação foi o de que "esta é uma área de trabalhadores", e a esquerda política fora daquela área apoiou, em grande escala, o protesto.[9]

Mas houve outra batalha sobre a natureza da abertura/fechamento desse lugar. Novamente a área foi alcançada pela "globalização", mas desta vez de um tipo diferente. Quando um projeto específico de novas moradias foi admitido pelo Conselho, usando o critério de maior necessidade, 28% das novas propriedades foram para pessoas origi-

* O mais novo distrito financeiro e comercial de Londres. (N.T.)

nárias de Bangladesh, e as pessoas de classe operária, brancas, protestaram, alegando que "parecia uma invasão" (Holtam e Mayo, 1998, p. 3). Um ressentimento com toques, indubitavelmente, racistas, começou a se espalhar.[10] A esquerda, em geral tomando uma posição anti-racista, lamentou as retóricas que tentariam impor o fechamento da área.

O interesse central nessas duas lutas tomou a mesma forma espacial: "invasão", em cada caso como resultado da imbricação mutável desse lugar dentro da globalização capitalista e uma tentativa de buscar um fechamento de proteção. O que mudou do primeiro para o segundo e o que mudou toda a natureza política da questão e a atitude da esquerda mais ampla em relação a ela foi o acréscimo de uma única palavra: o adjetivo "branco". Mas se o fechamento não poderia ser justificado, no segundo caso, por um simples apelo à suposta autenticidade de lugar (de classe trabalhadora branca), também não poderia, legitimamente, ser exercido no primeiro por um apelo à autenticidade do lugar (da classe trabalhadora). Regras espaciais (categorias topográficas como abertura, fechamento, reivindicações de uma autenticidade de lugar) são fundamentos inadequados para qualquer uma das lutas. Mais uma vez, não pode haver tal política *a priori*. A decisão se defendemos, ou não, a abertura ou o fechamento tem de ser *uma conseqüência*, o resultado de uma avaliação das relações de poder e políticas específicas — as específicas geometrias de poder — de cada situação particular. Nas Docklands, o contraste das geografias de poder que está por detrás das duas invasões é que era o elemento crucial. O recurso a princípios espaciais gerais despolitizou esse contraste.

Esse, então, é mais um aspecto da nossa responsabilidade em relação ao lugar e, mais uma vez, não há regras espaciais. No entanto, há, eu sustentaria, outra questão aqui, que diz respeito à grotesca iniqüidade dessas responsabilidades. Quando o Conselho local introduziu uma política habitacional de *Sons and Daughters* (Filhos e Filhas), que tentava permitir um grau de continuidade entre gerações na área, isso também foi severamente criticado. Em sua cautela em relação aos potenciais efeitos racistas desta política, e de um localismo exclusivista (mas e os Deni, então?), isto foi, em termos gerais, uma crítica importante. No entanto, estes não são termos gerais. Essa é uma área sujeita à mais vasta pressão. Já Área Urbana Prioritária (*Urban Priority Area*) (uma designação que denota desespero), com 75% das famílias com renda de menos de £ 7000 (sete mil libras) por ano, mais da metade de todas as crianças em idade escolar que têm direito a receber refeições gratuitas na escola, e algumas delas, em razão da falta de lugar nas escolas locais, tendo de ser transportadas de ônibus para lugares diferentes, erguia-se, certamente, contra a espalhafatosa exibição de flagrante riqueza, tanto na City, logo acima, quanto agora aqui na própria Isle of Dogs. Quanto à moradia, ao mesmo tempo estavam sendo erguidas as novas residências do setor privado:

> a venda das casas do Conselho e a incapacidade do Conselho de reinvestir em novas construções tinham causado uma diminuição do seu capital. Trinta e cinco por cento das moradias de famílias brancas e 47% das moradias de famílias de minoria étnica na Isle of Dogs estavam, na admissão do Conselho, superlotadas.
>
> Em sua política de alocação de moradias, a prioridade do Conselho, em todo o distrito, tem de ser para os mais necessitados, os sem-teto. De acordo com o Censo de 1991, 28% da população de Tower Hamlets era de pessoas de Bangladesh. Na Isle of Dogs, era de 14%. Uma política de aluguel de moradias cobrindo todo o distrito e dando prioridade aos sem-teto resultou em um aumento na proporção de pessoas oriundas de Bangladesh sendo abrigadas na Isle of Dogs (Holtam e Mayo, 1998, p. 2).

Holtam e Mayo, escrevendo para o Jubilee Group (Grupo do Jubileu) dos cristãos socialistas que trabalham na área, seguem dizendo: "A Isle of Dogs em 1993 era uma comunidade que não tinha sido ouvida e tinha sido negligenciada" (p. 3) (para conhecimento sobre o grupo, ver Leech, 2001). Falar de "comunidade" pede muitas perguntas e, por essa altura, a área já era etnicamente desigual e variada em termos de suas reações. Mas o sentimento de negligência e de "não ser ouvido" era, sem dúvida, real. Em setembro de 1993, em uma *by-election** local na Millwall Ward da Isle of Dogs, um membro do abertamente racista British National Party (Partido Nacional Britânico) foi eleito.

A refração aqui, de classe e etnicidade, de poder e política e questões de identidade, através de espaço e lugar, e a complexa mobilização *de* espaço e lugar como armas, bem como apostas neste nó de conflitos são, particularmente, fortalecidas.[11] Tamanha intensidade eu não enfrento no distrito (etnicamente misto e de classe trabalhadora) de Kilburn, e também não enfrentam esses comentaristas que não vivem em casas do Conselho, que não têm de devolver seus lares da infância (ainda que, com toda certeza — como bem sei —, seja doloroso) para o Conselho quando os pais morrem, e enfrentam ainda menos os subúrbios portentosos (tantas vezes orgulhando-se, de modo positivo, da

* Eleição promovida localmente, em função de morte ou renúncia. (N.T.)

"exclusividade", sem necessidade de mobilizar, explicitamente, seu racismo e, no entanto, em discursos mais amplos de nacionalismo e cultura, de fato, confirmando isso...). O choque de trajetórias nesse pequeno pedaço do leste de Londres, a justaposição espacial de alguns dos mais acentuados antagonismos de sua condição como cidade mundial, é, particularmente, agudo. Quando tentaram organizar uma reação, os grupos da Igreja descobriram que "todas as autoridades expressavam a preocupação de que não podiam ser vistas recompensando uma comunidade que tinha votado no BNP (British National Party) (Holtam e Mayo, 1998, p. 6). Continuaria essa área, como conseqüência, a não ser ouvida?

As "cidades" podem, certamente, colocar a "questão geral de nosso viver juntos" de uma maneira mais intensa do que muitos outros tipos de lugares. No entanto, o próprio fato de que as cidades (como todos os lugares) são o âmbito da tecitura conjunta de indiferenças mútuas e de francos antagonismos em tamanha miríade de trajetórias, e que isso em si mesmo tem uma forma espacial que ajudará a moldar aquelas relações e diferenciações, significa que, *dentro* das cidades, a natureza dessa questão — do nosso viver juntos — será articulada de maneiras diferentes. O desafio da negociação do lugar é, de forma chocante, desigual. E a política, a economia e as culturas de espaço — através da fuga dos brancos, através de comunidades muradas, através das geografias de relações de mercado polarizadoras de classes — são usadas ativamente na produção dessa desigualdade. Na reestruturação e reterritorialização das geometrias do poder planetário que constituem a forma atual de globalização, a Isle of Dogs é apanhada em um complexo e violento enredamento. Isto é Hamburgo ou os Deni da Amazônia? Nem um, nem outro. Chegamos a cada lugar com a necessidade, a responsabilidade de examinar sob nova forma e inventar.

Você chega em Paris. Joga-se, exausta, em um café. A característica mistura de café e fumo forte envolve você. Você antegoza alguma legítima comida francesa. Seus sentidos se preparam para a especificidade desse lugar. Sim, isto é a verdadeira Paris, França. Exceto, naturalmente, e você sabe isso perfeitamente bem e ao mesmo tempo, nem o café nem toda a comida em seu prato é cultivada na França. Não são exatamente nativas do lugar. A quintessência da França é já um híbrido (exatamente como Hamburgo etc., etc. ... como qualquer lugar). O intelectual que há em você sabe isso tudo e, de qualquer modo, a construção relacional aberta de lugar não trabalha, de modo algum, contra a especificidade e unicidade, apenas compreende sua derivação de um modo diferente.

Há, porém, exatamente agora, um movimento popular contra a invasão desse país, a França, pela carne dos Estados Unidos, alimentado com hormônios. Se a "França" (e sua comida) já é (já sempre) híbrida, isso não significaria que este último potencial estreante deveria, também, ser admitido?

Em agosto de 1999, José Bové, junto com uma multidão de, aproximadamente, 300 pessoas, demoliu, sistematicamente, uma filial do McDonald's que estava sendo construída em Millau, no *département* de Avéyron. A ação e o subseqüente julgamento e condenação tornaram-se o foco de uma *cause célèbre*. Para Bové e seu co-líder, François Dufour (secretário-geral nacional da Confederação dos Agricultores Franceses), a escolha do McDonald's era como um símbolo do "imperialismo econômico": "a demolição foi um protesto simbólico contra multinacionais como o McDonald's comandarem o mundo" (Bové e Dufour, 2001, pp. 13 e 24). Uma de suas primeiras e, provavelmente, persistentes dificuldades foi a de se distanciarem de uma crescente onda de apoio que manejava com sentimentos mais tranqüilos e que se precipitou a interpretar suas ações em termos de antiamericanismo, em particular, e fechamento nacionalista, num sentido mais geral (contra, porém, outro *défi américain*). Bové e Dufour tiveram muito trabalho para refutar essas interpretações (e, mesmo, talvez, essa necessidade de negá-las os tenha ajudado a impulsionar sua própria posição que, certamente, tornou-se mais complexa e sofisticada com o passar dos anos).

Na primeira investida, suas próprias ações tinham sido insistentes. No próprio instante de Millau, Dufour estava planejando uma intervenção em um festival do cinema americano em Deauville, onde ele

> desejava explicar aos freqüentadores do Festival Americano que não fazia objeções à sua cultura: que ela era bem-vinda em nossas regiões, mas que as companhias multinacionais tinham de respeitar nossas diferenças, nossa identidade. Não queremos hormônios em nossos alimentos; eles são um risco para a saúde pública e vão contra a ética de nossos agricultores. Em um nível mais fundamental, impor-nos hormônios significa que nossa liberdade de escolha na alimentação e na cultura que desejamos está seriamente restringida. Trocas na agricultura existem há muito tempo: não defendemos isentar a agricultura da política do comércio internacional,

> mas queremos alguma coisa diferente da liberdade de mercado e da economia liberal (Bové e Dufour, 2001, pp. 20 e 21).[12]

Fizeram, além do mais, muitas conexões com grupos de fazendeiros com as mesmas idéias nos Estados Unidos.

A imediata centelha que Millau provocou foi a taxa dos Estados Unidos de 100% nas importações do queijo Roquefort. A recusa da União Européia de importar carne de boi alimentado com hormônio tinha sido declarada pela OMC (Organização Mundial do Comércio) como sendo contra as regras e um limite de tempo foi dado para sua suspensão. Quando a União Européia não consentiu, os Estados Unidos retaliaram com uma série de sobretaxas próprias. Entre elas estava uma sobre o Roquefort e no sul de Avéyron "solidariedade no que diz respeito ao leite de ovelha é tida como certa" (2001, p. 3). Essa era, além do mais, uma região com uma história de militância organizada e uma forte presença de agricultura "alternativa" gerada pela batalha para evitar a expansão militar no planalto de Larzac, mais de 20 anos antes. Na época do ocorrido em Millau e, deste modo, subseqüentemente mais ainda, a campanha abrangia um nexo de questões girando em torno do caráter da negociação com os não-humanos, através da agricultura (contra a monocultura intensiva e o controle pelas corporações multinacionais) — questões de saúde, da qualidade e variedade dos alimentos e a preservação da diversidade. A própria agricultura é compreendida de um modo explicitamente relacional: entre humanos e não-humanos e articulando práticas e preocupações econômicas, sociais e ambientais. É, enfaticamente, uma atividade estritamente econômica.[13]

Esta não é uma política que esteja defendendo um fechamento nacional como algum tipo de princípio geral. Bové e Dufour insistem, também, que não se opõem à globalização em seu sentido geral. A despeito do que têm sido, claramente, as dificuldades que se originam de sua situação de agricultores dentro da União Européia, eles lutaram para definir uma posição que ultrapassasse essas fronteiras e construísse um internacionalismo através de alianças com outros grupos de pequenos agricultores no mundo todo (tais como, por exemplo, os que são unidos sob a denominação geral de *Via campesina*). Eles falam de uma "Internacional de agricultores". Eles se opõem ao caráter da atual forma de globalização, com antagonismos específicos construídos em torno da natureza dos fluxos que ela encarna e o complexo de relações nas quais estão incluídas e que lhes dá tal poder de arrogância e —

mais especialmente — a falta de democracia em sua construção. O clamor nesse nível é, entre outras coisas, pelo controle democrático da OMC. Claramente, então, não se trata de um fechamento político. O que está em questão é a *natureza das relações de interconexão — o mapa do poder da abertura.* A comida francesa pode continuar sua longa história de absorver novas influências: a questão é quais, por que e em que termos.[14]

E ainda assim... esta campanha é também pró-local. Ela necessita de uma geografia específica — uma que valorize a especificidade local. A longa citação acima dá uma indicação disto. Mas *como* se pode ser pró-local? Em que termos? Nas ações, discursos e escritos de Bové, Dufour e de outros protagonistas dessa campanha, podemos percebê-los lutando, muitas vezes, com critério e criatividade, com os termos nos quais, *neste particular conjunto de questões,* "o local" pode ser defendido. Em geral, eles têm o cuidado de não recorrer a uma simples nostalgia de um passado paradisíaco; o que lhes importa é a "agricultura do futuro". Reconhecem que localidades são "feitas", mas são sensíveis à longevidade das estruturas sociais em muitas áreas rurais (eles escrevem sobre os "laços que prendem" — p. 56 — e o fato de que "as pessoas não querem ser desenraizadas" — p. 27). A especificidade local que evocam é derivada, em parte, das variações dentro da "natureza". E parte de seus argumentos é que, para eles, uma negociação politicamente aceitável com a natureza envolveria ser sensível às variações locais, em seus ritmos (falam freqüentemente de ritmos): "Na agricultura intensiva, o objetivo é adaptar o solo à produção, jamais ao contrário" (p. 67). Seu objetivo é, precisamente, fazer isto ao contrário. Trata-se de um respeito pela especificidade local e um argumento a favor de seu reconhecimento que, em geral, evita o romantismo. Reconhecem as conjunções lugar-específicas das trajetórias dos humanos e dos não-humanos e sua política se dirige aos termos de sua interseção. Há também um tema complementar em seu argumento que favorece a diversidade geográfica em si mesma (essa diversidade, variabilidade, escolha, são, em si, bens positivos).

E no entanto, de alguma forma, ainda há dificuldades. Talvez algumas delas possam ser compiladas do próximo trecho, no qual Bové e Dufour, em turnos, voltam-se para o espinhoso tema do que, exatamente, quer dizer "*malbouffe*"* e por que eles são contra isso. (Em inglês

* Termo criado por Stella e Joel de Rosnay em sua obra *La Malbouffe* para designar alimentos de gosto padronizado que favorecem um desequilíbrio nutricional, causando obesidade, diabetes, doenças cardiovasculares etc. (N.T.)

o termo mais comum, apesar de inadequado, é traduzido como *junk food.**)

> *Bové: Malbouffe* subentende comer qualquer coisa familiar, preparado de um modo conhecido. Para mim, o termo significa tanto a padronização da comida como no McDonald's — o mesmo sabor de um extremo a outro do mundo — e a escolha da comida associada com o uso de hormônios de GMOs,** assim como resíduos de pesticidas e outras coisas que podem ameaçar a saúde. Portanto, há um aspecto cultural e um de saúde. *Junk food* também envolve a agricultura industrializada — quer dizer, alimentos de produção em massa — não necessariamente sob a forma de produtos vendidos pelo McDonald's, mas produzidos em massa no sentido da criação de porcos industrializada, *battery chickens**** e coisas semelhantes. O conceito de *malbouffe* desafia todos os processos de agricultura e produção de alimentos...
>
> *Dufour:* Hoje a palavra foi adotada para condenar aquelas formas de agricultura cujo desenvolvimento tem-se dado à custa do sabor, da saúde e da identidade cultural e geográfica do alimento. *Junk food* é o resultado da exploração intensiva da terra para maximizar a produção e o lucro. (p. 53-4).

Esta é uma definição que expressa, maravilhosamente, as relações dentro das quais *malbouffe* se encontra e às quais Bové e Dufour se opõem. Mas o que é a "identidade geográfica do alimento"? Numa época em que mesmo o ministro das Relações Exteriores do Reino Unido sente-se capaz de observar que *chicken tikka marsala***** é um prato nacional britânico, este é um conceito difícil de rejeitar.[15] Em outro lugar, fala-se sobre a defesa da "prática de uma agricultura ligada a um produto e a uma área" (p. 77), monocultura de um único produto — as raízes locais no país do Roquefort estão com certeza evidentes aqui!) e pretensões de que: "As pessoas que vivem em uma área têm de decidir como seus recursos devem ser usados" (p. 134).[16] Este último

---

* Em português ocorre o uso da expressão no original em inglês. O *Dicionário Michaelis* traduz *junk food* como "alimento rico em calorias, de baixo valor nutritivo, fácil e rápido de preparar". (N.T.)

** Genetically Modified Organisms: Organismos Geneticamente Modificados. (N.T.)

*** Galinhas criadas em gaiolas, em confinamento. (N.T.)

**** Prato preparado com galinha, molho de tomate e curry que era tido como originário da Índia. (N.T.)

compromisso não reconhece as exigências democráticas que são fruto da conectividade mais ampla, e muito discurso sobre "solidariedade local" também desvia do potencial para conflitos dentro do lugar.

Minha questão aqui é não fazer, absolutamente, nenhuma crítica intelectual. Muito pelo contrário. Antes, é para sublinhar, apenas, o quanto é, genuinamente, difícil *não* recorrer a uma política de topografias *a priori*. É muito mais complicado colocar tal injunção em prática na formação de uma política específica do que escrever sobre isso como uma proposição geral. Mas, como exemplifica o desenvolvimento dos próprios argumentos da *Confédération paysanne**, o próprio esforço de *não* recorrer à legitimização de tais topografias (local é bom porque é local), também é politicamente muito produtivo. Força-nos a escavar quais são as verdadeiras questões políticas nesta situação (específica). E isto, no final, vai-se resolver por si mesmo em torno de antagonismos políticos: no que diz respeito a um compromisso com a democracia — tanto econômica quanto política e, portanto, pró/contra as práticas atuais do capital multinacional — ou à ética de um relacionamento específico com a natureza, ou à importância da manutenção da diversidade.

Há uma tendência específica que corre através desse monte de debates. Ela provém, talvez, especificamente, das feministas e sugere cautela contra uma comemoração superentusiasmada com abertura, movimento e fuga (no sentido de escapar). Catherine Nash (2002) escreveu sobre a validade potencial, em termos políticos, de algumas das inclinações em direção à imobilidade e, mesmo, ao fechamento no contexto da construção social da identidade do lugar e da rica ambigüidade de "identidades genealógicas". Susan Hansen e Geraldine Pratt advertem contra uma nova ortodoxia de exílio, marginalidade e abertura que poderia servir apenas para reforçar, sob novos disfarces, individualismo e elitismo (Pratt e Hansen, 1994; ver também Pratt, 1999). Caren Kaplan (1996) analisou as condições que estão por detrás de (algumas) evocações pós-modernistas de nomadismo, a persistente atração pelo "deserto" e assim por diante. Ela aponta as raízes dessas características em aspectos do modernismo dos quais estavam, precisamente, tentan-

* Confederação camponesa, em francês no original. (N.T.)

do escapar: como grande parte dessa literatura pós-moderna/pós-estruturalista advoga uma estratégia de fuga que remonta ao tema já discutido no romantismo modernista do escritor no exílio, e como isso, por sua vez, favorece um entendimento (implícito) do afastamento como uma precondição da criatividade e o distanciamento como requisito para a produção de conhecimento. (A espacialidade da produção do conhecimento, mais uma vez.) Ela mostra, também, o contraste entre a linha individualizada de fuga e o ambiente histórico da migração em massa, suas condições e a tentativa de refreá-la. As figuras do deserto e do nômade, ela argumenta, são — junto com outros locais para onde poderíamos fugir — precisamente os lugares do outro moderno ocidental. São paisagens imaginadas através do mito imperialista (e poderíamos acrescentar, estriadas *dentro* do "deserto", do "mar" e assim por diante, através de práticas específicas). Funcionam, nesses discursos, apenas através (e, precisamente, como um resultado) da imaginação modernista euro-americana: "Construindo binarismos entre principal e secundário, entre desenvolvido e subdesenvolvido, ou centro e periferia, nos textos colaborativos de Deleuze e Guattari a modernidade fornece fronteiras e zonas de alteridade para seduzir o subversivo intelectual/burguês" (Kaplan, 1996, p. 88). Sob esse aspecto, essas outras pessoas e lugares não podem ter trajetórias próprias; funcionam, argumenta Kaplan, "simplesmente como margem metafórica para as estratégias oposicionistas européias, um espaço imaginário, em vez de uma localização da própria produção teórica" (p. 88). Isto é, em outras palavras, e nos termos de meu argumento aqui, um fracasso da imaginação de coetaneidade. Nega um espaço de *múltiplos* devires: aos "outros" não é permitida uma vida própria. Como Cindi Katz coloca, "deixa a subjetividade da 'minoria', suspeitosamente, em apuros" (1996, p. 493; ver também Jardine, 1985, e Moore, 1988). E, continua Kaplan, é também uma retórica e uma defesa, que não reconhece sua própria (relativamente poderosa) posição de sujeito, pois "esses espaços de alteridade não são os símbolos de afastamento produtivo ou de desimpedimento para quaisquer outros sujeitos. Esses espaços imaginados, em realidade, são investidos de poder subversivo ou desestabilizador pelos 'visitantes'" (1996, p. 88). Miller apresentou preocupações semelhantes às de Kaplan, mas no contexto da antropologia, argumentando que o procedimento de Deleuze e Guattari os compromete com uma "referencialidade antropológica" que está aberta a críticas, tanto como elementos empíricos quanto práticos (Miller, 1993, pp. 11-3; ver a réplica de Patton, 2000).

Um outro conjunto de argumentos gira em torno do fato de que tanto a abertura quanto o fechamento e tanto o território clássico quanto o fluxo rizomático podem ser o resultado de relações de poder sedimentadas e desiguais. Na evocação de Castells a uma transição de um espaço de lugares para um espaço de fluxos, o último não é menos "fechado" em relação ao controle e mudança potencial do que o é a tentativa de fechamento do Estado-nação. Imutabilidade e fluxo são, igualmente, condições para a existência um do outro. Como os argumentos desenvolvidos pela *Confédération paysanne* e por José Bové deixam claro, da mesma importância que quaisquer questões de abertura/fechamento são as geometrias de poder móveis das relações de conexão. Ou, mais uma vez, as grandes batalhas da política global no século XXI parecem ser, igualmente, contra os fluxos, investidos de poder, por um lado, e contra o fechamento contra fluxos do outro. Igualmente, no esquema de Deleuze e Guattari, "o espaço liso" não é desprovido de poder organizador:[17] "As multinacionais fabricam um tipo de espaço liso desterritorializado ..." (1988, p. 492). "O próprio liso pode ser estabelecido e ocupado por poderes diabólicos de *organização*" (p. 480; itálico no original). E assim por diante. A análise de Bruce Robbins de *O Paciente Inglês*, de Michael Ondaatje, confronta, precisamente, estes pontos. Por um lado, há o animador ceticismo sobre Estado-nação e os fechamentos do "lar" como *loci* de identidade e lealdade e uma recusa mais incomum de equipar aquele lar com a "mulher"; por outro lado há, como Robbins coloca, "uma lembrança tangível de que alternativas para domesticidade nem sempre tiram proveito dela" (p. 166). Simplesmente dizer "não" para a nação, o lar, fronteiras e assim por diante não é, em si, um avanço político (é um fetichismo espacial pensar que o será) — no romance, os europeus, em nome da mobilidade e da falta de limites, casual e sintomaticamente invadem "um mundo metade-inventado do deserto" (Ondaatje, 1992, p. 150; ver Robbins, 1999, p. 166).

Certamente, os mais exaltados amplexos de fuga, hibridismo, abertura e assim por diante dependem de, e são motivados por, sua implícita retenção de uma definição de fechamento, ou autenticidade, ou outra que, de todo modo, é impossível. Assim Kaplan relaciona "um romantismo do exílio melancólico, com 'distância'" a "uma forte ligação com seu oposto — uma metafísica da presença" (1996, p. 73). E Donald desenvolve argumento semelhante em sua leitura conjunta de Raymond Williams e Salman Rushdie: por um lado, o "excessivo investimento de Williams na comunidade", e, por outro, "a possivelmente de igual modo excessiva celebração de Rushdie com a migração" (1999, p. 150). "Cada uma", sugere, "é uma estratégia política e experiencial para tratar com a perda (mais ou menos consciente) da *possibilidade* do lar com o qual se vive" (p. 150).[18] Aquele fechamento do "lar" imaginado é, de qualquer forma, *im*possível. Deleuze e Guattari, em sua atração por uma bipolaridade de liso e estriado, podem evocar uma oposição semelhante. Assim Hardt e Negri em *Empire* (2001),* que se baseiam em Deleuze e Guattari, exibem, às vezes, essa característica. Em sua defesa de uma política rizomática, o pano de fundo conceitual de espaço liso tem efeitos problemáticos de dois modos. Primeiro, em um pouco à vontade deslizamento entre indivíduo e multidão, sem muito a oferecer pela forma de lidar, na prática, com a negociação de identidades políticas; nenhuma maneira importante de lidar, seriamente, com a heterogeneidade *dentro* da multidão — e o espaço liso *é* heterogêneo. Portanto, nessa esfera política, um dos pontos cruciais é como clientelas políticas são formadas e como se inter-relacionam dentro dela. Mas — e em segundo lugar — esse espaço liso também conta com seu oposto e isto é, da mesma forma, politicamente debilitante. Assim, Hardt e Negri caem na armadilha que Kaplan e Donald detectam (e que em outro lugar tentam evitar — ver 2001, pp. 43-6); eles escrevem que "Doreen Massey defende, explicitamente, uma política de lugar na qual o lugar é concebido não como delimitado, mas como aberto e poroso para fluir além ... Sustentaríamos, no entanto, que uma noção de lugar que não tenha limites esvazia, completamente, o conceito de seu conteúdo" (2001, p. 426). Restam-nos aqui, portanto, novamente, dois romantismos que são, simplesmente, opostos um ao outro. Ambos, o romantismo de lugar com limites e o romantismo do fluxo livre, impedem um sério apelo às negociações necessárias da verdadeira política.

Barnett (1999), baseando-se em uma formulação mais derrideana, coloca bem a questão: "Uma lição da desconstrução é que o valor político de cada significado fixado (de fechamento ou de identidade) ou de manter a instabilidade (da ambivalência ou da diferença) não está aberto para determinações conceituais anteriores" (p. 285). Certamente, como ele também salienta, as relações de dominância podem ser mantidas, precisamente, através das instabilidades de significado. As feministas apontaram, muitas vezes, para as cadeias dos binaris-

* Edição brasileira: *Império* (Rio de Janeiro: Record, 2001). (N.T.)

mos, frouxamente ligados e ocasionalmente contraditórios, através dos quais podem ser reproduzidos discursos opressores. A própria incerteza é um dos recursos que produzem os efeitos do poder. A substituição entre imaginações geograficamente contraditórias, todas menos estáveis do que alegam ser, pode ser uma manobra igualmente significativa (ver Capítulo 8). A imaginação geográfica fechada de abertura, tanto quanto a de fechamento, é, em si mesma, irremediavelmente instável. As reais necessidades políticas consistem numa insistência no reconhecimento de suas especificidades e num apelo para a particularidade das questões que apresentam.

Estamos sempre, inevitavelmente, construindo espaços e lugares. As coesões temporárias das articulações de relações, os fechamentos parciais e provisórios, as práticas repetidas que modelam seu caminho para se tornarem fluxos estabelecidos, estas formas espaciais refletem as necessárias fixações de comunicação e identidade. Levantam a questão de uma política em direção a elas. Em seu ensaio *On cosmopolitanism and forgiveness,* Derrida (2001) volta-se para o conceito de hospitalidade, um conceito que, argumenta, evoca, "não, simplesmente, uma ética entre outras", mas toda a questão do acabar juntos [*throwntogetherness*]: "é uma maneira de estar ali, a maneira pela qual nos relacionamos conosco e com outros, com outros como com os nossos ou como estrangeiros, *ética é hospitalidade*" (pp. 16-7 — itálicos no original). O ensejo é o Parlamento Internacional de Escritores em Estrasburgo, em 1996, e o foco político são os que buscam asilo e os refugiados (o Parlamento estava propondo que houvesse cidades-refúgios — *villes franches, villes refuges*). A lógica do argumento, no entanto, era, mais geralmente, a de abertura/fechamento. Por um lado, teria de haver o reconhecimento de uma lei incondicional de hospitalidade, abertura irrestrita. Por outro lado, há a realidade diferenciada da necessidade de condicionalidade. Como Simon Critchley e Richard Kearney colocaram em seu Prefácio: "essas duas ordens do incondicional e condicional estão ... em uma relação de contradição, onde permanecem tanto irredutíveis uma com a outra quanto indissociáveis" (Derrida, 2001, p. xi). "Toda a dificuldade *política* da imigração consiste na negociação entre esses dois imperativos" (ver p. x; itálico no original): o "momento da universalidade que excede as exigências pragmáticas do contexto específico", mas em que não é permitido à tal incondicionalidade "programar a ação política, em que as decisões seriam deduzidas de maneira algorítmica, de preceitos éticos incontestáveis" (p. xii). Nas próprias palavras de Derrida, temos de operar:

dentro de um espaço histórico que acontece *entre* a Lei de uma hospitalidade incondicional, oferecida *a priori* para cada outro, para cada recém-chegado, *quem quer que possa ser*, e *as* leis condicionais de um direito de hospitalidade, sem o qual *A* incondicional Lei de hospitalidade correria o risco de permanecer um desejo piedoso e irresponsável, sem forma e sem força e podendo mesmo ser desvirtuado a qualquer momento.

Experience and experimentation thus (pp. 22-3; itálicos no original).

15
construindo e disputando tempo-espaços

Há vários anos comecei um projeto de pesquisa que estava ligado a dois tipos diferentes de tempo-espaço: o laboratório científico e o lar.[19] Os cientistas *high tech* que trabalhavam em laboratórios ficavam em um setor privado de P&D;* eram jovens astutos do moderno desenvolvimento econômico, de status privilegiado e altos salários, sendo que 95% deles no Reino Unido, naquela ocasião, eram homens. Os laboratórios ficavam em elegantes edifícios modernos, em um tecnopolo ou, mais raramente, em um prédio mais antigo, porém reformado e ainda elegante. As geografias imaginativas dominantes de tais lugares estão ligadas à globalização e à "nova economia": estão entre as partes mais globalizadas da economia, e os espaços que habitam são imaginados como, uniformemente abertos e flexíveis, estabelecidos em um sistema de informação global móvel, anunciado como sendo a vanguarda da destruição da velha rigidez. E, sem dúvida, ao começarmos a explorar tais lugares, pareciam viver de acordo com essa imagem. Todo dia as atividades ali estavam ligadas a outras em outros continentes: teleconferências, e-mails, intercâmbio intelectual e negociações de contratos. As viagens ao exterior eram rotina. Lugares verdadeiramente globalizados, nódulos de conectividade internacional, muito mais do que local (e que refletem na natureza de sua própria globalização, certamente, em parte, produzindo-a, a desigualdade estrutural dentro do fenômeno mais amplo). Neste sentido, então, esses lugares de trabalho de alta tecnologia eram a epítome da abertura. Além disso, à noite, geralmente bem tarde e depois de um longo dia, nossos cientistas-pesquisadores deixavam seus laboratórios globalizados para ir para casa. E um bom número deles ia para uma casa em um vilarejo no campo

* P&D: Pesquisa e Desenvolvimento, "Research and Development" (R&D). (N.T.)

[estávamos focalizando a área de Cambridge], uma casa de campo [*cottage*] adaptada, com um jardim: o emblemático lar inglês. Parecia, ao começarmos a pesquisa, que se tratava de um retorno perfeito dos dias globalizados para um local delimitado de segurança.

Tal contraste teria reflexos importantes. Primeiro (e este ponto não será debilitado pelas surpresas que a pesquisa produziu), ele exemplifica, no nível local e no nível de vidas individuais, aquela característica emergente da globalização, como a conhecemos, por meio da qual "a poderosa" (de onde quer que derive seu poder) tem a capacidade tanto de conduzir quanto de controlar suas vidas, internacionalmente, e defender um lugar seguro por si mesma. E, segundo, combina com aquela outra estória, de mobilidade do homem e isolamento da mulher, sobre a qual tantos têm escrito. Parecia existir uma nítida cartografia de gênero e um contraste perfeito entre abertura global e autocontenção local.

A beleza do trabalho empírico é que logo que se chega a conclusões nítidas e satisfatórias ele começa a mostrar frestas e questões. Quanto mais estávamos naqueles laboratórios, mais seu *fechamento* nos impressionava. Sua devoção a uma atividade altamente especializada (pensar: "pesquisa e desenvolvimento"), seu próprio design como celebrações dessa atividade. Onde outros tipos de práticas estão presentes (a cozinha, a mesa de pingue-pongue) eles estavam lá para aumentar a eficácia desse tempo-espaço, facilitando a performance *dessa* atividade de objetivo único. Havia algo estranho, algumas vezes, sobre estar nesses tempo-espaços. Eles eram inteiramente despojados e dispersos, com pouca prova do restante de suas vidas, nenhuma bolsa de supermercado transbordando mantimentos, nenhuma leitura que não fosse de trabalho. Espaços com uma única finalidade. Nenhum dos lugares que visitamos tinha uma creche; em um deles as crianças dos trabalhadores eram mantidas afastadas, mesmo nos fins de semana, pelos guardas de segurança (certa vez, parece, uma criança tinha se comportado de maneira inapropriada). E os guardas de segurança defendiam alguns dos laboratórios de forma mais geral. Espaços globalizados, sem dúvida, mas de maneira seletiva, abertos apenas para um tipo de práticas altamente seletivo e para outras semelhantes. Eles e os tecnopolos onde freqüentemente são colocados são (como foi visto na Parte *Quatro*) o produto do entrelaçamento de trajetórias com grande alcance histórico e geográfico, e essas trajetórias são, elas mesmas, parte da produção e das condições dos termos do fechamento atual. Esses lugares de trabalho globalizados são espaços especializados e excludentes, defensivos, firmemente lacrados contra invasões "dissidentes" de outros mundos. Tais fechamentos são construídos, tanto material quanto imaginativamente, tanto através de guardas de segurança quanto de simbolismos de exclusividade. Sua própria existência como lugares especializados de P&D (removidos geograficamente da produção física) é tanto um produto quanto reforça, simultaneamente, a idéia da necessidade de um espaço da Razão, defendido contra contaminações do Corpo. A modernidade aparada ou o rural chique, o paisagismo que reflete longas histórias da geração de "bom gosto" e a distinção de classe contribuem para o prestígio social e o sucesso desses lugares: a negociação com os não-humanos tem o papel de reforçar a exclusividade. É, naturalmente, um fechamento, como sempre, e mesmo em termos de suas próprias dimensões restritas, impossível de refrear (ver Massey, 1995b e Seidler, 1994), mas é suficientemente eficaz para moldar a identidade do cientista ("lógico", "masculino"), reforçar o diferencial de sua profissão e afirmar a legitimidade e o status de um tipo específico de conhecimento.

Tais pensamentos nos fizeram olhar de um modo diferente, também, enquanto conduzíamos nossas entrevistas, para os lares desses pesquisadores-cientistas. Não significava que os termos de contraste entre os dois tempo-espaços (abertura/fechamento) tivessem sido, simplesmente, invertidos, mas a natureza do contraste tinha, certamente, mudado. Os lares, agora, pareciam, de alguma forma, espaços relativamente abertos e porosos. Claramente, a entrada era cuidadosamente restringida, guardada contra toda uma série de indesejáveis intrusões em potencial. Porém, em comparação com a especialização cega dos laboratórios, essas casas eram a base para uma variedade de pessoas, para múltiplos interesses e atividades e estavam repletas de evidências dessa multiplicidade e variedade. Especificamente, também, enquanto os laboratórios não eram, definitivamente, invadidos pelo ambiente doméstico, esses lares eram, certamente, invadidos por "seu" trabalho. Havia revistas científicas no sofá, ao lado de sua cadeira. Havia a miríade de invasões virtuais, recontadas em detalhe e minuciosamente, tanto pelos cientistas quanto por seus parceiros (femininos), de sua reflexão sobre o trabalho enquanto brincavam com as crianças ou, em um dia livre, relatos sobre manter blocos de notas ao lado da cama, no caso de terem uma boa idéia, ou sobre preocupação com o trabalho, durante o banho. Freqüentemente, também, esses variegados tempo-espaços, que eram lares, tinham escritórios no seu interior, onde o cientista-pesquisador poderia se recolher para trabalhar. E esses lugares-dentro-de-lugares seriam construídos praticamente da mesma forma que os laboratórios. Era o escritório do papai, não se podia entrar lá, um santuário interior (ver também Wigley, 1992). Havia uma invasão, decididamente, unilateral (que, sem dúvida, coloca sob um prisma diferente a retórica comum de um apagamento mal definido dos limites entre lar e trabalho), uma invasão do lar pelo trabalho, mas não *vice-versa*, e a pesquisa prosseguiu para investigar por que o tempo-espaço de um era tão "mais forte" do que o outro.[20]

A questão aqui, porém, consiste sobretudo em pensar sobre a natureza de toda essa abertura/fechamento. Cada um desses tempo-espaços é relacional. Cada um é construído pela articulação de trajetórias. Mas em cada caso, também, o alcance das trajetórias que é admitido é, cuidadosamente, controlado. E cada tempo-espaço, também, está continuamente mudando em sua construção, sendo renegociado. Em lares de classe média ocidentais como esses há uma presença sempre crescente de *commodities* vindas de todo o mundo e uma grande variedade de interconexões através de novas tecnologias de comunicação, mas fala-se, também, de um recolhimento para a família nuclear privatizada e individualizada e um novo crescimento das comunidades muradas. Algumas fronteiras estão sendo desfeitas, algumas renegociadas e ainda outras — as novas — estão sendo construídas. A verdadeira questão sociopolítica diz menos respeito, talvez, ao *grau* de abertura/fechamento (e à conseqüente questão de como, de que maneira, poderíamos mesmo começar a medi-la) do que aos *termos* em que essa abertura/fechamento é estabelecida. Os limites são erguidos contra o quê? Quais são as relações dentro das quais a tentativa de negar (e admitir) a entrada é levada a cabo? Quais são as geometrias de poder aqui? E elas exigem uma resposta política?

Diz-se que a "crença fundamental" de Aldo van Eyck foi a de que "uma casa tem de ser como uma pequena cidade se deve ser um lar de verdade; uma cidade como uma grande casa se deve ser um lar de verdade" (Glancey e Brandolini, 1999). Esta é uma proposta, surpreendentemente, desafiadora. Por um lado, como pode uma casa ser como uma cidade se, como tão constantemente asseveramos, cidades são, precisamente, arenas de encontros casuais? (E, no entanto, aquele pensamento, em si mesmo, deveria também nos lembrar das inúmeras exclusões que, juntas, se acumulam para produzir aquele espaço, da cidade.) Por outro lado, esta é uma das características do espaço; que ele é a condição tanto da existência da diferença quanto do encontro dos diferentes.

(Porém, isto é, freqüentemente, demais para nós: o desafio do espaço raramente pode ser encontrado em sua plenitude.) A forma atual de organização social dos tempo-espaços, tanto do laboratório científico quanto do lar são, precisamente, tentativas de regular, ainda que de modos muito diferentes, o alcance e a natureza das aventuras e dos encontros casuais que são permissíveis. Cada um é um meio de lidar com os múltiplos devires do espaço. Desenvolver uma política relacional em torno desse aspecto desses tempo-espaços significaria dirigir-se à natureza de sua imbricação em todas essas distintas, porém interligadas, geometrias de poder. Se entidades/identidades são relacionais, então é com as relações de sua construção que a política precisa estar engajada. No caso dos laboratórios, a política poderia estar em voltar-se para como esses "sítios científicos privilegiados" (Smith e Agar, 1998) são produzidos por e são produtores de um entendimento de certas formas de conhecimento como legítimo, em voltar-se para a constituição de certas formas de masculinidade; e em voltar-se para como eles são entrecruzados pelas espacializações da competição capitalista e suas repercussões retroativas no processo de produção de conhecimento. Em outras palavras, envolveria uma política em direção àquelas trajetórias demonstradas na Parte *Quatro*. Os fechamentos do lar da família nuclear podem ser abertos a uma crítica paralela àquela que tão comumente se faz a outros velhos fechamentos conservadores, o Estado-nação e a comunidade local. E assim por diante.

E mais, o que Van Eyck buscava, pelo menos no início, era criar espaços onde *poderíamos* encontrar o inesperado, ter encontros casuais (aquela mistura de ordem e acaso que, como vimos, ele chamou de "claridade labiríntica"). James Donald (1999) segue uma idéia semelhante quando pensa através do que poderia ser um meio de "fazer arquitetura de maneira diferente" para a cidade — uma arquitetura que tanto reconhece o passado (seu "poder crítico de lembrança ao apreender o espaço urbano como composto por camadas históricas e temporais" — p. 140) quanto é aberta para um futuro desconhecido e, através da arquitetura, indeterminável. Poderia ser uma arquitetura que "tentasse *construir na* flexibilidade, tolerância, diferença, inquietação e mudança" (p. 142; itálicos no original). (Donald aqui está escrevendo sobre Tschumi) Andrew Benjamin (1999) tocou um ponto semelhante como uma proposição mais geral de que "a arquitetura poderia evitar as armadilhas do fabricar-formas prescritivo à medida que liberasse os potenciais do incompleto, do ainda-por-ser" (Till, 2001, p. 49). De fato, *haverá* aventuras seja como for que o espaço seja esboçado, quer seja o laboratório, o lar ou o parque urbano. O encontro casual intrínseco à espacialidade não pode ser totalmente obliterado. É isto (em parte), certamente, que torna os tempo-espaços abertos para o futuro, não importa o quanto tentemos fechá-los; isto os torna construções em processo que são nossa contínua responsabilidade, o lugar como eventualidade em processo que precisa ser considerado.

Uma política relacional de lugar, então, envolve tanto as inevitáveis negociações apresentadas pelo encontrar-se ao acaso [*throwntogetherness*] quanto uma política dos termos de abertura e fechamento. Mas um sentido global de lugares evoca, também, outra geografia do político: uma geografia que irá olhar para fora, para dirigir-se às espacialidades mais amplas das relações de sua construção. Isto levanta a questão de uma política de conectividade.

Há uma série de questões aqui: questiona-se qualquer política que conclua que os "locais" tomem todas as decisões pertinentes a uma área específica, uma vez que os efeitos de tais decisões ultrapassariam, igualmente, a geografia daquela área, questiona-se a predominância da democracia baseada na territorialidade em um mundo relacional, desafia uma política cômoda demais que estabeleça automaticamente um "bom" domínio local contra um "mau" controle externo (Amin, 2004). Levanta-se a questão daquilo que poderia ser chamado de responsabilidades do local: por exemplo, qual poderia ser a política e as responsabilidades de uma cidade mundial como Londres em relação ao planeta em sentido mais amplo?

Reforça-se, também, aquele argumento de que não é resposta para a globalização defender, simplesmente, as causas locais. O significado político de "local" não pode ser determinado fora de uma referência contextual específica. Local/global em si mesmo não pode ser uma superfície apropriada ao longo da qual se constitui o antagonismo político. As questões políticas tornam-se, não *se* [deve haver] globalização *ou não*, mas que tipos de inter-relações irão construir uma globalização alternativa e, assim, não simplesmente uma defesa do lugar-como-ele-é, mas o projeto político da natureza dos lugares dentro dele. Paul Little, examinando cuidadosamente "a globalização e as lutas pelos lugares na Amazônia", tenta, precisamente, seguir este curso: "as mais urgentes questões se tornam: Que tipo de globalização queremos? E que tipos de lugares estaria esse processo criando?" Para abordar essas questões, ele estabelece três proposições: primeiro, que os critérios de justiça social têm de ser usados para a legitimização política destas reivindicações históricas para os lugares amazônicos (em outras palavras, não reivindicações espaciais supostamente universais); segundo, que a Amazônia já é mesclada ("colonos, mineiros, pescadores, moradores urbanos e trabalhadores das indústrias...") e que a diversificação resultante desses lugares requer atenção política explícita; e, terceiro, que deve haver uma relação criativa para com o não-humano como outro participante nesta construção dos lugares (lugares não são apenas constructos humanos): "a noção hegemônica atual de que o ambiente biofísico é nada mais do que uma massa inerte que os humanos podem manipular e dominar deve ser abandonada e substituída pela noção de que ele é, também, um ator essencial, ainda que natural e não-social, na criação de lugares habitáveis" (Little, 1998, p. 75).

E também, naturalmente, a maioria das lutas acerca da globalização é "local" em um sentido ou em outro. Uma longa tendência da esquerda tem sido de ou denegri-las por serem "apenas locais" ou romantizá-las por seu suposto enraizamento e autenticidade. Há imaginários espaciais em jogo aqui: ambas as reações dependem de uma noção de local como efetivamente fechado, autoconstitutivo. A questão política de como ir além da simples luta local pode, então, apenas ser abordada através de alguma imaginação ou acumulação de localismos: a mera adição de particularidades. Cada luta local já está dada, internamente gerada, com a conseqüência de que sua acumulação não tem o objetivo de envolver mudança em sua natureza; certamente, o próprio processo de "adicionar" é, freqüentemente, visto com cautela, como uma ameaça potencial a autenticidades locais. Conflitos preexistentes entre diferentes necessidades locais poderiam, sob este aspecto, retardar a obtenção de cada uma delas individualmente. Em outras palavras, nem um conceito dos habitantes locais como "apenas locais" nem uma romantização dos locais como autenticidade delimitada oferece muita esperança para uma política mais ampla.[21]

A topografia é muito diferente quando o local (e, concomitantemente, o global) é pensado relacionalmente. Neste caso, cada luta local já é uma conquista relacional, baseada tanto dentro quanto para além do "local", e é internamente múltipla. Como Featherstone (2001) argumenta, mesmo "particularismos militantes" são produzidos aberta e relacionalmente. A potencialidade, então, é para que o movimento para além do local seja, antes, um movimento de expansão e encontro ao longo de linhas de equivalência construída com componentes de multiplicidades internas de outras lutas locais. A construção de tais equivalências é, em si mesma, um processo, uma negociação, um envolvimento de práticas políticas e imaginações em que o fundamento é buscado através do que as lutas locais podem construir como uma causa comum diretamente contra um antagonista (agora construído de maneira distinta). E este próprio fundamento será novo; a política mudará no processo. Além do mais, dentro desse processo — precisamente através da negociação de uma conexão e da constituição de um antagonista comum — as identidades das lutas locais constituidoras estão, elas mesmas, sujeitas a outras mudanças. Como Laclau e Mouffe colocaram, a equivalência "não estabelece, simplesmente, 'uma aliança' entre determinados interesses, mas modifica a própria identidade das forças que se engajam nessa aliança" (2001, p. 184). Usando uma terminologia diferente e desenvolvendo idéias de política transversal (Yuval-Davis, 1999), Cynthia Cockburn escreve sobre "alianças mantendo juntas diferenças cuja negociação nunca é completa, e nem se espera que seja", e em que as próprias negociações são produtoras de identidade política e pessoal (Cockburn, 1998, p. 14). Tal topografia alternativa para pensar o local/global não indica, de modo algum, uma política que seja fácil executar, mas pode ajudar a dominar a tensão — potencialmente politicamente produtiva — entre equivalência e autonomia (a continuação da distinção dentro de uma relacionalidade construída), e é, também, uma topografia que, para manter os argumentos do Capítulo 14, em vez de prover um padrão de respostas, força a colocação de questões sobre cada situação específica.

Tal compreensão reelabora, inteiramente, formulações tais como "a relação entre o local e o global". O que está envolvido é uma negociação, imensamente difícil, sempre enraizada e "local", se se quiser. Uma conseqüência é exigir muito mais dos agentes da luta local na construção tanto da identidade quanto da política do que cabe naquela topografia, em que identidade aparentemente emerge do solo local. Os teóricos da democracia radical, por outro lado, raramente se envolveram com a complexidade e a dificuldade reais dessa construção de equivalências. Dave Featherstone (2001) em toda uma série de estudos enfatizou e explorou precisamente isto, mostrando em detalhe como as identidades das clientelas políticas são constantemente produzidas através de negociação na interseção de uma rede de conexões. A experiência da *Confédération paysanne* é semelhante:

> Não esperávamos que um lado convencesse o outro. De qualquer modo, essas posições não são tão diferentes quanto possam parecer, porque são unidas em sua avaliação do prejuízo provocado pela OMC. Não se pode falar sobre facções dentro da *Via campesina* ... O que é bom para Santiago ou Bamaco não é, necessariamente, bom para Roma ou Paris. O intercâmbio de opiniões e experiência faz disso uma maravilhosa rede para treinamento e debate (Bové e Dufour, 2001, p. 158).

> A força desse movimento global está, precisamente, no fato de que ele difere de um lugar para outro, enquanto cria confiança entre as pessoas (p. 168).

> As ações podem mudar as idéias daqueles que dela participam (p. 170).

Tudo isto é integral e significativamente espacial. A colocação diferencial das lutas locais dentro da complexa geometria de poder das relações espaciais é um elemento-chave na formação de suas identidades políticas e de sua política. A atividade política, por sua vez, dá nova forma tanto às identidades quanto às relações espaciais. Espaço, enquanto relacional e enquanto esfera da multiplicidade, é tanto uma parte essencial do caráter do compromisso político quanto perpetuamente reconfigurado por ele. E o modo pelo qual essa espacialidade é imaginada pelos participantes também é crucial. O fechamento da identidade em um espaço territorializado de lugares delimitados fornece pouco no rumo das possibilidades para o desenvolvimento de uma política radical.

No entanto, há uma atitude preponderante em relação a lugar que funciona contra esse tipo de mudança do mecanismo político. Ela está oculta nos imaginários espaciais, tanto em discursos políticos hegemônicos quanto em contra-hegemônicos e em trabalhos (escritos) acadêmicos. Da maior importância, aqui, é a persistente contraposição de espaço e lugar, que está vinculada a uma contraposição paralela entre global e local (apesar de, como mostra Dirlik, os dois pares poderem ser distinguidos). Repetidamente, a contraposição de local e global reflete uma equiparação de local com real, com lugar local como material e significativo, colocando-se em oposição a uma suposta abstração do espaço global. É um imaginário político que, numa série de formulações, tem uma poderosa contraparte em grande parcela da literatura acadêmica. Em uma das colocações geográficas fundadoras desse gênero, Yi-Fu Tuan propôs que "'espaço' é mais abstrato do que 'lugar'" (Tuan, 1977, p. 6). O filósofo Edward Casey afirma que: "Viver é viver localmente, e conhecer é, antes de tudo, conhecer os lugares onde se está" (Casey, 1996, p. 18). E teóricos sociais não raro asseveram que: "Lugar é o espaço para o qual foi dado significado" (Carter et al., 1993, p. xii). Para mim esta é a verdadeira dificuldade da reformulação de espaço de Heidegger *como* lugar (que pareceria, a princípio, apontar na direção correta): no final, a noção de lugar de Heidegger permanece demasiado enraizada, muito pouco aberta ao relacional externo. E em questão terminológica, o *efeito* deste enfoque tem sido o de reforçar uma contraposição espaço/lugar. Ele vai contra a noção de lugar proposta na Parte *Quatro*.

Talvez o contexto mais difícil dentro do qual esse assunto apareça seja a cultura aborígine — uma vez que a alegação, tão freqüentemente feita aí é a da inseparabilidade entre a vida e a terra. Um número especial da revista *Development* (volume 41, número 2, 1998) foi dedicado a um sério e muito diversificado debate sobre este problema. Arif Dirlik, por exemplo, exige "conceber lugar como um projeto" (1998, p. 7) e está bem consciente do fato de que isto é uma proposição politicamente complicada (sendo possível ser apropriada através do espectro político). Há uma insistência na formulação "baseada no lugar", em vez de "delimitada pelo lugar", que é importante porque reconhece as relações de espaço para além do lugar. No entanto, as freqüentes alegações de que "A consciência do lugar ... é integrante da existência humana" (Dirlik, 1998, p. 8) ainda perturbam. Não há *necessidade*, nesses argumentos, de impor a reivindicação de um universal, e, de diversas formas, tal reivindicação vai contra o teor do restante da análise.

Finalmente, a contraposição é, muitas vezes, colocada em um contexto mais amplo:

> A mudança de solidariedades tangíveis compreendidas como padrões da vida social organizada em comunidades afetivas e reconhecíveis para um conjunto mais abstrato de concepções que teriam aceitação universal envolve a mudança de um nível de abstração — atrelado ao lugar — para um outro nível de abstração capaz de estender-se através do espaço ... A mudança de um mundo conceitual, de um nível de abstração para outro, pode ameaçar o propósito comum e os valores que dão base ao particularismo militante alcançado em lugares específicos (Harvey, 1996, p. 33, citado em Featherstone, 2001).

Tudo isto, para mim, baseia-se numa imaginação geográfica problemática. Para começar, trata-se de confundir categorias. As duplas local/global e lugar/espaço não se projetam na dupla concreto/abstrato. O global é tão concreto quanto o é o lugar local. Se o espaço deve, realmente, ser pensado relacionalmente, então ele não é mais do que a soma de nossas relações e interconexões e a ausência delas; ele também é, absolutamente, "concreto" (fica evidente, aqui, o quanto romantizar o local pode ser o oposto de compreender o espaço como uma abstração). Nem a elisão de significados de "universal" ajuda, pois consegue tanto romantizar o local quanto instalar o global (como o abstrato universal) como ou a única luta real a ser almejada, ou tão desenraizada e "acima" a ponto de se tornar inatingível (ver Massey, 1991b, Grossberg, 1996). Está relacionado com, embora seja uma outra geografia, aquele dualismo entre Emoção (lugar/local) e Razão (espaço/global).

Uma compreensão do mundo em termos de relacionalidade, um mundo no qual o local e o global são, realmente, "mutuamente constituídos", torna insustentáveis esses tipos de separação. "A realidade vivida de nossas vidas cotidianas" é completamente dispersa, não localizada, em suas fontes e em suas repercussões. O grau de dispersão, o alongamento, pode variar dramaticamente entre grupos sociais, mas a questão é que a geografia não será, simplesmente, territorial. Onde traçaremos a linha ao redor da realidade vivida de nossa vida cotidiana? Em tais abordagens, palavras como "real", "cotidiano", "vivido", "estabelecido" são constantemente arregimentadas e interligadas; pretendem invocar segurança e, implicitamente — como uma necessidade estrutural do discurso —, elas se contrapõem a um "espaço" mais amplo que tem de ser abstrato, desenraizado, universal e mesmo ameaçador. Mais uma vez a semelhança entre a concepção da informação como descorporificada e da globalização como uma espécie de outro domínio, situado sempre em outro lugar, tem muita força. Uma compreensão da globalização conduzida pela tecnologia reforça a conexão. Constitui uma base perigosa para a política. Não se pode postular, seriamente, o espaço como o contrário de lugar como vivido, ou simplesmente equiparar "o cotidiano" com o local. Se, realmente, pensarmos o espaço de forma relacional, então ele é a soma de todas as nossas conexões e, neste sentido, absolutamente estabelecido, e essas conexões podem seguir ao redor do mundo. Na verdade, Harvey, em outro lugar, defende exatamente este ponto: "Na moderna sociedade urbana de massa, as múltiplas relações mediadas que constituem essa sociedade através do espaço e do tempo são tão importantes e 'autênticas' quanto as relações não mediadas face a face" (Harvey, 1993, p. 106, citado em Corbridge, 1998, p. 44). Não é necessário assinalar distinções entre mediado e não mediado para concordar, aqui, com a intenção. Como escreve Hayles sobre a informação, "ela não pode existir sem a corporificação que a transforma em entidade material no mundo, e a corporificação é sempre imediata,* local e específica" (1999, p. 49). Será que o argumento de que lugar é espaço dotado de significado não permite que essas relações estendidas de um mundo globalizado também tenham significado? Meu argumento não é o de que lugar não seja concreto, estabelecido, real, vivido etc., etc. É que o espaço também o é.

As dificuldades de tornar este argumento politicamente eficaz são reforçadas pelas noções do global como "externo" ou "acima", não necessitando de, nas retóricas de Gates (1995) e Negroponte (1995), tocar o chão. Elas são reforçadas pelas imaginações do lugar, ou do local, como vítimas do espaço global: a associação, nas palavras de Escobar (2001), de lugar, o local e vulnerabilidade, por um lado, e de espaço, capital e agenciamento, do outro (Parte *Três*).

E também há outras questões. Não parece tão difícil lembrar, digamos, no restaurante, o complexo de relações distanciadas através do qual muitas iguarias chegam ao nosso prato. Nas hoje famosas palavras de John Berger: "Agora é o espaço em vez do tempo que esconde as conseqüências de nós" (1974, p. 40). Parte dessa dificuldade pode ser o resultado do ainda-remanescente impacto (neste mundo dito cada vez mais "virtual") da justaposição material da pura proximidade física. Existem, também, todas as retóricas de território: de nação, família, comunidade local, através das quais somos diariamente impelidos a construir nossos mapas de lealdade. (Enquanto outras retóricas, simultaneamente, nos persuadem de que esta é a era da conectividade distanciada. É este duplo-pensar espacial que encontramos no Capítulo 8, aquela espacialidade conflitual da tentativa de combinar neoliberalismo com conservadorismo, que representou e despedaçou as retóricas de Thatcher, Blair, Bush, Clinton e muitos outros.) Há, conectado a isso, o fato de que nossa política formal é organizada territorialmente (neste mundo tão freqüentemente chamado de espaço de fluxos). Algumas das dificuldades podem estar intimamente (a palavra apropriada) ligadas à obsessão cultural com as relações entre pais e filhos,

* No sentido de "não mediada". (N.T.)

o enfoque da questão da proteção primariamente entre as relações familiares (Robinson, 1999). Por que tão freqüentemente e tão firmemente associamos proteção com proximidade? Mesmo os que escrevem sobre proteção em relação ao estrangeiro muito freqüentemente imaginam essa relação face a face. É o contraponto, talvez, da persistente falta de reconhecimento dos estrangeiros* que sempre estiveram no seu próprio interior.

A construtividade dessas atitudes é evidenciada, como sempre, por sua variabilidade espacial e sua historicidade. Lester (2002) desenterrou, através de debates sobre a escravidão no século XVIII e os efeitos da colonização no século XIX, "parte da genealogia de um moderno senso de responsabilidade britânico pelas agruras dos estrangeiros distantes" (p. 277). Foi um sentimento e uma política que cresceram tanto no interior quanto por oposição ao projeto hegemônico imperialista. Foi, também, uma forma de universalismo que deu pouca atenção às vozes dos próprios povos colonizados. As "agruras" dos outros distantes, apesar de serem reconhecidas como o resultado de uma ação britânica, não obstante, foram ligadas à sua "situação de atrasados". A distância desses estrangeiros estava, assim, tanto no espaço quanto no tempo: eles não podiam ser concebidos como coetâneos. Muitas dessas variedades de "filantropia telescópica" (Robbins, 1990), naquele tempo, tiveram uma forma semelhante. Gary Bridge (2000) traçou uma mudança através de vários sistemas éticos, caracterizados como: individualista-liberal (forte universalismo), habermasiano (universalismo fraco), comunitarista (localizado) e pós-moderno (com ênfase na diferença e na particularidade). De modo imaginativo, ele relaciona cada um deles com a concepção de espaço que está por trás de cada um: para o individualista-liberal, é o espaço abstrato; para o habermasiano, o espaço público (nessa versão específica); para o comunitarista, o espaço local/da comunidade; para o pós-moderno, o espaço íntimo/corpóreo. A mudança em relação ao local é comovente, mas não animadora. Como Bridge assinala, o comunitarismo tende em direção à construção de espaços fechados e excludentes, enquanto a versão pós-moderna pode se decompor em "uma forma de cosmopolitanismo passivo" (p. 527) (o resultado da combinação de um enfoque na diferença e uma hostilidade em relação à tradicional orientação-ação da ética ocidental).

---

* Perde-se aqui a dupla conotação em inglês em relação à palavra "*stranger*", ao mesmo tempo "o estrangeiro" e "o estranho". (N.T.)

Quaisquer que sejam os caminhos através dos quais se chegou, há uma permanente geografia de ética, proteção e responsabilidade nos moldes de uma boneca russa:* da casa para o lugar local e daí para a nação.[22] Há um entendimento hegemônico de que zelamos primeiro e temos nossas primeiras responsabilidades em relação aos que estão mais próximos. É uma geografia do afeto que é territorial e que emana do local. A apurada investigação de Stanley Cohen em *States of denial* (2001) indaga: "Se há uma meta-regra de cuidar de sua 'própria gente' primeiro, estaremos alcançando o limiar para responder às agruras dos estrangeiros distantes?" (p. 289; ver também Bauman, 1993; Geras, 1998). Por um lado, há argumentos de que "as fronteiras da 'dúvida moral' foram ampliadas" (Cohen, 2001, p. 290). Por outro lado, "o mercado livre do capitalismo tardio — por definição, um sistema que nega sua imoralidade — gera suas próprias culturas de negação" (p. 293) que são sustentadas pelas estratégias espaciais que incluem não apenas distanciamento, mas também segregação e exclusão. Pode também ser, como Bridge e outros sugerem (ver Corbridge, 1993, e Low, 1997), que essa imaginação ética nos moldes de boneca russa tenha-se tornado mais acentuada, recentemente, no Ocidente (e, ainda assim, os laços das migrações, das comunidades diaspóricas e mesmo da rede de pessoas-como-nós do ciberespaço e os diferentes graus de empatia, que não contêm nenhuma relação com a distância física planetária que os acontecimentos do mundo evocam, rompem, imediatamente, com essa geografia, deslocando qualquer automatismo da relação entre distância social e física e indicando o potencial para outras mudanças). No entanto, a geografia dominante, em partes do mundo acadêmico, está refletida na e exacerbada por uma absorção com temporalidades interiorizadas, por um enfoque no hibridismo-em-casa nas cidades ocidentais, à custa de multiplicidades em outros lugares (Spivak, 1990) e pela persistente oposição entre lugar-como-real e espaço-como-abstrato. Em uma época em que as grotescas realidades das relações do espaço global são tão prementes, isto se torna particularmente irônico. Há, nesses termos, uma localização de compromisso ético, no exato momento de cada vez maior interconectividade geograficamente expansiva. Isso levanta a questão de se, em uma espacialidade relacio-

* *"Russian doll"*: referência à *matrioska*, boneca russa que contém diversas outras, cada vez menores, dentro dela. (N.T.)

nal e globalizada, "enraizamento"* e a busca de uma ética localizada, têm de permanecer ligados a noções de local. Se os lugares colocam, em formas altamente variáveis, a questão do nosso viver juntos, no sentido de acabar juntos [*throwntogetherness*], há, também, a questão da negociação dessas igualmente variadas relações mais amplas dentro das quais eles são constituídos.

Esta já é uma esfera imensa e calorosamente contestada (Benhabib, 1992; Nussbaum, 1996; Robbins, 1999). Poderia acontecer, no entanto, que, sendo mais explícitos sobre as espacialidades que vários contendores trazem para a arena, esclarecesse — e mudasse — alguns dos termos do debate. Um elemento constante é o caráter territorial dos diferentes mapeamentos de emoção, lealdade e posições éticas potenciais. Freqüentemente, o que parece estar em discussão é apenas o tamanho do território relevante — uma mudança de lealdade e identificação de um reduto territorial para outro maior. Bryan Turner, em seu estudo sobre "a virtude cosmopolita, globalização e patriotismo", é explícito a este respeito:

> A fraqueza do internacionalismo socialista foi que ele teve dificuldade em criar um sentido de solidariedade sem lugar. A geografia das emoções, portanto, parece ser importante para criar lealdades e comprometimento cívicos ... Sem tal sentido geográfico de lugar, o republicanismo cometeria o mesmo erro do internacionalismo socialista do século XIX. Seria privado de especificidade emocional (2002, p. 49).

O questionamento que quero fazer a este respeito é: deve mesmo ser lugar? Deve mesmo ser territorial? Talvez não seja o "lugar" que esteja faltando, mas conectividade estabelecida, praticada. (As negociações de lugar dos capítulos 12 e 13 não criam territórios delimitados, mas constelações de conexões com ligações alcançando muito além delas.) Os próprios exemplos de Turner em relação aos centros de comércio no mundo antigo, em certo sentido, confirmam isto — o que era crucial era a conexão. Em um mundo globalizado, esse tipo de conexão, uma

* *Groundedness*, entre aspas no original. (N.T.)

inter-relação praticada, não está confinada no interior do lugar. Assim, "a relutância de Corbridge em substituir uma poética da fragmentação [em outra parte ele a chama de poética de lugar — p. 460] pelos pecados da metanarrativa" (1993, p. 460) faz sentido, mas, talvez, essas não sejam as únicas opções. Reconhecer a construção relacional e aberta do local permite não uma *poética* do lugar (como Corbridge defende, esta é uma das opções que nos são impostas), mas uma política de conectividade estabelecida.* Se, coerentemente com um espaço relacional e abandonando as oposições entre lugar e espaço, for adotada uma ética relacional (Whatmore, 1997), torna-se possível imaginar geografias muito diferentes de afeto e lealdade.

Moira Gatens e Genevieve Lloyd, em sua atraente interpretação de Spinoza (*Collective imaginings*, 1999), formulam uma política de relações que permite a reimaginação da noção de responsabilidade ("a responsabilidade spinoziana", elas denominam). Crucial para seu argumento é a idéia de "uma sociabilidade básica que é inseparável da compreensão da individualidade humana" (p. 14) (ver Capítulo 5). Elas se unem ao conceito de "transindividualidade" de Etienne Balibar: "é impossível, estritamente falando, ter uma noção forte de singularidade sem ter *ao mesmo tempo* uma noção da interação e interdependência dos indivíduos" (Balibar, 1997, pp. 9-10, nota 9, citado em Gatens e Lloyd, pp. 121-2; itálicos no original) e, também, com obras deleuzianas com o conceito de etologia.

Além disso, esta inseparabilidade entre individualidade e interdependência é formulada por Gatens e Lloyd através do conceito de imaginação de Spinoza, que elas interpretam enquanto conectado, mas não limitado, ao cognitivo. Tem dimensões afetivas, e isso, por sua vez, lhe dá uma corporeidade. Como Gatens e Lloyd colocam em certo ponto: "Para ele [Spinoza] ... a imaginação envolve a consciência de outros corpos ao mesmo tempo que do nosso" (1999, p. 23). Isto já é muito diferente daquela auto-absorvida (tentativa de) autoconstituição que estava ligada, no Capítulo 5, com a priorização de um (entendimento específico de) Tempo. Se, no entanto, "experiência" não é uma sucessão internalizada de sensações, mas, antes, consiste em uma "fértil multiplicidade de coisas e relações que se associam e interagem constantemente" (Hayden, 1998, p. 89, escrevendo sobre Deleuze), então sua espacialidade é tão significativa quanto sua dimensão temporal. Grossberg, em um perspicaz comentário com refe-

* *"Grounded connectedness"* no original. (N.T.)

rência específica à classe acadêmica, mostra que "pensar em termos de espaço exige que os intelectuais pensem neles mesmos em relação aos outros de uma forma que o pensamento temporal não permite" (1996, p. 187, nota 19).[23] Para Gatens e Lloyd, esta consciência dos outros é atribuída à positividade e é uma filosofia de afirmação: "Há ... uma orientação inerente de alegria com respeito ao envolvimento com o que está para além do *self* e, portanto, em relação à sociabilidade; e há uma orientação correspondente da tristeza em relação ao desligamento e ao isolamento" (1999, p. 53). A questão resultante diz respeito à *natureza* do envolvimento.

Existem muitas maneiras em que essa abordagem se liga a este argumento. *Primeiro*, há paralelos. O pleno reconhecimento das características do espaço traz consigo, também, a interconectividade positiva, a natureza da relacionalidade constitutiva dessa abordagem. E, como enfatizam Gatens e Lloyd, seguindo Balibar, trata-se de uma ontologia relacional que evita as armadilhas tanto do individualismo clássico quanto do organicismo comunitarista; exatamente assim pleno reconhecimento do espaço envolve a rejeição, tanto de qualquer noção de territórios/lugares autênticos autoconstituídos, quanto das conectividades fechadas do estruturalismo enquanto espacial (e assim evocar o espaço enquanto, sempre, relacional e aberto, em construção) e envolve a mesma estrutura da possibilidade do político.[24] Ela encontra os conceitos positivos de espaço naquelas correntes da filosofia exploradas na Parte *Dois* — as durações múltiplas de Bergson, a eventualidade de Laclau — e descarta os outros usos do termo, dentro das mesmas filosofias, que tanto restringem uma apreciação do caráter vívido [*liveliness*] do espaço.

Mas isto é mais do que uma questão de paralelos. A *segunda* asserção que quero fazer é que esta abordagem para a compreensão do social, do individual e do político, em si mesma, *envolve e requer* tanto uma forte dimensão de espacialidade quanto a conceituação dessa espacialidade de um modo particular. Em um nível, isto é para repetir novamente o fato de que qualquer noção de sociabilidade em sua forma mais frugal, simples multiplicidade, subentende uma dimensão de espacialidade. Isto é óbvio, mas levando em conta que, geralmente, ele permanece implícito (se tanto), suas implicações são raramente expostas. O próprio reconhecimento de nossas inter-relações constitutivas indica uma espacialidade, e isto, por sua vez, indica que a natureza desta espacialidade deveria ser um caminho crucial de questionamentos e envolvimento político. Além do mais, esse tipo de interconectividade que enfatiza a consciência imaginativa dos outros evoca a mentalidade aberta de uma imaginação espacial que foi explorada no Capítulo 5. Em outras palavras, para levar a questão adiante, o pleno reconhecimento da contemporaneidade implica uma espacialidade que é uma multiplicidade de estórias-até-agora. O espaço *como* devires coetâneos. Ou, novamente, um entendimento do social e do jogo político que evite tanto o individualismo clássico quanto o organicismo comunitarista, absolutamente requer sua constituição através de uma temporalidade espacial que seja aberta, através de uma temporalidade de resultados imprevisíveis que requeira, em si mesma, necessariamente, uma espacialidade que seja tanto múltipla quanto não fechada, que esteja sempre em processo de construção. Qualquer política que reconheça a abertura do futuro (de outra forma não poderia haver o domínio do político) implica um tempo-espaço radicalmente aberto, um espaço que está sempre sendo feito.

Existem, assim, paralelos nos modos de argumentação. E implicações (geralmente implícitas) dentro de filosofias políticas para a conceituação de espaço. Mas há então um *terceiro* domínio. Se essas filosofias políticas implicam um modo específico de abordar a conceituação de espacialidade, então elas levantam, reciprocamente, a questão da espacialidade (ou espacialidades) *da* política e as espacialidades *de* responsabilidade, lealdade, proteção. Se levarmos a sério a construção relacional da identidade (de nós mesmos, do cotidiano, dos lugares), então qual é a geografia potencial de nossa política com respeito a essas relações?

Londres mais uma vez. A metrópole como um todo e a City financeira dentro dela formam — como o faz qualquer lugar — uma articulação distinta dentro das geometrias de poder da globalização contemporânea. A presença material implacável da City, em sua Square Mile e seus mais recentes postos avançados, desafia qualquer imaginário do "global" como produzido e dirigido por alguma força misteriosamente localizada fora ou acima. Encontra-se aqui. As formas construídas também atestam, através dos séculos, que o espaço no qual funcionam é mais do que uma questão de superar distâncias, que isso também envolve dotar a heterogeneidade de sua multiplicidade de um forte significado simbólico. A auto-afirmação física da City também contribui, dessa forma, para a proposição hegemônica de que a globalização é inevitável nessa forma particular, uma força que não pode de modo algum ser negada. A City financeira é, além do mais, a peça central da estratégia econômica para a metrópole e uma versão da identidade de Londres.

Desse ponto de vista, certamente, nem a City nem a cidade em sentido mais amplo podem ser interpretadas como vítimas locais do global. Daqui partem práticas de engajamento — investimentos, comércio, negócios, desinvestimentos, câmbio, a reunião dos mais fantásticos (e diversamente poderosos e desastrosamente frágeis) instrumentos financeiros — que se estendem ao redor do mundo. Uma constante interação com outros lugares, dos quais depende, cujo futuro pode construir ou destruir. Novos espaços sendo feitos. Aqui o cotidiano tem, indubitavelmente, uma escala planetária.

Globalizado, certamente, mas não simplesmente aberto. Assim como com tantos lugares de poder global, sua decantada abertura é estritamente seletiva. Na década de 1990, em resposta ao bombardeio do IRA, a Square Mile foi violentamente cercada por "um anel de aço". Qualquer pessoa que tentasse passar era examinada para ser aceita no seu interior. Houve bombas em toda parte, mas apenas ao redor da City foi decretado tal fechamento. A mídia documentou as filas aguardando a entrada. E ainda permanece uma forte presença da segurança. Mas, sem serem notados pela mídia, séculos de constituição social desse lugar e todas as trajetórias que se entrelaçam ali asseguram sua posse, reforçam fechamentos mais ordinários. Hoje, como em qualquer dia normal, são efetuadas exclusões (Allen e Pryke, 1994; McDowell, 1997; Pryke, 1991). No entanto, em contrapartida, não é um lugar onde apenas os financistas possam ir. A codificação dominante oculta, mas não pode recusar, a entrada de faxineiros, fornecedores, dos próprios guardas de segurança, "a incapacidade de um espaço dominante de suprimir inteiramente a diversidade e a diferença dentro de seus limites" (Allen e Pryke, 1994, p. 466). E essa intrusão por aqueles que prestam serviço à City está ligada às suas próprias relações globais — com a família e os amigos, por exemplo, com a Nigéria, Portugal, Colômbia — outras globalizações que salientam as particularidades e os hiatos e desconexões dentro do próprio alcance da City. No entanto, este lugar *é* aberto na forma que interessa ao atual projeto de globalização capitalista. Sem dúvida, a própria longevidade dessa forma de abertura solapa qualquer afirmativa sobre a radical novidade da globalização e acentua que o que está em jogo não é a expansão espacial. O festival de protesto "J18" que, temporariamente, agitou esse lugar em 18 de junho de 1999, como parte do Global Day of Action (Dia Global de Ação), foi chamado de "Carnaval contra o Capital".

O poder e a riqueza desse lugar sustentam uma condição de ponto de apoio sobre as relações globais que dali se estendem. E há, em Londres, um governo municipal relativamente progressista. A articulação desse lugar em geometrias planetárias de poder propõe, assim, a questão de uma política voltada para as relações em que ele está imbricado: não só não como vítima, mas, de um ponto de vista da contra-globalização, como um lugar local merecedor mais de contestação do que de defesa. Também é indiscutível que um forte elemento da identidade de Londres, para muitos de seus moradores, inclui um reconhecimento, até mesmo uma celebração, da mescla cultural interna que é parte e parcela de sua cidadania global. Isto torna ainda mais severo o aparente constante olvido de Londres e dos londrinos para com as relações externas, os vários tipos de pirataria global cotidiana, a atividade das praças financeiras e corporações multinacionais das quais depende a própria sobrevivência desse lugar.

A estratégia proposta para Londres (Greater London Authority, 2001a) é típica a esse respeito. Ela entende a identidade da cidade fundamentalmente como sendo uma cidade global e que por sua vez é definida, fundamentalmente, como uma função da posição da cidade dentro dos mercados financeiros globais e setores correlatos. Isto é apresentado como uma façanha. A estratégia não oferece uma análise crítica das relações de poder que devem ser mantidas para que essa posição seja construída e reproduzida. Ela não segue as relações estabelecidas e as práticas atuais que existem pelo mundo. Seu objetivo é, certamente, fortalecer ainda mais esse domínio financeiro. Não questiona nem os enormes recursos de Londres e sua atual e histórica mobilização nas relações de poder com outros lugares, nem a subordinação de outros lugares e as desigualdades globais das quais esta metrópole depende e sobre as quais tanto de sua riqueza e posição foram construídas. Certamente, quando, de fato, se volta para tratar das "relações com outros lugares", a análise é permeada pela preocupação com competição. Esta forma de se autoposicionar representa uma significativa deficiência imaginativa, que fecha a possibilidade de inventar uma política local alternativa que poderia começar a abordar uma geografia mais ampla da construção desse lugar.

Em nada disso Londres é, por mínimo que seja, incomum. O que isso implica é, no entanto, o constante forjar da identidade de Londres como um lugar dominante na produção da globalização capitalista. Os membros do governo da cidade têm feito vigorosas declarações sobre as iniqüidades do capitalismo e têm, por exemplo, criticado uma feira de armamentos mantida dentro de sua jurisdição, mas a cumplicidade com a peça central da economia local passa despercebida.

Gatens e Lloyd escrevem que

> o contínuo forjar identidades envolve integrar passado e presente enquanto nos movemos para o futuro indeterminado, e determinar as identidades é, ao mesmo tempo, a constituição de novos sítios de responsabilidade. Os processos de identificação solidária e imaginativa, articulados no tratamento de Spinoza da individualidade e sociabilidade, criam novas possibilidades para a responsabilidade, ao mesmo tempo que criam determinadas identidades que são, no entanto, inerentemente abertas à mudança (1999, p. 80).

Este é um argumento que pode contribuir para a prática de produção da identidade do lugar — um sentido *global* de lugar — e para a construção de uma política com base no lugar que lhe corresponda. A noção de responsabilidade de Gatens e Lloyd é relacional (depende de uma noção de identidade construída em relação aos outros) e corporificada (isso se conecta assim aos argumentos sobre a não-oposição entre um lugar corporificado e um espaço abstrato). Isso também implica extensão — não está restrito ao imediato ou ao local. A preocupação das autoras é em desenvolver esse argumento para poder explorar formas em que possa ser válido afirmar que há responsabilidade coletiva pelo passado (sua preocupação específica é com as responsabilidades históricas da Austrália "pós-colonial" de hoje para com a sociedade aborígine). Elas escrevem:

> Compreendendo como o nosso passado continua em nosso presente, compreendemos, também, as exigências da responsabilidade para com o passado que levamos conosco, o passado no qual nossas identidades são formadas. Somos responsáveis pelo passado, não por aquilo que nós, enquanto indivíduos, fizemos, mas em razão do que somos (p. 81).

Em outras palavras, para Gatens e Lloyd a responsabilidade tem, sem dúvida, extensão, mas a dimensão de extensão que as preocupa é a dimensão temporal. Minha questão aqui é: extensão temporal pode ser colocada paralelamente ao espacial? Como o "passado continua em nosso presente", assim também o distante está implicado em nosso "aqui". As identidades são relacionais em formas que são *espaço*-temporais. Estão, sem dúvida, estreitamente ligadas com "as narrativas do passado" (Hall, 1990, p. 225) e são constituídas por recursos que "herdamos" (Gilroy, 1997, p. 341), mas não somente, de fato, esses próprios passados têm uma geografia, como também o processo de construção de identidade está "em processo" *agora* (Gatens e Lloyd). E tem uma geografia global. Ser sensível a essa geografia significaria abordar o contraponto espacial a uma ética da hospitalidade. Uma política de mentalidade voltada para fora, do lugar para além do lugar.

Uma quantidade de políticas "locais", elas próprias, sugere o que poderia dirigir a atual articulação de Londres para as geometrias do poder da globalização. Elas se estendem desde questionar o estreito enfoque setorial da atual estratégia econômica até apoiar formas alternativas de globalização (sindicatos, feiras de comércio, laços culturais...), uma política de consumo, a construção de alianças (em vez de competição) com outros lugares. Todas se dirigem, de formas diferentes, à geografia das práticas contemporâneas através das quais a cidade atualmente se sustenta: desafiando algumas, construindo outras que antes estavam faltando. Elas têm como objetivo mudar a configuração dentro da qual a cidade está colocada e para a qual ela contribui. Seria, evidentemente, muito ingênuo reivindicar que uma quantidade de estratégias como essas fosse alterar muito as dinâmicas da globalização neoliberal. Elas *fariam* alguma diferença por si mesmas, mas o efeito mais importante seria estimular o debate público sobre a posição atual de Londres e seu papel *dentro* da globalização. Certamente, provocar o debate deveria ser, em si mesmo, um objetivo. Pois, mais uma vez, esse lugar não é uma unidade coerente. Das trajetórias conflitivas no interior do capital e os abismos entre os chamados "*fat cats*"* e a classe trabalhadora da Isle

* "*Fat cats*": gíria — pessoas ricas e gananciosas que, por possuírem muito dinheiro, vivem facilmente do trabalho dos outros. (N.T.)

of Dogs, os londrinos se situam em formas radicalmente contrastantes e desiguais em relação à globalização contemporânea. Isto não ocorre apenas em termos dos efeitos da globalização "sobre" eles, mas também na verdadeira textura de suas imbricações dentro dela e das complexidades que podem aí ser inerentes (as pessoas mais pobres comprando roupas de *sweat-shops**). Haverá, é claro, discussão. Haverá posições políticas contestadoras. E isso, por sua vez — através, por exemplo, da ligação das desigualdades dentro da cidade com as desigualdades mais amplas das quais dependem e que, cotidianamente, sustentam —, poderia mudar os termos da negociação dentro da própria Londres e proporcionar que a própria cidade fosse vivida de um modo um pouco diferente.

Esta é apenas uma sugestão, uma das muitas dimensões potenciais de uma política alternativa mais ampla de lugar. Em vez de "responsabilidade", Fiona Robinson explorou as, agora restritas, mas potencialmente mais amplas, geografias da proteção.** Em seu livro *Globalizing care: ethics, feminist theory, and international relations* (1999) ela desenvolve uma "ética crítica da proteção que integra a ética relacional da proteção com uma consideração crítica das relações de poder, da diferença e da exclusão na ordem mundial globalizante" (p. 104). Trabalhando dessa forma ela evita a abstração formalizada; o enfoque se situa nas relações praticadas. Sua abordagem implica um abandono daquela injustificada associação de espaço com o abstrato (por oposição ao lugar como real) ou do global com o universal (por oposição ao local como específico). O espaço, assim como o lugar, é compreendido como relacional e, portanto, estabelecido, real. Trabalhando também com uma consideração crítica da globalização ela abandona a tendência de associar proteção com proximidade: "Proteção não parece, à primeira vista, corresponder a distância" (p. 45). Sua insistência, no entanto, é de que a relacionalidade da proteção não precisa ser localizada nem territorializada. Ela implica reconhecimento (da coetaneidade) e é aprendida.

---

* *Sweat-shops*: pequenas fábricas (em geral de confecções, terceirizadas) que empregam operários malpagos, com horas excessivas de trabalho e em más condições ambientais. (N.T.)

** *Geographies of care* no original. (N.T.)

Como tal, a autora defende, as relações de proteção podem também ocorrer a longa distância. O argumento aqui, no entanto, é mais geral: por um autoposicionamento imaginativo no mundo que se abra para o pleno reconhecimento do espacial. Gatens e Lloyd enfatizam a força da imaginação corporificada na vida política e social: que ela é constitutiva, mais do que meramente reflexiva das "formas de sociabilidade em que vivemos" (1999, p. 143) e como, em suas várias formas, ela está incorporada em instituições e tradições. "Um dos bens sociais que constituem nossas próprias identidades é a habitação de um imaginário que aumente nossos poderes de ação ao prover uma base para nossos sentimentos de pertencimento e para a obtenção de direitos sociais, políticos e éticos" (p. 143).

Se "a multiplicidade 'interna' da identidade cultural reflete a multiplicidade 'externa' das relações entre corpos" (p. 81), então, provavelmente, pode-se aplicar aquela relacionalidade para uma geografia diferente. As próprias Gatens e Lloyd apontam, de forma breve (p. 137), provocativamente, essas possibilidades — refletindo sobre o modo como uma maior interconectividade transnacional poderia transformar tanto as identidades quanto as imaginações. Se pudéssemos traçar um paralelo com a proposição de Bergson de se arremessar dentro do passado, então, talvez, isso pudesse até constituir um elemento do nosso arremessar-se dentro do espacial. Dentro dessa reorientação pode ser localizada a especificidade da correspondência e da conectividade. Sem dúvida, voltando ao exemplo acima, "responsabilidade", como hospitalidade, em certos casos pode ser lida em termos de uma só direção (um tipo de geografia hierárquica de responsabilidades), a qual, ela própria, se arroga, através da figura de "responsável", a superioridade de uma posição de poder. Em vez disso, o que talvez seja crucial é a questão mais complexa da implicação:* é isto que o pensar relacionalmente (neste caso, a constituição *mútua* do global e do local) pode ressaltar.

A preocupação de Gatens e Lloyd é com o passado, com a dimensão temporal. Nessa dimensão de extensão, a "responsabilidade pelo que somos" pode trazer seus próprios perigos: estar tão entrelaçada com culpa, tão comodamente abrandada pela desculpa. Como comentou Lynne Segal, na atual avalanche de desculpas pelo passado, "rituais de lembrança destinados a evitar as repetições dos horrores do passado são, geralmente, sancionados oficialmente apenas quando a dis-

* "*Implication*", aqui também no sentido de envolvimento. (N.T.)

tância da responsabilidade imediata pelos atos relembrados os torna livres de exigências diretas de intervenção, restituição ou retribuição" (2001, p. 45). Essas questões são contundentes quando a dimensão da extensão é temporal. Gatens e Lloyd defendem uma política prática e que essa implicação prática seria muito mais difícil de evitar se a dimensão fosse espacial e do presente: a geografia da construção de identidade *em curso*. No presente espacial, o que somos é o que fazemos.

As próprias autoras tocam o espacial. Mas mesmo elas tendem a ficar dentro de uma imaginação de lugares, em vez de tomar a topografia dos fluxos. O enfoque, mais uma vez, é tanto no territorial quanto no que está próximo, em vez de no distante. Elas escrevem: "a experiência da diferença cultural é agora interna a uma cultura" (1999, p. 78), e citam Tully, em quem baseiam sua própria análise: "A diversidade cultural não é um fenômeno de outros exóticos e incomensuráveis, em terras distantes e em diferentes estágios de desenvolvimento histórico, como o antigo conceito de cultura fazia emergir. Não. Ela é aqui e agora em cada sociedade" (Tully, 1995, p. 11, apud Gatens e Lloyd, 1999, p. 78). Bem, a diversidade cultural é, certamente, em parte e cada vez mais, interna a sociedades individuais, mas *é*, implacavelmente também, uma questão de outros diferentes em terras distantes. Seria uma miopia grave ignorar essa geografia mais ampla, privar-se daquela perspectiva de uma mentalidade voltada para fora na imaginação geográfica vivida.

O espaço é tão desafiador quanto o tempo. Nem o espaço nem o lugar podem fornecer um refúgio em relação ao mundo. Se o tempo nos apresenta as oportunidades de mudança e (como alguns perceberiam) o terror da morte, então o espaço nos apresenta o social em seu mais amplo sentido: o desafio de nossa inter-relacionalidade constitutiva — e, assim, a nossa implicação coletiva nos resultados dessa inter-relacionalidade, a contemporaneidade radical de uma multiplicidade de outros, humanos e não-humanos, em processo, e o projeto sempre específico e em processo das práticas através das quais essa sociabilidade está sendo configurada.

notas

Notas da Parte *Um*

1. Galeano (1973), p. 17, citando "Indian informants of Fray Bernardino de Sahagún in the Florentine Codex" (p. 287, n. 6). As fontes a que recorri nesta seção foram: Soustelle, 1956; Townsend, 1992; Vaillant, 1950; Harley, 1990; Berthon e Robinson, 1991.
2. Houve um longo debate sobre a natureza desses pressentimentos por parte dos astecas. Uma forte versão sustenta uma idéia de profecia (com Cortés como o retorno da divindade mesoamericana Quetzalcoatl), mas isto, hoje, é muito questionado. Parecia, porém, ser o caso de que a aproximação dos espanhóis naquela época e daquela direção astecas evocou fortes associações históricas e geográficas e tais associações eram imensamente poderosas na cosmologia asteca.
3. Galeano, 1973, p. 11.
4. Vigorava nessa época o calendário juliano.
5. E assim a questão tornou-se como abandonar esse entendimento de "lugar" e, ainda assim, reter uma apreciação de especificidade, de caráter único, como reimaginar o lugar (ou a localidade, ou a região) de uma forma mais "progressista". Como, em outras palavras, poderíamos considerar o "local", o "regional" e, ao mesmo tempo, insistir no internacionalismo. Foi nesse contexto que trabalhei em busca do que eu iria denominar "um sentido global de lugar" (Massey, 1991a).
6. Há um elo aqui com a primeira proposição. Para muitos antiessencialistas, a verdadeira importância de sua posição (a de desafiar a natureza essencial — no sentido de imutável — das identidades) é que, precisamente, mantém aberta a possibilidade de mudança. Entretanto, como já foi sugerido, e como aparecerá, mais explicitamente mais tarde, a construção relacional apenas efetivamente garante a possibilidade de mudança quando a noção de "relações" não está limitada àquela de um sistema fechado.

Notas da Parte *Dois*

1. O argumento nesta subseção é apresentado com muito mais detalhes em Massey, 1992a.
2. O termo "domesticação" reflete a longa história da forma distinta com que o gênero foi associado a tempo (masculino) e espaço (feminino) — ver Massey, 1992a.
3. Em contraste com De Certeau optei por usar o termo trajetória (entre outros), mas com o significado de um processo irreversível. De Certeau (apesar de não ser inteiramente consistente nesse aspecto) tende a enfatizar "narrativa". Por outro lado, tive a tendência de não usar o termo, por causa da conotação que pode trazer de histórias interpretadas, de discursos. A palavra "*story*" (estória), contudo, é igualmente ambígua, e eu ainda assim a utilizo. Ver a discussão na Parte *Um*. Um ponto adicional na terminologia: tempo-espaço e espaço-tempo não são conceitos distintos; a escolha do termo, em geral, depende da ênfase do argumento.
4. A distinção mais comumente feita (apesar de, com freqüência, igualmente contestada) é aquela entre as correntes da filosofia analítica e continental [os ingleses chamam a filosofia do resto da Europa de "continental"]. É essa distinção que é usada, por exemplo, por Frodeman (1955), em sua análise da relação entre a física e a geologia.
5. Poderia ser observado que essa tendência dos sistemas fechados a decair poderia estar ligada com a discussão de Cavarero sobre a preocupação de tantos teóricos do tempo com a morte: Prigogine e Stengers escrevem que, para "a termodinâmica, o tempo implica degradação e morte" (1984, p. 129).
6. E Deleuze falou de um "elo secreto" entre esses filósofos "constituído pela crítica da negatividade, o cultivo da alegria, a aversão à interioridade, a exterioridade de forças e relações, a denúncia do poder" (1977, p. 12, citado em Massumi, 1988, p. x).
7. Ver Massey, 1999a, para um comentário detalhado desse tema, principalmente em sua relação com questões de tempo e espaço.
8. Apesar de ser importante lembrar que a física newtoniana é ainda inteiramente adequada para muitos propósitos práticos.
9. Ver também Soja, 1996. Para o início de uma crítica dessa idéia, ver Massey, 1991c.
10. Esses pontos estão ligados. Lévi-Strauss estabeleceu seus sistemas de parentesco como simetrias binárias entre as partes nas quais, postulava, haveria intercâmbio equilibrado. O "problema" para tal sistema é a iminente inércia. (É neste ponto que a necessidade de um terceiro termo é ela-

borada.) Lévi-Strauss interpreta esse enfraquecimento na entropia-maximização — logicamente necessária, mas empiricamente improvável — como sendo o resultado da *simetria* do seu sistema inicial. Eu afirmaria, no entanto, que isso poderia ser especificado, melhor e de modo mais geral, como um problema de *fechamento*. Com o fechamento haverá certamente um enfraquecimento do sistema. (O que Lévi-Strauss poderia ter tratado nesse momento crítico seriam as noções contemporâneas de sistemas abertos, dissipativos, de não-equilíbrio.) E o problema do fechamento nas sincronias do estruturalismo nos conduz ao próximo ponto no texto principal.

Lévi-Strauss reconheceu este aspecto da antropologia que ele estava construindo. Prigogine e Stengers (1984) escrevem que "a antropologia estrutural privilegia esses aspectos da sociedade em que os instrumentos da lógica e da matemática finita podem ser usados. Elementos discretos são contados e combinados..." (p. 205). (É uma longa distância entre o mundo de abertura e probabilidade sobre o qual eles próprios estão escrevendo.) O próprio Lévi-Strauss mostrou isso e diferenciou sua antropologia da sociologia.

11. A característica crítica da sincronia na crítica de Louis Althusser, e que invalida qualquer conceito adequado de história, é seu fechamento interno. Althusser caracteriza o corte essencial como sendo *tanto* instante (a quebra vertical, o recorte através do tempo) *quanto* um sistema fechado. E é essa dupla natureza, no entanto, que a distingue da sincronia dos estruturalistas, que se caracteriza apenas pelo último.
12. Há uma curiosa (ou talvez nem tão curiosa) informação secundária a ser dada aqui sobre uma discussão longa e intensa que foi estabelecida em círculos geográficos sobre o realismo crítico. O realismo crítico distingue entre a necessidade e a contingência em sua elaboração de explicações e foi adotado por alguns como meio de tratar a unicidade (Sayer, 1984). A guerra foi imediatamente declarada. Alguns "marxistas" e um bom número de outros zombaram da "redução" das causas ao status de "mera contingência". Contingência foi interpretada por eles como sendo muito menos satisfatória para o entendimento de um estado de coisas do que "necessidade". De fato, naturalmente, apesar de seu desprezo ter sido em nome da política, o pressuposto de que tudo acontece por necessidade deixa pouco espaço, precioso, para intervenção. Mas isto foi, de qualquer forma, um mal-entendido do significado de "contingência". "Contingência" em realismo crítico significa simplesmente não estar no interior da corrente de causalidade sob investigação num determinado momento. Uma contingência ocorre quando um número de tais linhas interage de

alguma forma para afetar uma a outra. Todas podem em si mesmas ser linhas de "necessidade". É sua interação que é contingente. Dado este fato, é muito equivocado ver uma influência "contingente" em uma explicação indicando, de alguma forma, uma subordinação dessa influência.

13. Doel está trabalhando com uma noção muito mais ampla de pós-estruturalismo do que eu aqui. Minha preocupação, neste ponto, é mais estritamente com uma abordagem derrideana. No entanto, mesmo considerando isto, eu ainda mantenho essa diferença de interpretação em relação a Doel.
14. Embora eu concorde com Houdebine nos termos muito específicos que enumerei aqui, não concordo com sua posição mais ampla, mais particularmente com sua ênfase sobre "contradição dialética".
15. A ênfase na especificidade também é importante para esta argumentação. Parte do argumento sobre "lugares", por exemplo, é que não são entidades da mesma ordem que, digamos, organismos vivos: o jogo entre relações internas e externas é muito diferente.

Notas da Parte *Três*

1. "The political challenge of relational space" [O desafio político do espaço relacional] foi o título de um simpósio Vega Day, que teve lugar em Estocolmo, em abril de 2003, e publicado em *Geografiska Annaler*, Series B, vol. 86B, nº 1, 2004.
2. "Hegemônico" porque não foi, de forma alguma, o único entendimento de espaço, e hegemônico apenas dentro dessa esfera. Havia outros igualmente poderosos entendimentos em outras esferas (tais como em relação à representação), alguns dos quais coexistem em contradição.
3. E não apenas "o social" no sentido de humano. Em estudos de síntese da geografia regional que, classicamente, definiram regiões delimitadas e depois relataram-nas dentro de uma seqüência, da geologia à política, esta noção de "espaço como já dividido e repartido" mapeou tudo desde a estrutura física até as práticas culturais. Natter e Jones (1993) referem-se a ela, de maneira pertinente, como "estratégia narrativa paradigmática da geografia regional" (p. 178). A prática continua hoje em noções de indigeneidade e estratégias de retenção geográfica em relação ao mundo orgânico não-humano (Whatmore, 1999).
4. O problema da reificação da escala é um assunto mais amplo, que não é tratado aqui (ver Amin, 2001).
5. Este não é um "agora" no sentido de uma coerência. De forma mais geral, não há implicação aqui de que a remoção da expressão temporal do espa-

ço removeria, *ipso facto,* noções de desigualdade, de "primitivo" etc. Lewin (1993, pp. 133-4) salienta que a noção de uma "cadeia de ser" de baixo para cima dentro do mundo orgânico não-humano está muito arraigada em nossa cultura. Originalmente, ele argumenta, esta não era uma história de desenvolvimento através do tempo. Apenas com Darwin ela realmente foi transformada em uma história, em vez de uma coexistência de diferença (desigual).

6. Certamente, é nesses termos — isto é, acerca da existência de outras temporalidades e estórias — que o debate contra a formulação dominante da modernidade é usualmente colocado. Assim, como foi visto no capítulo anterior, Althusser lutou para conceituar a possibilidade de uma pluralidade de tempos. A existência de tal pluralidade de trajetórias é precisamente uma das coisas que desagregam a possibilidade de um corte essencial (um "agora" coerente, sincrônico).
7. Esta era a narrativização que a antropologia estruturalista queria evitar.
8. "Alocronia" é o termo que Fabian usa para capturar a negação de coetaneidade.
9. Eu teria aqui uma restrição significativa, a de que, enquanto essa forma de estabelecer coetaneidade ou sujeitidade [*subjecthood*] poderia ter acontecido, ou pelo menos existido como um desafio reconhecido, *dentro* do Ocidente, certamente não foi obtido entre o Ocidente e a maior parte do mundo. Certamente, celebrações de hibridez e argumentos sobre o multiculturalismo dentro das metrópoles ocidentais têm, até certo ponto, tomado o lugar de ou substituído um mais antigo (e por si mesmo admitido como problemático) internacionalismo.
10. Mas Jameson (1991) também se refere à representação-como-espacialização (ver pp. 156-7, por exemplo, e a discussão subseqüente). Note, também, que Laclau apresentou "espaço físico", que não era, nesse sentido, nem um pouco espacial.
11 Os argumentos nos capítulos 6 e 8 são baseados em Massey, 1999c.
12. Dodgshon (1999) apontou algumas das contradições inerentes a algumas das terminologias mais utilizadas, mais particularmente a compressão tempo-espaço e a convergência tempo-espaço.
13. O argumento de Shields está muito ligado a uma visão de espaço como originalmente não estruturado (ver pp. 189-90). Neste ponto ele se baseia em Hegel, para quem "Diferenciação entra no puro espaço apenas como a negação da pureza original" (Shields, citando Derrida, 1970, sobre a "Filosofia da natureza", de Hegel), e em Deleuze e Guattari, estabelecendo uma relação entre espacialização e temporalização. Seria possível, no

entanto, nesse sentido, discordar seriamente da postulação, mesmo no nível conceitual, de um espaço originário liso.

14. Para versões bem diferentes a este respeito ver Chakrabarty, 2000, e Kraniauskas, 2001.
15. O argumento aqui é desenvolvido de forma mais completa em Massey, 2004. O agenciamento [*agency*] que *é* dado ao lugar em tais formulações é aquele que é o meio através do qual a diferenciação é produzida.

Notas da Parte *Quatro*

1. É o uso da palavra "mapa" que é importante aqui. Jameson (1991) realmente volta sempre ao "mapeamento", à cartografia, à natureza "real" do mapeamento, se mapas cognitivos são "realmente" mapas.
2. Ver John Keats, "On first looking into Chapman's *Homer*", linhas 11-13.
3. Rabasa também nota que "O emblema do geógrafo como Atlas representa a tarefa da cartografia como se movendo de uma totalidade global estável para outra, em que os detalhes são corrigidos". É assim que: "Como tal, o *Atlas* é um palimpsesto" (1993, p. 250, nota 21).
4. Esta era uma posição que subseqüentemente gerou um fascinante debate que dizia respeito à relação do "espaço em geral" com o espaço específico de um prédio, o papel dos arquitetos e a própria natureza do acaso. Por um lado, os prédios deviam deixar as pessoas livres tanto para encontros eventuais quanto para criar o que quisessem do espaço (essas duas coisas tendiam a ser anuladas — talvez por causa da dificuldade conceitual, nesse período, de realmente levar a sério o "acaso"? — ver abaixo e mais adiante neste capítulo). Por outro lado, havia claros padrões de comportamento que arquitetos poderiam estudar e habilitar. Ênfase em um ou outro foi um elemento presente em argumentos entre o mais anarquista Cobra e o *Team 10*. Como escreve Sadler: "O *Team 10* tinha razão em prestar atenção a 'padrões de associação', poderia ter argumentado um situacionista, mas era errado, então, congelar esses padrões em 'formas-lugares' fixos. As escolhas deixadas para os habitantes de uma estrutura *Team 10*, à medida que eles se apressavam a ocupar suas 'tocas', na verdade já tinham sido feitas pelos designers" (Sadler, 1998, p. 32). Era um conflito acerca do papel do arquiteto: "os situacionistas pedindo aos arquitetos para renunciar a suas visões dominantes ... *O Team 10* pedindo aos arquitetos para pressionar até que os verdadeiros fundamentos do hábitat tivessem sido descobertos" (p. 32). Mas foi também um conflito sobre a natureza e realidade do acaso e, especificamente, o acaso do espaço. Se o

Team 10 tivesse seguido seu caminho até o fim, poderia não ter restado o caráter do que não pode ser decidido. O próprio Van Eyck seguiu a rota do *Team 10* e o trabalho da antropologia estruturalista: "Se os 'padrões de associação' humanos fossem governados pela estrutura básica das relações primordiais, então também o seria o que o contém, a forma-lugar arquitetural" (Sadler, 1998, p. 171).

5. Estou resumindo apenas as linhas do argumento de Lechte mais relevantes para as preocupações aqui.
6. Pode ser argumentado que, enquanto a reconceitualização a longo prazo da física levava do exame dos processos determinísticos reversíveis ao reconhecimento dos estocásticos e irreversíveis, a mecânica quântica alcançou apenas um estágio intermediário nesta jornada. Isto inclui a probabilidade, mas não a irreversibilidade. Prigogine e Stengers (1984) desejam instigá-la a fazê-lo, mas outros — eles dizem — desejam recuperar a ortodoxia clássica. Ver também o argumento de Thrift (1999).
7. Para uma consideração mais completa sobre o espaço-tempo desse percurso, ver Massey, 2000c.
8. Como Rabasa salienta (1993, p. 44), De Certeau tem consciência de que essa abordagem tem uma história particular e que produz efeitos (De Certeau, 1988, pp. 211-2).
9. Esta citação continua: "Essa transformação em objeto permitiu a apropriação dos territórios" (p. 52). Aí eu já não o acompanharia mais. A apropriação também exigiu canhões, cavalos e outros suportes materiais. A análise de Rabasa parece permanecer dentro do discursivo (ver 1993, pp. 224-5, nota de rodapé 6).
10. É também um argumento que, muito construtivamente, desafia a formulação simplista de que haveria tendências atuais em relação a uma volta ao lugar e uma defesa do local são um produto apenas de uma reação aos processos invasivos e desorientadores da globalização.
11. O movimento da terminologia aqui é interessante: idéias de complexidade, teoria da complexidade, metáforas da complexidade. A instabilidade é indicativa da questão mais ampla que está sendo feita. Thrift "afirma que a teoria da complexidade é profundamente metafórica" (1999, p. 36).
12. O argumento aqui se refere tanto ao não-humano quanto ao humano. Como Sarah Whatmore salienta, "Esforços como os da Convenção das Nações Unidas sobre a Diversidade Biológica para fixar seu lugar no mundo enquanto 'espécies nativas' dentro de 'hábitats naturais' não são menos uma regulação política de vidas móveis do que a parafernália de passaportes e controles de fronteiras" (1999, p. 34). "Espaços atomísticos" também para a "natureza"?

13. Agradeço a Christine Marsland pelos persistentes questionamentos e longas conversações sobre tudo isso.
14. O termo é, evidentemente, problemático. Não apenas toda divisão entre social (significando humano) e natural é contestada e construída e (talvez) dúbia, mas — como me foi severamente dito por um cientista da Terra, enquanto eu tentava pensar nessa argumentação: "A paisagem da Europa tem sido totalmente artificial há mais de 4.000 anos" ; e há muita "natureza", também no interior da cidade. Este fato de uma natureza-cultura reforça meu argumento. A especificidade espaço-temporal de tais posições é marcante. Clark (2002) mostra, de maneira convincente, como a civilização e a urbanização da Europa "cresceram cada vez mais distantes do fluxo e volatilidade do mundo biofísico ... uma experiência quase que inversa caracterizou a periferia temperada, onde era difícil para qualquer pessoa se afastar dos 'fluxos de pastos, água, rebanhos' e outros elementos biomateriais" (pp. 116-7).
15. Sou grata pela ajuda em tudo isto a John Thornes (do King's College, em Londres), a Jim Rose (de Royal Holloway) e a Steve Drury e Nigel Harris, das Ciências da Terra da Open University. Ver também Windley, 1977.
16. "Camadas" [*layers*]. Em obras anteriores usei o termo "camadas", mas ele era persistentemente lido como uma "metáfora geológica" (ver o comentário em Massey, 1995c; um *postscripto* da segunda edição). Nessa leitura as camadas têm pouca temporalidade e ainda menos interação mútua — o que de maneira alguma era o que eu queria dizer. Minha crítica do "palimpsesto" repete alguns desses argumentos.
17. Dessa maneira, estar "bem aqui", "aqui e agora" *é* o encontro (digamos), em vez de o encontro "ter lugar" aqui e agora. Há reflexos aqui da co-conceituação de Heidegger de entidade e *placing* [produção do lugar]. Como Elden (2001) salienta, Heidegger chegou a discutir que devemos "aprender a reconhecer que coisas em si mesmas são lugares, e não apenas ocupam um lugar" (citado em Elden, p. 90). Este foi um aspecto da luta de Heidegger para conceber o espaço de um modo resolutamente não-cartesiano, para afastar-se de uma imaginação de espaço como extensão em que isso implica um geométrico externo. Foi uma famosa reconceituação integrante da "virada" na obra de Heidegger. Mas Elden argumenta que a "virada" incluía também uma segunda mudança, e isso parece mais problemático. O argumento de Elden aqui é o de que, tendo mudado de sua priorização inicial do tempo sobre o espaço, Heidegger primeiro opôs espaço e lugar, mas então mudou para reconceituar espaço *como* lugar. Na primeira formulação o espaço estava separado como a esfera da geometria abstrata da extensão, ao mesmo tempo oposta a lugar e rejeitada. No últi-

mo trabalho, o próprio espaço veio a ser pensado através de sua relação com lugar(es). Embora, a princípio, talvez, ela não precise, essa maneira de *placing* ["lugarizar"] o espaço tanto torna mais difícil imaginar o espaço como relacional (relações entre lugares distantes, o espaço de fluxos de Castells, os espaços atuais da globalização) como trabalha contra uma compreensão do lugar em si mesmo (*Ort*) como aberto, poroso, em movimento, um encontro de trajetórias.

18. De fato, uma das conceituações de lugar que são citadas exemplificando esse ponto é de minha própria autoria (Massey, 1991a, "Um sentido global de lugar"). Penso que aqui pode haver algum mal-entendido: de qualquer modo, pareceríamos estar de acordo com relação às multiplicidades disjuntivas do lugar.
19. Para uma exploração dessas linhas de indagação, ver Massey, Quintas e Wield, 1992.
20. No que diz respeito à "forma pura" da produção em massa dos tecnopolos no Reino Unido, ela foi explicitamente proibida. Sobre as divisões espaciais de trabalho, ver Massey, 1995c.
21. Para uma tentativa mais detalhada de espacializar a consideração de Noble, ver Massey, 1997b.
22. O plano alternativo dos trabalhadores do Lucas Aerospace usou idéias inovadoras, tanto de conhecimentos tácitos quanto de produtos alternativos (ver Wainwright e Elliott, 1982).

Notas da Parte *Cinco*

1. Meu agradecimento a Jana Häberlein por me levar até esta estória e conversar sobre suas complexidades.
2. E com que freqüência isto é verdade. O campanário ou torre, a lata de biscoitos e a fama de John Major em sua encarnação do que é a "inglesidade", celebra uma religião com caminhos até o West Bank. 'O pássaro nacional do Havaí, o ganso havaiano, ou *nene*... evoluiu de chegadas eventuais dos gansos canadenses..." (Williams, 2000, p. 39). E assim por diante.
3. Donald segue Laclau ao escrever sobre um "retorno", mas não há momento de origem. Há algo também na diferenciação entre presença objetiva e contingência que reflete a oposição imaginada entre espaço e tempo. A infusão de espaço com tempo, que também é parte do projeto de Donald (ver suas pp. 139 e segs., e 123), lembra também, constantemente, essa contingência.

4. Isto significa, naturalmente, contestar a velha associação entre comunidade e lugar – a freqüentemente aclamada "comunidade local". Trata-se de um termo que é tratado como uma evocação (poderia ser dito uma invocação) em muitos documentos políticos e de planejamento (neste sentido o [Partido] New Labour [trabalhista] Britânico é expert.
5. Esta linha de pensamento foi desenvolvida em Open University, 1999.
6. O que se segue é, inevitavelmente, um quadro muito tosco. Para alguns dos documentos cruciais no debate, ver Greater London Authority, 2001a, 2001b e 2002. A questão de como definir o caráter de Londres como "cidade mundial" foi um ponto central na discussão política – ver abaixo.
7. Um componente apenas; a alegação não é a de que seja a única causa. Os salários do setor público e a estratégia macroeconômica também contribuem. O mesmo vale para a imigração, que aumenta as fileiras dos pobres – em parte devido à atração de Londres como cidade mundial.
8. Essa discussão da política para Londres baseia-se em meu próprio envolvimento no processo (ver, por exemplo, Massey, 2001b). Em uma sessão, quando eu coloquei para os representantes do New Labour que eles teriam de escolher entre a City e os pobres, eles, simplesmente, rejeitaram a idéia. Esta é a "política sem adversários" discutida por Chantal Mouffe (1998). Ver também os documentos citados na nota 6. O Scrutiny Document (Greater London Authority, 2002) é excepcional ao tentar entender essa questão.
9. Uma parte desta história foi documentada muito mais detalhadamente em Massey, 1992b.
10. De modo algum, entretanto, todos os ressentimentos nesse período estavam ligados a questões étnicas. Holtam e Mayo (1998) relembram o sistema de alocação de casas em Timber Wharves gerando ressentimento entre as pessoas na ativa que não conseguiam pagar os aluguéis, mas que viam outras, "afastadas", sendo capazes de se mudar para lá.
11. Nick Jeffrey (1999) escreveu sobre a igualmente grave situação no sul de Londres.
12. Há várias coisas neste argumento que poderiam causar desconfiança – algumas delas são discutidas mais adiante neste capítulo.
13. Não é possível fazer justiça aqui à complexidade dessa política nem à sua evolução no tempo. Para uma indicação a esse respeito ver Bové e Dufour, 2001, inclusive os "10 princípios" estabelecidos no Apêndice 2.
14. Há, naturalmente, outra questão aqui: que a rejeição da influência dos EUA poderia derivar do "esnobismo alimentar francês". Naomi Klein, em sua Introdução a Bové e Dufour, também rejeita esta perspectiva, e os pró-

prios protestos são limitados, pelo menos em seus objetivos explícitos, a questões como saúde, qualidade e diversidade.

15. Robin Cook fez esta afirmação que se tornou famosa.
16. As reconhecidas raízes de Bové dentro da esquerda vão de Bakunin às experiências da Federação do Jura. Há, também, uma relação com as formulações de Hardt e Negri (2001) (o uso do termo "multidão", por exemplo). No entanto, na política fundamentada de Bové e Dufour há uma clara consciência de e uma atenção à existência de diferentes clientelas políticas, diferentes lutas, à necessidade de negociação entre elas e às dificuldades práticas de realizá-la.
17. Apesar da permanente tendência de seus escritos em favorecer o liso no lugar do estriado.
18. Donald, aqui, está trabalhando com a distinção "entre a *singularidade* obstinada do lar para ele [Williams] (ou para mim ou para você) em oposição à *idéia* de comunidade" (p. 151). É uma distinção que me deixa cautelosa, especialmente em suas asserções/imposições universalizantes (que "nós" estamos todos almejando algum Lar autocorrespondente) e, é claro, na visão da mordaz crítica feminista. Porém, a questão mais ampla que ele está propondo permanece muito útil.
19. A pesquisa foi custeada pela ESRC, subvenção nº R000233004: "Crescimento de alto status? Aspectos do lar e do trabalho em setores de alta tecnologia", e foi feita pela Open University como parte de um mais amplo "South East programme" (ver Allen, Massey e Cochrane, 1998) e com Nick Henry, agora no Curds, na Universidade de Newcastle. Mais detalhes do trabalho podem ser encontrados em Henry e Massey, 1995b.
20. Em poucas palavras, os agrupamentos de eixos em torno dos quais essa dominância parecia estar construída reuniam-se ao redor do seguinte: (i) a força da relação dos salários e do mercado; (ii) o status da Mente/Ciência/Razão em relação ao corpo, o lar e o cotidiano; (iii) gênero como influente e reproduzido tanto através da "masculinidade" do laboratório e da "feminilidade" do lar quanto das permanentes relações cotidianas desiguais entre os gêneros já-estabelecidas dentro do lar.
21. O trabalho de Dave Featherstone (2001) oferece uma exemplificação detalhada dessa crítica e da alternativa. Ele contrasta o uso da noção de particularismo militante de Harvey (1996) com suas próprias análises de uma variedade de lutas locais, mostrando como cada uma delas estava continuamente desenvolvendo produtos de relações mais amplas através das quais suas identidades políticas eram moldadas.

22. Essa geografia do afeto nos moldes do encaixe de uma boneca russa está mais intimamente relacionada com a preocupação com a escala (i.e., o tamanho do *território*) do que com um reconhecimento da interconectividade, que é uma corrente significativa dentro da geografia (ver, para uma excelente crítica, Amin, 2001, e também Sheppard, 2002). Robbins (1990) fornece um esperançoso engajamento com as possibilidades de seguir para além do Estado-nação.
23. Grossberg agradece a Carol Stabile por ter-lhe mostrado isso.
24. Isto também, obviamente, está colocado dentro de uma literatura mais ampla. Ver, para uma consideração dessa tendência, Watson (1998), que se baseia em recentes desdobramentos de Bergson. Evitar o individualismo é um resultado esperado a partir do desenvolvimento de Spinoza, enquanto evitar o organicismo talvez o seja menos, dada a ênfase de algumas interpretações no holismo.

bibliografia

Adam, B. 1990. *Time and social theory*. Cambridge: Polity Press.

Allen, J. 2003. *Lost geographies of power*. Oxford: Blackwell.

Allen, J. e Pryke, M. 1994. "The production of service space". *Environment and Planning D: Society and Space*, vol. 12, pp. 453-75.

Allen, J., Massey, D. e Cochrane, A. 1998. *Rethinking the region*. Londres: Routledge.

Althusser, L. 1970. "The object of capital", in: L. Althusser e E. Balibar (org.), *Reading Capital*. Londres: New Left Books, pp. 71-198.

Amin, A. 2001. "Globalisation: geographical aspects", in: N. Smelser e P. B. Baltes (org.), *International encyclopaedia of the social and behavioural sciences*, vol. 9. Amsterdã: Elsevier Science, pp. 6.271-7.

_________. 2002. "Ethnicity and the multicultural city: living with diversity". *Environment and Planning A*, vol. 34, n. 6, pp. 959-80.

_________. 2004. "Regions unbound: towards a new politics of place". *Geografiska Annaler*, Ser. B, vol. 86B, n. 1, pp. 33-44.

Amin, A., Massey, D. e Thrift, N. 2000. *Cities for the many not the few*. Bristol: Policy Press.

_________. 2003. *Decentering the nation: a radical approach to regional inequality*. Londres: Catalyst.

Appadurai, A. (org.) 2001. *Globalization*. Durham, NC, e Londres: Duke University Press.

Architectural Design. 1988. Deconstruction in architecture, vol. 15, n. 3/4.

Balibar, E. 1997. "Spinoza: from individuality to transindividuality". *Mededelingen vanwege het Spinozahuis*. Delft: Eburon.

Bammer, A. 1992. *Displacements: cultural identities in question*. Bloomington e Indianápolis: Indiana University Press.

Barnett, C. 1999. "Deconstructing context: exposing Derrida". *Transactions of the Institute of British Geographers*, vol. 24, n. 3, pp. 277-93.

Baudrillard, J. 1988. *America*. Londres: Verso.

Bauman, Z. 1993. *Postmodern ethics*. Oxford: Blackwell.

_________. 2000. "Time and space reunited". *Time and Society*, vol. 9, n. 2/3, pp. 171-85.

Benhabib, S. 1992. *Situating the self: gender, community and postmodernism in contemporary ethics*. Cambridge: Polity Press.

Benjamin, A. 1999. *Architectural philosophy*. Londres: Athlone Press.

Berger, J. 1974. *The look of things*. Nova York: Viking.

Bergson, H. 1910. *Time and free will*. Muirhead Library of philosophy (tradução autorizada por F.L. Pogson). Londres: George Allen and Unwin.

________. 1911. *Matter and memory* (trad. N.M. Paul e W.S. Palmer). Londres: George Allen and Unwin.

________. 1911/1975. *Creative evolution* (trad. A. Mitchell). Westport, CT: Greenwood Press.

________. 1959. *Oeuvres*. Paris: Presses Universitaires de France (traduções citadas provêm de Prigogine, 1997).

Berthon, S. e Robinson, A. 1991. *The shape of the world*. Londres: George Philip/ Granada TV.

Bhabha, H. 1994. *The location of culture*. Londres: Routledge.

Bingham, N. 1996. "Object-ions: from technological determinism towards geographies of relations". *Environment and Planning D: Society and Space*, vol. 14, pp. 635-57.

Bloch, E. 1932/1962. "Ungleichzeitigkeit und Pflicht zu ihrer Dialektik", in *Erbschaft dieser Zeit*. Frankfurt: Suhrkamp.

Boardman, J. 1996. *Classic landforms of the Lake District*. The Geographical Association in conjunction with the British Geomorphological Research Group.

Bohm, D. 1998. *On creativity* (org. L. Nichol). Londres: Routledge.

Bondi, L. 1990. "Feminism, postmodernism and geography: space for women?" *Antipode*, vol. 22, pp. 156-67.

Borges, J.L. 1970. "The Argentine writer and tradition", in: *Labyrinths*. Londres: Penguin, pp. 211-20.

Boundas, C.V. 1996. "Deleuze-Bergson: an ontology of the virtual", in: P. Patton (org.), *Deleuze: a critical reader*. Oxford: Blackwell, pp. 80-106.

Bové, J. e Dufour, F. 2001. *The world is not for sale: farmers against junk food* (Bové e Dufour entrevistados por Gilles Luneau, traduzido por Anna de Casparis). Londres: Verso.

Bridge, G. 2000. "Rationality, ethics, and space: on situated universalism and the self-interested acknowledgement of 'difference'". *Environment and Planning D: Society and Space*, vol. 18, pp. 519-35.

Brown, P. 1989. *The body and society: men, women and sexual renunciation in early Christianity*. Londres: Faber and Faber (inicialmente publicado em 1998, pela Columbia University Press, Nova York).

Callon, M. 1986. "Some elements of a sociology of translation: domestication of the scallops and the fisherman of St. Brieuc bay", in: J. Law (org.), *Power, action and belief: a new sociology of knowledge*. Londres: Routledge, pp. 196-232.

Campbell, B. 1993. *Goliath: Britain's dangerous places*. Londres: Methuen.

Carnap, R. 1937. *The logical syntax of language*. Londres: Routledge e Kegan Paul.

Carter, E., Donald, J. e Squires, J. 1993. *Space and place: theories of identity and location*. Londres: Lawrence and Wishart.

Casey, E. 1996. "How to get from space to place in a fairly short stretch of time", in: S. Field e K. Baso (org.). *Senses of place*. Santa Fé: School of American Research, pp. 14-51.

Castells, M. 1996. The rise of the network society. Oxford: Blackwell.

Cavarero, A. 1995. *In spite of Plato: a feminist rewriting of ancient philosophy*. Cambridge: Polity Press.

Chakrabarty, D. 2000. *Provincializing Europe: postcolonial thought and historical difference*. Princeton, NJ, e Oxford: Princeton University Press.

Cheah, P. 1998. "Given culture: rethinking cosmopolitical freedom in transnationalism", in: P. Cheah e B. Robbins (org.). *Cosmopolitics: thinking and feeling beyond the nation*. Minneapolis e Londres: University of Minnesota Press, pp. 290-328.

Clark, N. 2002. "The demon-seed: bioinvasion as the unsettling of environmental cosmopolitanism". *Theory, Culture and Society*, vol. 19, n. 1-2, pp. 102-25.

Cockburn, C. 1998. *The space between us: negotiating gender and national identities in conflict*. Londres: Zed Books.

Cohen, S. 2001. *States of denial: knowing about atrocities and suffering*. Cambridge: Polity Press.

Comedia. 1995. *Park life: urban parks and social renewal*. Londres: Comedia.

Corbridge, S. 1993. "Marxisms, modernities, and moralities: development praxis and the claims of distant strangers", *Environment and Planning D: Society and Space*, vol. 11, pp. 449-72.

_________. 1998. "Development ethics: distance, difference, plausibility". *Ethics, Place, Environment*, vol. 1, n. 1, pp. 35-53.

Davis, M. 2000. *Ecology of fear: Los Angeles and the imagination of disaster*. Londres: Picador.

De Certeau, M. 1984. *The practice of everyday life*. Berkeley, CA: University of California Press.

_________. 1988. *The writing of history* (trad. T. Conley). Nova York: Columbia University Press. (Publicado originalmente em 1975 como *L'écriture de l'histoire*. Paris: Gallimard.)

De Léry, J. 1578. *Histoire d'un voyage faict en la terre du Brésil.*

Debord, G. 1956/1981. "Theory of the dérive", in: K. Knabb (org. e trad.), *Situationist International Anthology.* Berkeley, CA: Bureau of Public Secrets, pp. 50-4.

DeLanda, M. 2002. *Intensive science and virtual philosophy.* Londres: Continuum.

Deleuze, G. 1977. "I have nothing to admit" (trad. J. Forman), *Semiotext(e), Anti-Oedipus*, vol. 2, n. 3, pp. 111-16.

________. 1988. *Bergsonism* (trad. H. Tomlinson e Barbara Habberjam). Nova York: Zone Books.

________. 1953/1991. *Empiricism and subjectivity* (trad. C.V. Boundas). Nova York: Columbia University Press.

________. 1995. *Negotiations: Interviews 1972-1990.* Nova York: Columbia University Press (a entrevista original aqui citada foi publicada no *Libération*, 23 de outubro de 1980).

Deleuze, G. e Guattari, F. 1988. *A thousand plateaus.* Londres: Athlone Press.

Deleuze, G. e Parnet, C. 1987. *Dialogues* (trad. H. Tomlinson e B. Habberjam). Londres: Athlone Press.

Derrida, J. 1970. "'Ousia and Gramme': a note to a footnote in *Being and Time*", in: *Phenomenology in perspective* (trad. E.S. Casey, org. F.J. Smith). Dordrecht: Martinus Nijhoff.

________. 1972/1987. *Positions* (trad. A. Bass). Londres: Athlone Press.

________. 1994. "The spatial arts: an interview with Jacques Derrida" (P. Brunette, D. Wills), in: P. Brunette e D. Wills (orgs). *Deconstruction and the visual arts: art, media, architecture.* Cambridge: Cambridge University Press, pp. 9-32.

________. 1995. *Points ... Interviews, 1974-1994* (org. E. Webber, trad. P. Kamuf e outros). Stanford, CA: Stanford University Press.

________. 1996. "Remarks on deconstruction and pragmatism", in: C. Mouffe (org.), *Deconstruction and pragmatism.* Londres: Routledge, pp. 77-88.

________. 1997. *Politics of friendship.* Londres: Verso.

________. 2001. *On cosmopolitanism and forgiveness.* Londres: Routledge.

Deutsche, R. 1996. "Agoraphobia", in: *Evictions: art and spatial politics.* Cambridge, MA: MIT Press.

Dirlik, A. 1988. "Globalism and the politics of place", *Development*, vol. 41, n. 2, pp. 7-13.

________. 2001. "Place-based imagination: globalism and the politics of place", in: R. Prazniak e A. Dirlik (org.), *Places and politics in an age of globalization.* Lanham, MA: Rowman e Littlefield, pp. 15-51.

Dodge, M. e Kitchin, R. 2001. *Mapping cyberspace.* Londres: Routledge.

Dodgshon, R. 1999. "Human geography at the end of time? Some thoughts on the notion of time-space compression", *Environment and Planning D: Society and Space*, vol. 17, pp. 607-20.

Doel, M. 1999. *Poststructuralist geographies: the diabolic art of spatial science.* Edimburgo: Edinburgh University Press.

Donald, J. 1999. *Imagining the modern city*. Londres: Athlone Press.

Elden, S. 2001. *Mapping the present: Heidegger, Foucault and the project of a spatial history*. Londres: Continuum.

Elphick, J. (org.) 1995. *Collins atlas of bird migration*. Londres: HarperCollins.

Escobar, A. 2001. "Culture sits in places: reflections on globalism and subaltern strategies of localization", *Political Geography*, vol. 20, pp. 139-74.

Fabian, J. 1983. *Time and the Other: how anthropology makes its object*. Nova York: Columbia University Press.

Featherstone, D. 2001. "Spatiality, political identities and the environmentalism of the poor", Tese de Doutorado (PhD). Milton Keynes: The Open University.

Featherstone, M., Lash, S. e Robertson, R. (orgs.) 1994. *Global modernities.* Londres: Sage.

Ferrier, E. 1990. "Mapping power: cartography and contemporary cultural theory", *Antithesis*, vol. 4, n. 1, pp. 35-49.

Foucault, M. 1980. "Questions on geography". In: C. Gordon (org.). *Power/knowledge: selected interviews, 1972-1977*. Londres: Harvester Wheatsheaf, pp. 63-77.

Frodeman, R. 1995. "Geological reasoning: geology as an interpretive and historical science", *Bulletin of the Geological Society of America*, vol. 107, n. 8, pp. 960-8.

Galleano, E. 1973. *Open veins of Latin America*. Nova York: Monthly Review Press. (Publicado originalmente em 1971 como *Las venas abiertas de América Latina*. Cidade do México: Siglo XXI Editores.)

Gatens, M. e Lloyd, G. 1999. *Collective imagining: Spinoza, past and present.* Londres: Routledge.

Gates, B. 1995. *The road ahead*. Nova York: Viking.

Geras, N. 1998. *The contract of mutual indifference: political philosophy after the holocaust*. Londres: Verso.

Gibson-Graham, J.-K. 1996. *The end of capitalism (as we knew it)*. Oxford: Blackwell.

_________. 2002. "Beyond global vs. local: economic politics outside the binary frame", in: A. Herod e M.W. Wright (orgs.). *Geographies of power: placing scale*. Oxford: Blackwell, pp. 25-60.

Giddens, A. 1984. *The constitution of society*. Londres: Harper and Row.

_________. 1990. *The consequences of modernity*. Cambridge: Polity Press.

Gilroy, P. 1997. "Diaspora and the detours of identity", in: K. Woodward (org.), *Identity and difference*. Londres: Sage, pp. 299-346.

Glancey, J. 1996. "Exit from the city of destruction", *The Independent*, 23 de maio, p. 20.

Glancey, J. e Brandolini, S. 1999. "Aldo van Eyck: the urban space man", *The Guardian*, 28 de janeiro, p. 16.

Gleick, J. 1988. *Chaos*. Londres: Abacus.

Goodchild, P. 1996. *Deleuze and Guattari: an introduction to the politics of desire.* Londres: Sage.

Graham, S. 1998. "The end of geography or the explosion of place? Conceptualising space, place and information technology", *Progress in Human Geography*, vol. 22, n. 2, pp. 165-85.

Greater London Authority (2001a). *Towards the London Plan: initial proposals for the Mayor's Spatial Development Strategy*. Londres: GLA.

_________. 2001b. *Economic Development Strategy*. Londres: GLA.

_________. 2002. *Spatial development strategy investigative committee: towards the London Plan, Final Report*. Londres: GLA.

Gross, D. 1981-2. "Space, time and modern culture", *Telos*, vol. 50, pp. 59-78.

Grossberg, L. 1996. "The space of culture, the power of space", in: I. Chambers e L. Curti (orgs.). *The post-colonial question*. Londres: Routledge, pp. 169-88.

Grosz, E. 1995. *Space, time, and perversion: essays on the politics of bodies.* Nova York e Londres: Routledge.

_________. 2001. "The future of space: toward an architecture of invention", in: *Olafur Eliasson: surroundings surrounded: essays on space and science* (org. P. Weibel). Karlsruhe: ZKM Center for Art and Media, e Cambridge, MA: MIT Press, pp. 252-68.

Guattari, F. 1989/2000. *The three ecologies* (trad. I. Pindar e P. Sutton). Londres; New Brunswick, NJ: Athlone Press. (Publicado originalmente como *Les trois écologies* em 1989, pela Editions Galillée, Paris.)

Gupta, A. e Ferguson, J. 1992. "Beyond 'culture': space, identity, and the politics of difference", *Cultural Anthropology*, vol. 7, pp. 6-23.

Hacking, I. 1990. *The taming of chance.* Cambridge: Cambridge University Press.

Hall, S. 1990. "Cultural identity and diaspora", in: J. Rutherford (org.), *Identity: community, culture, difference.* Londres: Lawrence and Wishart, pp. 222-37.

_________. 1992. "The question of cultural identity", in: S. Hall, D. Held e A. McGrew (orgs), *Modernity and its futures*. Cambridge e Milton Keynes: Polity Press em associação com a Open University, pp. 273-325.

_________. 1996. "When was the 'post-colonial'? Thinking at the limit", in I. Chambers e L. Curti (orgs.), *The post-colonial question*. Londres: Routledge, pp. 242-60.

Haraway, D. 1991. *Simians, cyborgs, and women*. Londres: Free Association Books.

Harcourt, W. 2002. "Place politics and justice: women negotiating globalization", *Development*, Special Issue, vol. 45, n. 1.

Hardt, M. e Negri, A. 2001. *Empire*. Cambridge, MA: Harvard University Press.

Harley, J.B. 1988. "Maps, knowledge, and power", in: D. Cosgrove e S. Daniels (orgs.), *The iconography of landscape: essays on the symbolic representation, design and use of past environments*. Cambridge: Cambridge University Press, pp. 277-312.

________. 1990. *Maps and the Columbian encounter*. Milwaukee, WI: University of Wisconsin.

________. 1992. "Deconstructing the map", in: T. Barnes e J. Duncan (orgs.). *Writing worlds: discourse, text and metaphor in the representation of language*. Londres: Routledge, pp. 231-47.

Harvey, D. 1993. "Class relations, social justice and the politics of difference", in: J. Squires (org.), *Principled positions: postmodernism and the rediscovery of value*. Londres: Lawrence and Wishart, pp. 85-120.

________. 1996. *Justice, nature and the geography of difference*. Oxford: Blackwell.

Haver, W. 1997. "Queer research; or, how to practise invention to the brink of intelligibility", in: S. Golding (org.). *The eight technologies of otherness*. Londres: Routledge, pp. 277-92.

Hayden, P. 1998. *Multiplicity and becoming: the pluralist empiricism of Gilles Deleuze*. Nova York: Peter Lang.

Hayles, N.K. 1990. *Chaos bound: orderly disorder in contemporary literature and science*. Ithaca, NY: Cornell University Press.

________. 1999. *How we became posthuman: virtual bodies in cybernetics, literature, and informatics*. Chicago e Londres: University of Chicago Press.

Henry, N. e Massey, D. 1995. "Competitive times in high tech", *Geoforum*, vol. 26, n. 1, pp. 49-64.

Hirst, P. e Thompson, G. 1996a. *Globalisation in question*. Cambridge: Polity Press.

________. 1996b. "Globalisation: ten frequently asked questions and some surprising answers", *Soundings: a journal of politics and culture*, n. 4, pp. 47-66.

Holtam, N. e Mayo, S. 1998. *Learning from the conflict: reflections on the struggle against the British National Party on the Isle of Dogs, 1993-4*. Londres: Jubilee Group.

Huggan, G. 1989. "Decolonizing the map: post-colonialism, post-structuralism and the cartographic connection", *Ariel*, vol. 20, n. 4, pp. 115-31.

Ingold, T. 1993. "The temporality of landscape", *World Archaeology*, vol. 35, pp. 152-74.

________. 1995. "Building, dwelling, living", in: M. Strathern (org.). *Shifting contexts: transformations in anthropological knowledge*. Londres: Routledge, pp. 57-80.

Irigaray, L. 1993. *The ethics of sexual difference*. Nova York: Cornell. (Publicado originalmente em 1984 como *Ethique de la différence sexuelle*. Paris: Minuit.)

Jacobs, J. 1961. *The death and life of great American cities*. Harmondsworth: Penguin.

Jakobson, R. 1985. *Selected writings — VI: Early Slavic paths and crossroads* (org. Stephen Rudy). Paris: Mouton.

James, C.I.R. 1938. *The black Jacobins*. Londres: Allison and Busby.

Jameson, F. 1991. *Postmodernism, or, the cultural logic of late capitalism*. Londres: Verso.

Jardine, A. 1985. *Gynesis: configurations of woman and modernity*. Ithaca, NY: Cornell University Press.

Jeffrey, N. 1990. "The sharp edge of Stephen's city", *Soundings: a journal of politics and culture*, n. 12, pp. 26-42.

Jencks, C. 1973. *Modern movements in architecture*. Harmondsworth: Penguin.

Kamuf, P. (org.) 1991. *A Derrida reader: between the blinds*. Nova York: Columbia University Press.

Kaplan, C. 1996. *Questions of travel: postmodern discourses of displacement*. Durham, NC, e Londres: Duke University Press.

Katz, C. 1996. "Towards minor theory", *Environment and Planning D: Society and Space*, vol. 14, pp. 487-99.

Kern, S. 1983. *The culture of time and space, 1880-1918*. Cambridge, MA: Harvard University Press.

King, A. 1995. "The Times and Spaces of modernity (or who needs postmodernism?)", in: M. Featherstone, S. Lash e R. Robertson (orgs.), *Global modernities*. Londres: Sage, pp. 108-23.

________. 2000. "Postcolonialism, representation and the city", in: S. Watson e G. Bridge (orgs.). *A companion to the city*. Oxford: Blackwell, pp. 260-9.

Kitchin, R.M. 1998. "Towards geographies of cyberspace", *Progress in Human Geography*, vol. 22, n. 3, pp. 385-406.

Kraniauskas, J. 2001. "What will be: review of Chakrabarty, 2000, and Harootunian, 2000", *Radical Philosophy*, n. 107, pp. 43-5.

Kroeber, K. 1994. *Ecological literary criticism: romantic imagining and the biology of mind*. Nova York: Columbia University Press.

Laclau, E. 1990. *New reflections on the revolution of our time*. Londres: Verso.

Laclau, E. e Mouffe, C. 2001. *Hegemony and socialist strategy*, 2ª ed. Londres: Verso. (Publicado originalmente em 1985; as referências de página são da edição de 2001.)

Lapham, L. 1998. *The agony of mammon: the imperial global economy explains itself to the membership in Davos, Switzerland*. Londres: Verso.

Latour, B. 1993. *We have never been modern* (trad. C. Porter). Londres: Harvester Wheatsheaf. (Publicado originalmente em 1991 como *Nous n'avons jamais été modernes*. Paris: Editions La Découverte; referências de página da edição de 1993.)

________. 1999a. "*Ein Ding ist ein Thing* — a philosophical platform for a left (European) party", *Soundings: a journal of politics and culture*, n. 12, Verão, pp. 12-25.

________. 1999b. *Pandora's hope: essays on the reality of science studies*. Cambridge, MA, e Londres: Harvard University Press.

________. 2004. *Politics of nature: how to bring the sciences into democracy* (trad. C. Porter). Cambridge, MA: Harvard University Press.

Lechte, J. 1994. *Fifty key contemporary thinkers: from structuralism to postmodernity*. Londres: Routledge.

________. 1995. "(Not) belonging in postmodern space", in: S. Watson e K. Gibson (orgs.), *Postmodern cities and spaces*. Oxford: Blackwell, pp. 99-111.

Leech, K. 2001. *Through our long exile: contextual theology and the urban experience*. Londres: Darton, Longman and Todd.

Lefebvre, H. 1991. *The production of space* (trad. D. Nicholson-Smith). Oxford: Blackwell.

Lester, A. 2002. "Obtaining the 'due observance of justice': the geographies of colonial humanitarianism", *Environment and Planning D: Society and Space*, vol. 20, pp. 277-93.

Levin, Y. 1989. "Dismantling the spectacle: the cinema of Guy Debord", in: E. Sussman (org.). *On the passage of a few people through a rather brief moment in time: the Situationist International 1957-1972*. Cambridge, MA: MIT Press, pp. 72-123.

Lévi-Strauss, C. 1972 (1945). "Structural analysis in linguistics and anthropology", in: *Structural Anthropology* (trad. Claire Jacobson e Brooke Grundfest Schoepf). Harmondsworth: Penguin, pp. 31-54.

________. 1972 (1956) "Do dual organizations exist?", in: *Structural Anthropology* (trad. Claire Jacobson e Brooke Grundfest Schoepf). Harmondsworth: Penguin, pp. 132-63.

Lewin, R. 1993. *Complexity: life at the edge of chaos*. Londres: J.M. Dent.

Little, P. 1998. "Globalization and the struggles over places in the Amazon", *Development*, vol. 41, n. 2, pp. 70-5.

Lloyd, G. 1996. *Spinoza and the Ethics.* Londres: Routledge.

Low, M. 1997. "Representation unbound: globalization and democracy", in: K. Cox (org.), *Spaces of globalization: reasserting the power of the local.* Londres: Guilford Press, pp. 240-80.

Low, M. e Barnett, C. 2000. "After globalisation", *Environment and Planning D: Society and Space*, vol. 18, pp. 53-61.

Lyotard, J.-F. 1989. "The sublime and the avant-garde", in: A. Benjamin (org.), *The Lyotard reader.* Oxford: Blackwell, pp. 196-211.

MacEwan, A. 1999. *Neoliberalism or Democracy? Economic strategy, markets, and alternatives for the 21st century.* Londres: Zed Books.

Macpherson, J.G. 1901. "Geology", in: *A history of Cumberland, vol. 1* (org. J. Wilson) (In: *The Victoria History of the Counties of England*, org. por H. Arthur Doubleday.) Westminster: Archibald Constable and Company.

Massey, D. 1991a. "A global sense of place", *Marxism Today*, junho, pp. 24-9. (Reeditado em Massey, D., 1994. *Space, place and gender.* Cambridge: Polity Press, pp. 146-56.)

________. 1991b. "The political place of locality studies", *Environment and Planning A*, vol. 23, pp. 267-81. (Reeditado em Massey, D. (1994) *Space, place and gender*, Cambridge: Polity Press, pp. 157-73.)

________. 1991c. "Flexible sexism", *Environment and Planning D: Society and Space*, vol. 9, pp. 31-57. (Reeditado em Massey, D. (1994) *Space, place and gender.* Cambrigde: Polity Press, pp. 212-48.)

________. 1992a. "Politics and space-time", *New Left Review*, n. 196, pp. 65-84.

________. 1992b. "Double articulation: a place in the world", in: A. Bammer (org.), *Displacements: cultural identities in question.* Bloomington e Indianapolis: Indiana University Press, pp. 110-21.

________. 1995a. "Thinking radical democracy spatially", *Environment and Planning D: Society and Space*, vol. 13, pp. 283-8.

________. 1995b. "Masculinity, dualisms and hight technology", *Transactions of the Institute of British Geographers*, vol. 20, pp. 487-99.

________. 1995c. *Spatial divisions of labour: social structures and the geography of production.* 2ª ed. Basingstoke: Macmillan. 1ª ed. de 1984.

________. 1996a. "Politicising space and place", *Scottish Geographical Magazine*, vol. 112, n. 2, pp. 117-23.

________. 1996b. "Space/power, identity/difference: tensions in the city", in: A. Merrifield e E. Swyngedouw (orgs.). *The urbanization of injustice.* Londres: Lawrence and Wishart, pp. 100-16.

________. 1997a. "Spatial disruptions", in: S. Golding (org.), *The eight technologies of otherness*. Londres: Routledge, pp. 218-25.

________. 1997b. "Economic: non-economic", in: R. Lee e J. Wills (orgs.). *Geographies of economics*. Londres: Edward Arnold, pp. 27-36.

________. 1999a. "Space-time, 'science' and the relationship between physical geography and human geography", *Transactions of the Institute of British Geographers*, vol. 24, pp. 261-76.

________. 1999b. "Negotiating disciplinary boundaries", *Current Sociology*, vol. 47, n. 4, pp. 5-12.

________. 1999c. "Imagining globalisation: power-geometries of time-space", in: A. Brah, M. Hickman e M. Mac an Ghaill (orgs.). *Future worlds: migration, environment and globalization*. Basingstoke: Macmillan, pp. 27-44.

________. 2000a. "The geography of power", in: B. Gunnell e D. Timms (orgs.). *After Seattle: globalisation and its discontents*. Londres: Catalyst.

________. 2000b. "The geography of power", *Red Pepper*, julho, pp. 18-21.

________. 2000c. "Travelling thoughts", in: P. Gilroy, L. Grossberg e A. McRobbie (orgs.). *Without guarantees: in honour of Stuart Hall*. Londres: Lawrence and Wishart, pp. 195-215.

________. 2001a. "Living in Wythenshawe", in: I. Borden, J. Kerr, J. Rendell e A. Pivaro (orgs.). *The unknown city: contesting architecture and social space*. Cambridge, MA: MIT Press, pp. 458-75.

________. 2001b. "Opportunities for a world city: reflections on the draft economic development and regeneration strategy for London", *City*, vol. 5, n. 1, pp. 101-5.

________. 2004. "Geographies of responsability", *Geografiska Annaler*, Ser B, vol. 86B, n. 1, pp. 5-18.

Massey, D., Quintas, P. e Wield, D. 1992. *High-tech fantasies*. Londres: Routledge.

Massumi, B. 1988. "Translator's Foreward" to G. Deleuze and F. Guattari, *A thousand plateaus*. Londres: Athlone Press, pp. ix-xv.

________. 1992. *A user's guide to capitalism and schizophrenia: deviations from Deleuze and Guattari*. Cambridge, MA: MIT Press.

Mazis, G.A. 1990. "Chaos theory and Merleau-Ponty's ontology", in: D. Olkowski e J. Morley (orgs.). *Merleau-Ponty: interiority and exteriority, psychic life and the world*. Albany, NY: State University of New York, pp. 219-41.

McClintock, A. 1995. *Imperial leather: race, gender and sexuality in the colonial contest*. Londres: Routledge.

McDowell, L. 1997. *Capital culture: gender at work in the City*. Oxford: Blackwell.

Merleau-Ponty, M. 1962. *Phenomenology of perception* (trad. Colin Smith). Nova York: Humanities.

Miller, C.L. 1993. "The postidentitarian predicament in the footnotes of *A thousand plateaus:* nomadology, anthropology, and authority", *Diacritics*, vol. 23, n. 3, pp. 6-35.

Mitchell, W. 1995. *City of bits: space, place and the infobahn.* Cambridge, MA: MIT Press.

Moore, S. 1988. "Getting a bit of the other — the pimps of postmodernism", in: R. Chapman e J. Rutherford (orgs.). *Male order: unwrapping masculinity.* Londres: Lawrence and Wishart, pp. 165-92.

Morris, M. 1992a. "Great moments in social climbing: King Kong and the human fly", in: B. Colomina (org.). *Sexuality and space.* Nova York: Princeton Papers on Architecture, Princenton Architectural Press, pp. 1-51.

________. 1992b. *Ecstasy and economics: American essays for John Forbes.* Sidney: EMPress.

Mouffe, C. 1991. "Citizenship and political community", in: Miami Theory Collective (orgs.). *Community at loose ends.* Minneapolis: University of Minnesota Press.

________. 1993. *The return of the political.* Londres: Verso.

________. 1995. "Post-Marxism: democracy and identity", *Environment and Planning D: Society and Space*, vol. 13, pp. 259-65.

________. 1998. "The radical centre: a politics without adversary", *Soundings: a journal of politics and culture*, n. 9, verão, pp. 11-23.

Nancy, J.-L. 1991. *The inoperative community.* Minneapolis: University of Minnesota Press.

Nash, C. 2002. "Genealogical identities", *Environment and Planning D: Society and Space*, vol. 20, pp. 27-52.

Natter, W. e Jones, J.-P. 1993. "Signposts towards a post-structuralist geography", in: J.P. Jones, W. Natter e T.R. Schatzky (orgs). *Postmodern contentions: epochs, politics, space.* Nova York: Guilford Press, pp. 165-203.

Negroponte, N. 1995. *Being digital.* Londres: Hodder and Stoughton.

Noble, D.F. 1992. *A world without women: the Christian clerical culture of Western science.* Oxford: Oxford University Press.

Nussbaum, C. 1996. *For love of country: debating the limits of patriotism* (org. J. Cohen). Boston, MA: Beacon Press.

Oakes, T.S. 1993. "Ethnic tourism and place identity in China", *Environment and Planning D: Society and Space*, vol. 11, pp. 47-66.

Ohmae, K. 1994. *The borderless world: power and strategy in the interlinked economy.* Londres: HarperCollins.

Ondaatje, M. 1992. *The English patient.* Nova York: Vintage/Random House.

Open University. 1997. *Earth and life* (quatro volumes). Milton Keynes: Open University.

________. 1999. *Understanding cities* (três volumes). Londres e Milton Keynes: Routledge em associação com a Open University.

Osborne, P. 1995. *The politics of time: modernity and avant garde*. Londres: Verso.

Patton, P. 2000. Deleuze and the political. Londres: Routledge.

Peet, R. 2001. "Neoliberalism or democratic development? Review of MacEwan, 1999", *Review of International Political Economy*, vol. 8, n. 2, pp. 329-43.

Pellerin, H. 1999. "The cart before the horse? The coordination of migration policies in the Americas and neoliberal economic project of integration", *Review of International Political Economy*, vol. 6, n. 4, pp. 468-93.

Pinder, D. 1994. "Cognitive mapping: cultural politics from the situationists to Fredric Jameson", apresentação na sessão "Mapping and transgressing space and place", do Encontro Anual da Associação dos Geógrafos Americanos (AAG), San Francisco, abril.

Platão. 1977. "Timaeus", in: *Timaeus and Critias* (trad. D. Lee). Harmondsworth: Penguin.

Pratt, A. 2000. "New media, the new economy and new spaces", *Geoforum*, vol. 31, pp. 425-36.

Pratt, G. 1999. "Geographies of identity and difference: marking boundaries", in: D. Massey, J. Allen e P. Sarre (orgs.). *Human geography today*. Cambridge: Polity Press, pp. 151-67.

Pratt, G. e Hansen, S. 1994. "Geography and the construction of difference", *Gender, place and culture*, vol. 1, n. 1, pp. 5-29.

Prigogine, I. 1997. *The end of certainty: time, chaos and the laws of nature*. Londres: Free Press.

Prigogine, I. e Stengers, I. 1984. *Order out of chaos*. Londres: Heinemann.

Prike, M. 1991. "An international city going 'global': spatial change in the City of London", *Environment and Planning D: Society and Space*, vol. 9, pp. 197-222.

Rabasa, J. 1993. *Inventing America: Spanish historiography and the formation of Eurocentrism*. Norman, OK, e Londres: Oklahoma University Press.

Raffles, H. 2002. *In Amazonia: a natural history*. Princeton, NJ, e Oxford: Princeton University Press.

Rajchman, J. 1991. *Truth and eros: Foucault, Lacan and the question of ethics*. Londres: Routledge.

________. 1998. *Constructions*. Cambridge, MA: MIT Press.

________. 2001. "Thinking the city", artigo enviado ao congresso "Thinking the City", Tate Modern e ESRC, abril, mimeo.

Robbins, B. 1990. "Telescopic philanthropy: professionalism and responsibility in *Bleak House*", in: H. Bhabha (org.), *Nation and narration*. Londres: Methuen, pp. 213-30.

________. 1999. *Feeling global: internationalism in distress*. Nova York e Londres: New York University Press.

Robins, K. 1997. "The new communications geography and the politics of optimism", *Soundings: a journal of politics and culture*, n. 5, pp. 191-202.

Robinson, F. 1999. *Globalizing care: ethics, feminist theory, and international relations*. Boulder, CO: Westview Press.

Rodowick, D. 1997. *Gilles Deleuze's time machine*. Durham, NC: Duke University Press.

Rorty, R. 1979. *Philosophy and the mirror of nature*. Princeton, NJ: Princeton University Press.

Rose, G. 1993. *Feminism and geography: the limits of geographical knowledge*. Cambridge: Polity Press.

Rose, S. 1997. *Lifelines: biology, freedom, determinism*. Harmondsworth: Penguin.

Ross, K. 1996. "Streetwise: the French invention of everyday life", *Parallax* #2, fevereiro, pp. 67-75.

Sadler, S. 1998. *The situationist city*. Londres: MIT Press.

Sakai, N. 1989. "Modernity and its critique: the problem of universalism and particularism", in: Mosao Miyoshi e H.D. Harootunian (orgs.), *Postmodernism and Japan*. Durham, NC: Duke University Press.

Sartre, J.-P. 1981. *La Nausée*, in: *Oeuvres romanesques*. Paris: Gallimard.

Sassen, S. 2001. "Spatialities and temporalities of the global: elements for a theorization", in: A. Appadurai (org.), *Globalization*. Durham, NC e Londres: Duke University Press, pp. 260-78.

Sayer, A. 1984. *Method in social science: a realist approach*. Londres: Hutchinson.

Segal, L. 2001. "Defensive functioning: review of Cohen, 2000", *Radical Philosophy*, vol. 108, pp. 45-6.

Seidler, V.J. 1994. "Men, heterosexualities and emotional life", in: S. Pile e N. Thrift (orgs.). *Mapping the subject: geographies of cultural transformation*. Londres: Routledge.

Sennett, R. 1970. *The uses of disorder*. Harmondsworth: Penguin.

Serres, M. 1982. "Turner translates Cournot" (trad. M. Shortland). *Block*, vol. 6, n. 54 , pp. 46-55.

Sharp, J., Routledge, P., Philo, C. e Paddisson, R. (orgs.), 2000. *Entanglements of power: geographies of domination/resistance*. Londres: Routledge.

Sheppard, E. 2002. "The spaces and times of globalization", *Economic Geography*, vol. 78, 307-30.

Shields, R. 1992. "A truant proximity: presence and absence in the space of modernity", *Environment and Planning D: Society and Space*, vol. 10, pp. 181-98.

Sibley, D. 1995. *Geographies of exclusion: society and difference in the West*. Londres: Routledge.

_________. 1999. "Creating geographies of difference", in: D. Massey, J. Allen e P. Sarre (orgs.). *Human geography today*. Cambridge: Polity Press, pp. 155-28.

Simpson, G.G. 1963. "Historical science", in: C.C. Albritten (org.). *The fabric of geology*. Reading, MA: Addison-Wesley, pp. 24-48.

Sinclair, I. 1997. *Lights out for the territory: 9 excursions in the secret history of London*. Londres: Granta Books.

Slater, D. 1999. "Situating geopolitical representations: inside/outside and the power of imperial interventions", in: D. Massey, J. Allen e P. Sarre (orgs.). *Human geography today*. Cambridge: Polity Press, pp. 62-84.

_________. 2000. "Other domains of democratic theory: space, power and the politics of democratization", *Environment and Planning D: Society and Space*, vol. 20, pp. 225-76.

Smith, C. e Agar, J. (orgs.) 1998. *Making space for science: territorial themes in the shaping of knowledge*. Basingstoke: Macmillan.

Soja, E. 1989. *Postmodern geographies: the reassertion of space in critical social theory*. Londres: Verso.

_________. 1996. *Thirdspace: journeys to Los Angeles and other real-and-imagined places*. Oxford: Blackwell.

Soustelle, J. 1956. *La vida cotidiana de los Aztecas en visperas de la conquista*. Cidade do México: Fondo de Cultura Economica. (Publicado originalmente em 1995 como *La vie quotidienne des Astéques à la veille de la conquête espagnole*. Paris: Librairie Hachette.)

Spinoza, B. 1985. *Ethics*, in: *The collected works of Spinoza* (trad. E. Curley). Princeton, NJ: Princeton University Press.

Spivak, G. 1985. "The Rani of Sirmur", in: F. Barker, P. Hulme, M. Iverson e D. Loxley (orgs.). *Europe and its Others*. Colchester: University of Essex Press, vol. 1, pp. 128-51.

_________. 1990. "Poststructuralism, marginality, postcoloniality and value", in: P. Collier e H. Geyer-Ryan (orgs.). *Literary Theory Today*. Ithaca, NY: Cornell University Press.

Staple, G. 1993. "Telegeography and the explosion of place", *Telegeography, global traffic statistics and commentary*, pp. 49-56 (citado em Graham, 1998).

Stengers, I. 1997. *Power and invention: situating science*. Minneapolis e Londres: University of Minnesota Press.

Thrift, N. 1996. *Spatial formations*. Londres: Sage.

________. 1999. "The place of complexity", *Theory, Culture and Society*, vol. 16, n. 3, pp. 31-69.

Till, J. 2001. "Eisenman's banana: review of Benjamin, 1999", *Radical Philosophy*, n. 108, pp. 48-50.

Townsend, R.F. 1992. *The Aztecs*. Londres: Thames and Hudson.

Tschumi, B. 1988. "Parc de la Villette, Paris", *Architectural Design*, vol. 58, n. 3/4, pp. 32-9.

________. 2000a. "Six concepts", in: A. Read (org.). *Architecturally speaking: practices of art, architecture and the everyday*. Londres: Routledge, pp. 155-76. (publicado originalmente em 1994 em *Architecture and disjunction*. Cambridge, MA: MIT Press; as referências de página são da edição de 2000.)

________. 2000b. *Event cities 2*. Cambridge, MA: MIT Press.

Tuan, Y.F. 1977. *Space and place*, Londres: Arnold.

Tully, J. 1995. *Strange multiplicity: constitutionalism in an age of diversity*. Cambridge: Cambridge University Press.

Turner, B.S. 2002. "Cosmopolitan virtue, globalization and patriotism", *Theory, Culture and Society*, vol. 19, n. 1-2, pp. 45-63.

Urban Task Force. 1999. *Towards an urban renaissance* (The Rogers Report). Londres: DETR.

Vaillant, C.G. 1950. *The Aztecs of Mexico*. Harmondsworth: Penguin.

Van den Berg, C. 1997. "Battle sites, mine dumps, and other spaces of perversity", in: S. Golding (org.). *The eight technologies of otherness*. Londres: Routledge, pp. 297-305.

Waddell, H. 1987. *The desert fathers*. Londres: Constable.

Wainwright, H. e Elliott, D. 1982. *The Lucas Plan: a new trade unionism in the making*. Londres: Allison and Busby.

Walker, R.B.J. 1993. *Inside/outside: international relations as political theory*. Cambridge: Cambridge University Press.

Walzer, M. 1995. "Pleasures and costs of urbanity", in: P. Kasinitz (org.), *Metropolis: center and symbol of our times*. Nova York: New York University Press.

Wark, M. 1994. *Virtual geography: living with global media events*. Bloomington: Indiana University Press.

Watson, S. 1998. "The new Bergsonism: discipline, subjectivity and freedom", *Radical Philosophy*, n. 92, pp. 6-16.

Weiss, L. 1998. *The myth of the powerless state*. Cambridge: Polity Press.

Whatmore, S. 1997. "Dissecting the autonomous self; hybrid cartographies for a relational ethics", *Environment and Planning D: Society and Space*, vol. 15, pp. 37-53.

________. 1999. "Hybrid geographies: rethinking the 'human' in human geography", in: D. Massey, J. Allen e P. Sarre (orgs.). *Human geography today*. Cambridge: Polity Press, pp. 22-39.

Whatmore, S. e Hinchliffe, S. 2002/3. "Living cities: making space for urban nature", *Soundings: a journal of politics and culture*, n. 22, pp. 37-50.

Wheeler, W. 1994. "Nostalgia isn't nasty: the postmodernising of parliamentary democracy", in: M. Perryman (org.). *Altered states: postmodernism, politics, culture*. Londres: Lawrence and Wishart, pp. 94-109.

________. W. 1999. *A new modernity: change in science, literature and politics*. Londres: Lawrence and Wishart.

Whitehead, A.N. 1927/1985. *Symbolism: its meaning and effects*. Nova York: Fordham University Press.

Wigley, M. 1992. "Untitled: the housing of gender", in: B. Colomina (org.). *Sexuality and space*. Nova York: Princeton Architectural Press, pp. 327-89.

Williams, R.S. Jr. 2000. "The modern earth narrative: natural and human history of the earth", in: R. Frodeman (org.). *Earth matters: the earth sciences, philosophy, and the claims of community*. Upper Saddle River, NJ: Prentice Hall.

Wilmsen, E.N. 1989. *Land filled with flies: a political economy of the Kalahari*. Chicago e Londres: University of Chicago Press.

Wilson, E. 1991. *The sphinx in the city: urban life, the control of disorder, and women*. Londres: Virago Press.

Windley, B.F. 1997. *The evolving continents*. Londres: Wiley.

Wolf, E. 1982. *Europe and the people without history*. Londres: University of California Press.

Young, R. 1990. *White mythologies: writing history and the West*. Londres: Routledge.

Yuval-Davis, N. 1999. "Whats is 'transversal politics'?" *Soundings: a journal of politics and culture*, n. 12, pp. 94-8.

Zohar, D. 1997. *Rewiring the corporate brain: using the new science to rethink how we structure and lead organizations*. San Francisco: Berret-Koehler.

índice